花果园林树木选择与应用

何小弟 徐永星 编著

中国建筑工业出版社

图书在版编目（CIP）数据

花果园林树木选择与应用 / 何小弟等编著 .—北京：
中国建筑工业出版社，2012.11
ISBN 978-7-112-14711-3

Ⅰ . ①花… Ⅱ . ①何… Ⅲ . ①园林树木 Ⅳ . ① S68

中国版本图书馆 CIP 数据核字（2012）第 225672 号

花果园林树木种类繁多、性状各异，姹紫嫣红、争奇斗艳，在园林艺术中被广泛应用。

本书对花果园林树木的感官赏析和科学建植进行了系统阐述，同时配发精美影像资料，可供广大园林工程师、园林设计师及园林花木爱好者等参考应用。

* * *

责任编辑：吴宇江
责任设计：赵明霞
责任校对：王誉欣　赵　颖

花果园林树木选择与应用

何小弟　徐永星　编著

*

中国建筑工业出版社出版、发行（北京西郊百万庄）
各地新华书店、建筑书店经销
北京科地亚盟排版公司制版
北京缤索印刷有限公司印刷

*

开本：787×1092毫米　1/16　印张：19　字数：426 千字
2015 年 2 月第一版　　2015 年 2 月第一次印刷
定价：**138.00** 元
ISBN 978-7-112-14711-3
（22769）

自　序

　　园林绿化的总体目标是追求人与环境的协调，环境景观效应和改善人的生理健康、心理机能、精神状态密切相关；仿效自然群落，创造人工植被的和谐生境，才能营造空气清新、视野舒适的生态氛围，才能追求至善至美、天人合一的最高境地。园林植物服务的主体是人：在人与环境的关系中，人具有自然和社会的双重属性，与此相对应的环境也即具有自然和社会的双重含义。园林环境的生态含义是植物建植，园林绿化作为一门具有优化环境功能及丰富文化内涵的学科门类和建设行业，在营造生态环境的同时，也须致力于建立文化、历史、艺术间相互融洽与和谐的氛围，丰富园林植物的人文意识与审美价值，以提高全社会的文化艺术修养、行为道德水准等综合素质。

　　自然质朴、绚丽壮观、宁静幽雅、生动活泼的自然景观，一直以来就是园林艺术中取之不尽的创作源泉，也是园林工作者不懈追求的理想境界。陈从周先生在《说园》中指出："中国园林的树木栽植，不仅为了绿化，且要具有画意。窗外花树一角，即折枝尺幅；山间古树三五，幽篁一丛，乃模拟枯木竹石图。"园林树木配置就是应用绿色生命的景观元素与不同环境条件下的其他园林要素有机组合——"重姿态，能入画"，使之成为一首抑扬植物季相特征的生动诗作，一幅渲染植物美学特性的立体图画。

　　花果园林树木姹紫嫣红、争奇斗艳，最能让人联想到大自然的勃勃生机；利用树木花、果器官性状的季节变化创造四时植物景观，在园林艺术中被广泛应用：花有春桃、夏薇、秋槿、冬梅，果有春樱、夏杷、秋柿、冬枣。园林景观利用花果树木所独有的生态韵律，呈现植物个体与群落在不同季节的外形与色彩变化，营造出绚丽多姿的视觉效果，在园林景观序列中占据极重要的主体地位：春来，花开满树，灿若云霞，做报时的使者；秋至，果挂满枝，形若珠玑，显丰收的喜悦；盛夏，绿荫如盖，透出一抹色艳；严冬，花果突显，映照一方天穹。

　　花果园林树木的种类繁多，性状各异：玉兰的清姿脱俗，如同一泓世间清泉，滋润着人的心田；佛手的拳态舒雅，恰似一抹佛国风光，撼悟着人的心灵。古今中外，人们不仅欣赏园林树木的自然美，而且将这种喜爱与精神生活、道德观念联系起来，形成特殊的"花语"，托树言意，借花表情。具有象征意义的"比兴"手法在我国树木景观应用中历史悠久、常驻不衰，园林树木景观建植中出现了许多具有思想意境和文化内涵的经典模式：以松的苍劲颂名士高风亮节，以柏的青翠贺老者益寿延年；竹因虚怀礼节被冠为全德先生，梅以傲雪笑霜被誉为刚正之士；松、竹、梅合称"岁寒三友"，玉兰、海棠、牡丹、桂花并谓"玉堂富贵"，柏树、石榴、核桃组喻"百年好合"。

　　本书集多年教学、科研的经验体会并参考相关文献资料，对花果园林树木的感官赏析和科学建植进行了较为系统的阐述，配发了精美的影像资料，以尽可能达到图文并茂的赏析效果，更好地服务于园林、景观、环境艺术等相关专业师生和技术人员。但囿于作者学识水平有限，资料收集难全，其中不免挂一漏万，敬请有识之士热情指正。

　　本书作为江苏省基础研究计划（自然科学基金）重点项目研究、江苏省研究生优秀课程"园林树木景观配置"建设成果之一，并得到扬州大学出版基金资助，在此一并致谢。

2014 年 10 月 18 日

前　言

随着我国全面建设小康社会的深入和全民生态意识的觉醒，久居闹市的人们渴望亲近自然；城市不仅需要气势磅礴的高楼大厦、纵横交错的立交桥、五彩缤纷的霓虹灯，还需要碧水、蓝天、绿树、鲜花。人们在清新、优美的自然环境中交流情感、修身养性，有利于身心健康；园林树木建植时的艺术性配置，可产生丰富的视觉色彩感染力和美妙的空间思维想象力，陶冶人们的思想和情操。

江泽民同志在党的十五大报告中强调指出："在现代化建设中必须实施可持续发展战略，坚持计划生育和保护环境的基本国策，正确处理经济发展同人口、资源、环境的关系。加强对环境污染的治理，植树种草，改善生态环境。"现代城市发展规划的首要问题就是要保证有一个足够的绿色植物群落的存在，因为自然植被对生态系统的调节有助于维护城市运营过程中的生态平衡，有利于改善城市居民工作、学习和生活的环境条件，有益于建设花园式城市的现代发展趋势。当人们从喧闹的劳动场所、紧张的工作岗位来到幽静、自然、安逸、休闲的林下绿地，呼吸着清新的空气，领略着怡人的景色，就会感到精神上的放松和精力上的恢复。

园林树木建植对提高人们的社会文化素质、促进精神文明建设具有重要作用，在提高城市知名度、优化旅游环境、拉动社会需求方面同样具有积极的意义；改革开放以来，许多城市自发地提出建设"花园城市"、"山水城市"、"园林城市"，人们向往空气清新、环境优美的城市居住环境的愿望越来越迫切，大力发展城市园林事业的需求已成为我国城市良性发展和生态环境建设的原动力。温家宝同志在全国绿化委员会第十八次全体会议上指出："21世纪的城市绿化，要向园林化、城乡绿化一体化方向发展。"花果园林树木在一年中随气候条件而产生的季相变化，又可给人以生机勃勃、继往开来的启示，鼓舞和激励人们奋发向上、努力进取；花果园林树木的心理美学效能和视觉景观效果，更使城市绿地景观具有相对的连续性和良好的可达性。

植物是自然风景的主体物质之一，也是构成园林景观的活力素材，"有名园而无佳卉，犹金屋之鲜丽人"。我国是世界上植物种属最多的国家，约353科、3184属，其中190属为我国独有；裸子植物占世界所有12科中的11科，被子植物占世界总科数的一半以上，针叶树占世界总科数的1/3，此外还有许多十分珍贵的植物稀有种和古老的植物孑遗种，被西方学者誉为世界"园林之母"。有了丰富多彩的植物，城市规划和建筑艺术才能得到充分的活力表现；有了花果树木构成的季相空间，景观的三维结构和视觉感受会变得更加丰富和多彩：花开满树、流香溢室，果缀群枝、富足祥和。

　　花果园林树木的种类繁多、形态丰富，既有参天伴云的高大乔木，也有高不盈尺的矮小灌木，景观作用显著；常绿、落叶相宜，孤植、丛植可意，看似随意洒脱、信马由缰，实却主题鲜明、功能清晰。不同树木种类的形态特征和生长习性，决定了它在绿地应用中的各自地位，如梅花岭、海棠坞、木樨轩、玉兰堂等。《园冶》（明·计成）云："梧荫匝地，槐荫当庭，插柳沿堤，栽梅绕屋，移竹当窗，分梨为院，芍药宜栏，蔷薇未架。"而同一树木种类在不同环境条件和栽培意图下，又可有多种功能的选择和艺术的配置。

　　自然质朴、绚丽壮观、宁静幽雅、生动活泼的自然景象，一直以来就是园林绿地景观建设中取之不尽的创作源泉、不懈追求的理想境界，花果园林树木在现代城市景观建植中的应用，正日益焕发出旺盛的活力和独特的魅力。充分利用优良的花果园林树种资源，更好地达到绿化、美化、香化的生态环境要求，为我国的社会主义物质文明和精神文明建设增色添彩、溢美送香，既是园林工作者义不容辞的职责，也是城市建设决策者放眼未来的战略。

　　本书依据园林树木的花，果性状表现，将其归集为春（3～5月）、夏（6～8月）、秋（9～11月）、冬（12～2月）四季物候分别予以整理阐述，并就花果园林树木在城市绿地景观建植中的实际应用予以系统介绍。

目　　录

一、总　　论

（一）花器形成基础

　　花是种子植物的固有特征之一，是种子植物进行有性繁殖的主要器官。关于花器官的本质，从进化论观点看，比较倾向于将其看作一个节间缩短的变态短枝："花是适合于繁殖作用的变态枝"，最早由德国博物学家、哲学家歌德（J. W. Goethe，1749～1832）提出并沿用至今。物种在长期进化过程中所发生的变化往往从花器结构中反映出来，因此花器各部的形态构造常随植物种的不同而有极大的差异，但花器特征又较植物其他器官表现稳定、变异较小，故被作为物种分类鉴定的主要依据（图1-1）。

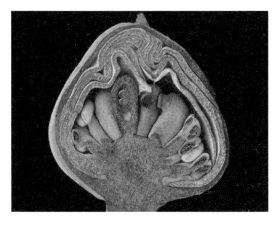

◁ 被子植物花器的进化优势，在于心皮能够保护胚珠，就如同果实保护着种子一样。一种生长在美洲中南部的典型植物花蕾切面图，呈现出结成果实之前的美丽：中部橙黄色结构为心皮，授粉受精后膨大成为果实。在心皮包裹的胚囊中有能够发育形成种子的胚珠，在花蕾边缘处是清晰可见的花粉囊，其中还有一些花粉粒。

◁ **红花银桦**（*Grevillea banksii*），常绿小乔木，株高4～6m。总状花序生小枝顶端，小花无花瓣，但反卷的花萼呈黄色或红色，花开时节在树冠外侧满树分布，十分醒目。分枝纤细，树冠飘逸，花色艳丽，可作花境上层树种，也可庭院孤植或群植，在风景区多作大背景栽植。

◁ **老虎须**（*Tacca chantrieri*），又名蝙蝠花，主要分布在东南亚地区。花期4～8月，花两性，总苞4枚，花被片6枚，花朵紫褐色至黑色，为植物界中所罕见；花瓣基部生有数十条细长苞片，向外伸展似虎须状，形状奇特。

◁ **洋金凤花**（*Caesalpinia pulcherrima*），苏木科，苏木属。常绿灌木，株高达3m；热带地区栽培甚广，寒地多作温室盆栽。羽状复叶4～8对，对生，小叶叶柄很短。总状花序顶生或腋生，花梗长达7cm，花瓣圆形具柄，橙、红或黄色；雄蕊细长，远远伸出花冠，十分飘逸。

◁ **凤凰木**（*Delonix regia*），又名红花楹、火树。

花萼和花瓣皆5枚，聚生成簇：瓣近圆形、边缘皱波状，具瓣柄；四瓣伸展，第五瓣直立稍大并有黄、白斑点；雄蕊红色。花萼腹面深红色，背面绿色。

◁ **珙桐**（*Davidia involucrata*），又名鸽子树，本属仅1种，中国特有。

花杂性、紫红色，由多数雄花和1朵两性花组成顶生头状花序。花序基部有2枚白色大苞片，纸质、羽状网脉明显，椭圆状卵形、下垂，初为淡黄，后呈乳白色，形同鸽翅。

◁ **西番莲**（*Passionfora edulis*），常绿木质藤本植物。

夏季开花，聚伞花序有时退化仅存1～2单生叶腋，花性杂；花瓣内部有细须，呈紫色；雄蕊通常5。

◁ **木棉**（*Bombax malabaricum*），落叶大乔木，树高可达25m。花期3～4月，聚生近枝端，花硕如杯，色红如血，先叶开放。

原产南亚、东南亚，直至澳大利亚东北部，我国云贵、两广、福建南部和海南、台湾有分布。

图 1-1　被子植物的花器组成

1. 花器组成

一朵完整的花由六个基本部分构成，即花梗、花托、花萼、花冠、雄蕊群和雌蕊群。其中花梗与花托相当于枝的部分，其余四部分相当于变态叶，常合称为花部。

1）花梗

又称为花柄，为花的支持组织。自茎或花轴长出，上端与花托相连，其上着生的叶片称为苞叶、小苞叶或小苞片。

2）花托

花与花梗连接的膨大部分，由节与节间组成；常因节间的缩短和受抑而紧密地拥挤在一起，产生凸起、扁平、凹陷等显著变形。花托上所着生的不育部分（苞片、萼片、花瓣），可螺旋或轮生地紧密排列在一起；轮生排列时，上下轮之间常交替排列。

3）花被

一般情况下，通常将花萼与花冠合称为花被。

（1）花萼：为花朵最外层着生的片状物，通常为绿色，对花的其他部分起保护作用；受精后脱落或宿存，宿存的花萼对果实发育有重要的保护作用。花萼在形态学上被视为一种变形的叶片，每个片状物称为萼片，分离或联合；一般成轮状排列，但毛茛科等原始类型为螺旋状排列。萼片极度退化时成为细齿、鳞片、刺毛或小凸起，也可成花瓣状或与退化的花瓣结合在一起。

（2）花冠：紧靠花萼内侧着生，对雌、雄蕊具保护作用；花冠的颜色源于细胞中含有的有色体和细胞液中的色素，并受细胞内、外各种因素变化的影响，花冠的颜色和香味对于吸引昆虫传粉起着重要作用；有些风媒花的花被颜色很不明显，呈绿色或近乎无色。花冠通常分裂成片状，称为花瓣；花瓣在形态学中也是一种叶性器官，一般比萼片大；花瓣的形态差异很大，有的体形很大，有的则相当细小甚至退化成鳞片、刺毛或各种腺体。

a．离瓣花冠，即花瓣彼此分离的花冠。花瓣上部宽阔部分称为瓣片，下面狭窄部分称为瓣爪。从基数性划分有三数性（如：广玉兰）、四数性（如：四照花）及五数性的花冠（如：梅），从形状上划分有蝶形（如：槐）、矩形（如：延胡索）及篮形花冠（如：金凤花）。

b．合瓣花冠，即花瓣彼此联合的花冠。花瓣联合的下方狭窄部分称为花冠管部，上方宽阔部分称为花冠舷部，两部交会处称为花冠喉部；从外形上划分，有钟状（如：党参）、壶状或坛状（如：滇白珠）、漏斗状（如：裂叶牵牛）、高脚碟状（如：迎春花）、轮状或辐状（如：枸杞）、钉状（如：密蒙花）、管状（如：菊花）、唇形（如：丹参），假面状（如：金鱼草）及舌形花冠（如：蒲公英）等。

（3）花被片的排列（图1-2）：

a．覆瓦状排列，即花被片中的1枚或1枚以上覆盖其邻近两侧被片，状如覆瓦态，如：桃、梨。其中排列方式较特殊的有：①真蝶形排列，即花瓣5枚，上方1枚宽大如旗的称为旗瓣，两侧稍小且附贴如翼的称为翼瓣，下方2枚最小且相对着生如船龙骨状的称为龙骨瓣；其中，旗瓣覆盖着翼瓣，翼瓣覆盖着龙骨瓣，如：葛。②假蝶形排列，即花瓣5枚，但却是翼瓣覆盖着旗瓣、龙骨瓣，如：云实。

b．包旋状排列，即花被片彼此依次覆盖，状如包旋态，如：夹竹桃。

c．镊合状排列，即花被片彼此互不覆盖，状如镊合态，如：桔梗。

(a) 覆瓦状　　　　　　　(b) 包旋状　　　　　　　(c) 镊合状

图1-2　花被排列形式

4）雄蕊群由一定数目的雄蕊组成

雄蕊为紧靠花冠内部所着生的丝状物，其下部称为花丝。花丝上部两侧有花药，花药中有花粉囊，花粉囊中储有花粉粒，而两侧花药间的药丝延伸部分则称为药隔。

5）雌蕊群由一定数目的雌蕊所组成

雌蕊为花最中心部分的瓶状物，由柱头、花柱、子房三部分组成。雌蕊顶端接受花粉的部分称为柱头，通常膨大成球状、圆盘状或分枝羽状，常具乳头状凸起或短毛以利于接受花粉；有的柱头表面分泌有黏液（湿性柱头）以适于花粉固着和萌发，有的柱头表面不产生分泌物（干性柱头）但覆盖在表面的亲水蛋白质膜也有粘着花粉和帮助花粉获得萌发所必需水分的作用。

6）子房及其发育

雌蕊基部的膨大部分称为子房，内有1至多室，每室含1至多个胚珠；经传粉受精后，子房发育成果实，胚珠发育成种子。

（1）子房由1至多个具繁殖功能的变态叶——"心皮"卷合而成（图1-3）。由1个心皮组成的雌蕊称单雌蕊，如：李、桃等；由数个彼此分离的心皮形成的雌蕊称离心皮雌蕊，如：八角、牡丹等。由2个以上心皮合生的雌蕊称复雌蕊或合心皮雌蕊，又根据组成雌蕊的心皮数目、离合情况分为三种类型：

a．柱头、花柱分离，子房合生，如：苹果、梨。

b．柱头分离，花柱、子房合生，如：扶桑。

c．柱头、花柱、子房都合生，如：柑橘。

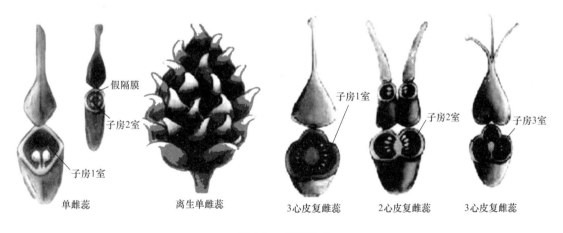

图1-3　雌蕊形式

（2）子房与花部的位置关系，因花托形状及与子房壁连合与否的不同情况，有几种不同类型。

a．子房上位，有两种情况：一种是花托呈圆顶或平顶，子房底部着生在花托上、位置高于花的其他各部，花萼、花冠和雄蕊群着生在雌蕊下方的花托上，称子房上位（下位花），如：牡丹。另一种是花托凹陷成杯状、壶状，虽子房仍以基部着生在花托上，但花的各部位于子房周围，称子房上位（周位花），如：桃、月季。

b．子房半下位，子房下部与花托愈合，花萼、花冠、雄蕊群着生在子房周围花托的较高位置上，称子房半下位（周位花），如：太平花。

c．子房下位，花托与子房壁全部或几乎全部愈合，子房处于最低位置，花萼、花冠或雄蕊群着生子房上部花托边缘，称子房下位（上位花），如：胡桃。

2．花冠类型

花的各部分（如花萼、花冠、雄蕊群和雌蕊群等）及花序在长期的进化过程中，产生了各式各样的适应性变异，因而形成了各种各样的类型。

1）从组成划分

（1）完全花：花萼、花冠、雄蕊、雌蕊四部分齐全的花，如：月季、桃等。

（2）不完全花：缺少花萼、花冠、雄蕊、雌蕊四部分中任何一部分的花，如：杨树、杜仲等。

2）从性别划分

（1）两性花：一朵花中同时具雌蕊与雄蕊，如：桃、梨、苹果等。

（2）单性花：一朵花中只具雌蕊或雄蕊，如：胡桃、枫杨、化香树、黄杞。其中又有下列三种情况。

a．雌雄同株，即雌花与雄花着生在同一株体上，如：垂柳、槲树、欧洲山毛榉、楸树、山麻杆、糙叶树、高山栎、串果藤等。

b．雌雄异株，即雌花与雄花分别着生于不同的株体上，如：杨、柳、桑、猕猴桃等被子植物，银杏、苏铁、松、杉、柏等裸子植物。

c．杂性同株，即雌花、雄花、两性花皆着生在同一株体上，常见于榆科的榉属、朴树属，蓝果树科的喜树属、珙桐属，无患子科的荔枝属、龙眼属、栾树属、文冠果属，漆树科的杧果属、腰果属。如：珙桐，由一朵两性花和多数雄花组成头状花序，雄花无花被，其基部具两枚白色叶状的大苞片；其他尚有丁香、榆叶梅、紫薇、刺槐、泡桐、番木瓜等。

（3）无性花：一朵花中雌蕊、雄蕊均不具备或缺少，如：琼花的边花（不孕花）等。

3）从对称性划分

（1）辐射对称花：一朵花的花被片大小、形状相似，可以有两个以上的中心对称面，又叫整齐花，如：梅、桃、蔓长春等。

（2）两侧对称花：一朵花的花被片大小、形状不同，只有一个中心对称面，又叫不整齐花，如：凤凰木、云实等。

（3）完全不对称花：一朵花的花被片大小、形状不同，也没有中心对称面，是一种不整齐花，如：一品红、龙血树、珠兰等。

4）依花被状况划分

（1）双被花：同时具有花萼与花冠的花，如：桃、梅、李、杏等。

（2）单被花：一般指只有花萼而无花冠的花，如：桑等。

（3）无被花（裸）：不具花萼和花冠的花，如：杨、柳、胡桃等。

（4）重被花：指在一些栽培品种中花瓣层数增多的花，如：日本晚樱、重瓣碧桃、杂交茶香月季等。

3．花序类别

花在花枝（花轴）上的排列方式称为花序，在专业术语上与叶序相对应。

花序内的分枝与普通枝条没有大的差别，不同点在于花序伴有小形的叶片（苞片）。花轴有主轴与侧轴之分，一般由顶芽萌发出的为主轴，由腋芽萌发出或自主轴分枝出的为侧轴；花轴又有长短之分，节间长的为长花轴，节间短的为短花轴。

花序的形态差异在分类上是很重要的，根据分枝法，有：以单轴分枝为基础的总穗花序和通过假轴分枝形成的聚伞花序。花序的类型很多，主要根据主轴顶端是否能无限生长（或花开放的顺序），主侧轴的长短，分枝状况及质地来划分，通常分为无限花序、有限花序及混合花序三大类（图1-4）。

1）无限花序

花序主轴在开花期间可以继续向上伸长，不断产生苞片和花被，犹如单轴分枝，所以也称单轴花序。花的开放顺序是花轴基部的先开，然后向上方顺序依次开放；如果花序轴缩短，各花密集呈一平面或球面时，开花顺序是从边缘向中央依次开放。

（1）总状花序：花序主轴、侧轴皆较长，侧轴不再分枝且长短大小相近，如：柏乐树等。

（2）复总状花序：花序主轴、侧轴皆较长，侧轴又再作总状分枝，此种花序因形状略似一圆锥，所以又称为圆锥花序，如：南天竹、葡萄等。

（3）穗状花序：花序主轴长，侧轴短，侧轴不再分枝，而主轴直立且粗细较正常，如：榄仁树、龙血树等。

（4）球穗花序：花序主轴短、侧轴亦短，且主轴顶端较肥大凸出而略近于球形，如：悬铃木、喜树等。

（5）肉穗花序：花序主轴长、侧轴短，侧轴不分枝或微分枝，但主轴较肥大，由于其外常有一极长大状如烛焰的总苞，所以又称为佛焰苞花序，如：棕榈、加拿利海枣、槟榔等。

（6）菜荑花序：花序主轴长、侧轴短，侧轴不分枝或微分枝，但主轴较细软，通常弯曲下垂，其上着生的花常为单性花，花后整个花序或连果一齐脱落，如：杨、柳、桑等。

（7）伞房花序：花序主轴、侧轴皆较长，侧轴虽不再分枝但下方侧轴远较上方侧轴为长，至顶面略近于齐平，花排列在一个平面上，如：苹果、梨、山楂等。

（8）复伞房花序：花序轴上的分枝呈伞房状，每一分枝上又形成伞房花序，如：麻叶绣线菊、花楸等。

（9）伞形花序：花序主轴短，侧轴长，侧轴不再呈伞状分枝，如：五加木、沙漠玫瑰等。

（10）复伞形花序：花序主轴短，侧轴长，而侧轴上端又再呈伞状分枝，如：柴胡等。

（11）头状花序：花序主轴短，侧轴亦短，主轴顶端虽亦肥大但较平坦或微凹；由于其外形略似花篮，所以又称为篮形花序，如：合欢、珙桐等。

（12）隐头状花序：花序主轴短，侧轴亦短，但主轴顶端极度肥大并明显凹陷呈坛状，很多无柄小花着生在凹陷的腔壁上，几乎全部隐没不见，仅留一小孔与外方相通，为昆虫进出腔内传布花粉的通道。小花多单性，一般上部为雄花，下部为雌花，如：无花果等。

2）有限花序

花序主轴顶端先开一花，因此主轴的生长受到限制，而由侧轴继续生长，但侧轴上也是顶花先开放，故其开花的顺序为由上而下或由内向外。

（1）镰状聚伞花序：花序主轴上端节上仅具一侧轴，侧轴分出后又继续向同侧分出另一侧轴，整体形状略似镰刀，因其常呈螺旋状卷曲，所以又称为螺旋状聚伞花序，如：附地菜等。

（2）蝎尾状聚伞花序：花序主轴上端节上仅具一侧轴，所分出的侧轴又继续向两侧交互分出一侧轴，整体形状略似蝎尾，如：白刺等。

（3）二歧聚伞花序：花序主轴上端节上具二侧轴，所分出侧轴又同时继续向两侧分出二侧轴，如：冬青、卫矛等。

（4）多歧聚伞花序：花序主轴上端节上具三个以上侧轴，分出侧轴又作聚伞状分枝，如：泽膝等。

（5）轮伞花序：在茎上端具对生叶片的各个叶腋处分别着生有两个细小的聚伞花序，

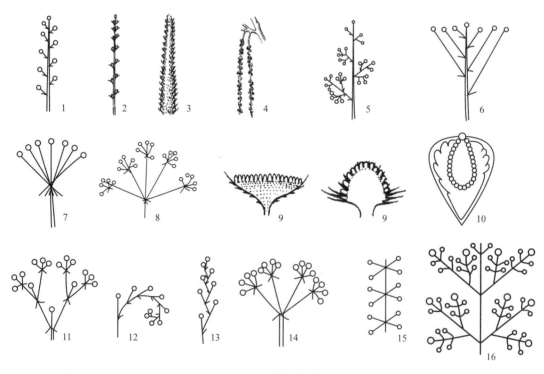

图 1-4　花序类型

1- 总状花序；2- 穗状花序；3- 肉穗花序；4- 荑花序；5- 圆锥花序；6- 伞房花序；7- 伞形花序；8- 复伞形花序；9- 头状花序；10- 隐头花序；11- 二歧聚伞花序；12- 螺旋状单歧聚伞花序；13- 蝎尾状单歧聚伞花序；14- 多歧聚伞花序；15- 轮伞花序；16- 混合花序

故各茎节处有四个小花序呈轮状着生，如此各节层层向上排列即构成轮伞花序；轮伞花序严格说来不是一种独立的花序类型，而只是聚伞花序的一种特殊排列着生形式，如：夹竹桃、蓝花楹等。

3）混合花序

具有两种以上类型特征混合组成的花序，往往没有单独固定的名称，更多情况是以某种类型花序呈某种方式排列来进行说明，如：滇紫草，被描述为镰状聚伞花序排列呈复总状或圆锥状。

（二）果实形成基础

果实是被子植物的雌蕊经传粉受精，由子房或花托、花萼等其他部分参与发育而形成的器官。花柱和柱头在果实生长过程中通常会枯萎（少数植物的果实成熟后花柱和柱头仍留存在果实上，如：报春花科、玄参科），花梗发育为果柄，花冠、雄蕊通常枯萎脱落。花萼有的随花冠一同脱落，有的虽枯萎但并不脱落，如：苹果在果顶凹陷处有并不显著的五枚小萼片，柿子等的萼片则始终留存在果实上一起长大。

果实外部为果皮，内部有种子；果皮通常有外果皮、中果皮、内果皮的分化。果实对于种子有保护功能，并能帮助种子的传播。有的果实虽然富含营养物质，但这是为了吸引动物来摄食以传播种子，这些营养物质本身是无法再为植物体所利用的，所以不能说果实是储藏器官；柑橘等果实的果皮中还含有抑制种子萌发的物质，种子只有在脱离果皮之后才能萌发。

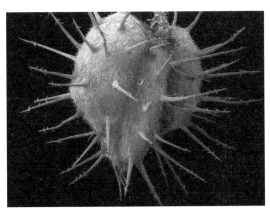

◁□ 拉檀根"比马"，生长在墨西哥和美国南部的灌木植物，直径1/3英寸的微小果实上覆盖着倒刺状结构。

植株果实达到成熟期后，有多种途径传播种子：果实上长有刺或尖状物，可以将路过动物的皮毛钩住。

◁□ **紫花罗勒**（*Ocimum basilicum*），拥有可分泌香油精的腺毛。

原产自亚洲热带地区，人类种植的历史已超过5000年。

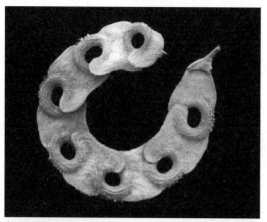

⟨◻ **马蹄铁形野豌豆**（*Hippocrepis unisili- quosa*），产自欧亚大陆和非洲。流畅的结构可能对风传播起到帮助作用，边缘的毛刺可钩住过往动物的毛皮。

植物的另一种传播种子方法，就是借助空气动力：有的果实可能整个在空中飘浮，随风飘荡；或者果实裂开，让具有类似降落伞、羽毛球和飞盘等特殊形状结构的种子能够暴露在风中，借助风力传播。

⟨◻ **美洲升麻**（*Cimicifuga racemosa*），数十个突出结构非常适合于借助风力传播种子。

⟨◻ **扣形苜蓿**（*Medicago orbicularis*），原产自地中海，外形像一顶礼帽，翼膜较为狭窄，同样适于借助风力传播的方式。

⟨◻ **冠花**（*Artedia squamata*），原产自塞浦路斯和地中海东部。果实很小，只有一粒种子，最适于借助风力传播的方式。

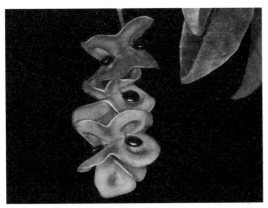

▱ **猴耳环树**（*Pithecellobium mart*），生长在澳大利亚雨林地区。悬挂的果实张开着，展现出装饰性的明亮橙色内部，其中包含着黑色的种子。

对比明显的色彩关系使得鸟类很容易误认为是一顿美餐，但实际上这是一场骗局。

▱ *Exocarpos sparteus* 有罕见的扫把形果实，靠鸟类传播，圆形肉质果实要借助起皱部分的力量。

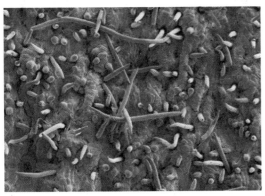

▱ **桃**（*Prunus persica*），传播种子是通过美味的肉质：许多哺乳动物喜欢将桃果采摘后到其他地方食用，由于有着坚硬外壳的种核不会被消化，最终被排泄出体外。

电镜扫描特写显示，桃果实表面的外层绒毛有助于保护果实避免昆虫和病菌的侵扰。

▱ **蓝莓**（*Semen trigonellae*）果实表面的电镜扫描呈像显示，蓝色浆果的外层覆盖着一层蜡板，能够非常高效地反射紫外线，以其亮丽、绚烂的色彩吸引鸟类。

（图中孔洞为表皮气孔）

图 1-5　种实传播形式

1．果实组成

果实主要由受精后的子房发育而成，子房壁发育成果皮，胚珠发育成种子。这种纯由子房发育成的果实称为真果，如：桃、梅等。但有些植物的花的其他附属构造也会伴随着发育成为果实的一部分，这种由子房和花萼、花被、花轴等花器其他部分共同发育而成的果实称为假果，如：苹果的肉质部分主要是由花托膨大肉质化并与子房壁愈合发育而成，无花果的肉质部分是由花轴发育而成，荔枝的肉质部分是由胎座发育而成，凤梨是由整个花序共同发育形成的。

由于不同植物在长期演化中形成了多种多样传播种子的方式，所以植物果实不仅在外观上具有极丰富的多样性，而且彼此的发育史相差很大。如蝶形花科植物的子房均只有 1 心皮、边缘胎座，习惯上把该科植物的果实统称为荚果，但是不同树种的荚果外观又相差很大：小的只有几毫米长（如：黄芪属的一些种类），大的却长达 1m 多（如：榼藤子）；有的不开裂（如：槐），有的纵向开裂（如双荚槐），也有的横向断裂成数节（如：岩黄芪）。又如在蔷薇科中，同样是借助鸟类和其他动物的食用而传播种子的红色成熟果实，番荔枝和覆盆子为不同类型的聚合果，山楂为梨果，而樱桃却是核果，它们的发育过程及与花或花序的关系是非常不同的。据美国《探索》杂志报道，英国皇家植物园的植物学家沃尔夫冈·斯图皮（Wolfgang Stuppy）和视觉艺术家罗布·克塞勒（Rob Kesseler）合作推出了一本书《果实》（Fruit: Edible, Inedible, Incredible），通过扫描电子显微镜所拍摄的精美照片向人们展示了"令人眼花缭乱的植物多样性"。

2．果实类型

果实的形成是对于保证种子传播，保护种子生命的一种适应及在形态上的一种变异，果实的类型也就常随植物的种属及其对于动物、风、水等不同传播媒介的适应而有所不同。

根据果实形成的受精部位及发育方式，果实类型有以下几种：

1）聚花果（复合果）

由花序受精形成，如：桑花序的每一子房发育成一个小单果，包藏在厚而多汁的花萼中。无花果着生在肥厚肉质化的花轴内壁的每一子房发育成一个小坚果，包藏在肉质花萼内，食用部分实际是隐头花序的肥厚多汁的主轴（图 1-6）。

2）聚心皮果（聚合果）

由子房上位且具多个离生雌蕊的单花受精形成，许多小单果聚生在同一花萼上所形成的果实。构成聚合果的单果又因植物种类而不同，如：草莓、毛茛为聚合瘦果，番荔枝、南五味子为聚合浆果，悬钩子、覆盆子为聚合核果，玉兰、八角（图 1-7）为聚合蓇葖果。

3）蔷薇果

由子房周位且具多个离生雌蕊的单花，于子房受精后连同花托形成，如：金樱子（图 1-8）等。

图 1-6　聚花果（无花果）　　　图 1-7　聚心皮果（八角）　　　图 1-8　蔷薇果（金樱子）

4）单果

由具一个雌蕊的单花受精后所形成的果实，依照不同的果皮质地可分为两大类：

（1）果皮肉质多浆的肉果：人类食用的美味水果多归属此列，常见的有浆果、梨果、核果、柑果等。果皮柔软且常具鲜艳的色彩，可吸引动物前来取食，借以散播种子；种子外部常具有较坚硬的结构，以保护其在被吞食后免受消化液腐蚀。

a. 浆果。果实的外果皮易于分离，内、中果皮肉质多浆，如：葡萄（图 1-9a）、莲雾等。

b. 核果。果实的外果皮不易或微可分离，中果皮肥厚且肉质多浆，内果皮木化坚硬但与中果皮极易分离，如：杧果（图 1-9b）、杏等。

c. 梨果，亦为由下位子房形成的假果。果实的外果皮不易分离，中果皮肥厚且肉质多浆，内果皮木化，中、内果皮难于分离，如：木瓜（图 1-9c）、梨等。

d. 柑果。果实的外果皮不易分离，中果皮肥厚松软且肉质多浆，内果皮革质化且有多数肉质多浆毛囊（即通常可食部分），内果皮可与中果皮分离，如：金弹（图 1-9d）、柚子等。

（a）浆果（葡萄）　　　（b）核果（杧果）　　　（c）梨果（木瓜海棠）　　　（d）柑果（金弹）

图 1-9　常见肉果类型

（2）果皮干燥坚硬的干果：果实成熟后则具有干燥而坚硬的果皮，内果皮、中果皮及外果皮的分界较不明显，少了甜美的果汁及诱人的色彩，但在种子传播方面却是各有独门工夫：悬铃木的瘦果长有褐色的冠毛，槭树的翅果像一面小小的风帆，可凭借风力轻易地飞散；海红豆的种子借荚果开裂时扭转的力量弹出，刺梨可借果实上的钩刺附在动物的毛皮上随之迁移。

其中，根据果实成熟后的开裂与否，通常分为裂果与闭果。

a．常见裂果：

蒴果——果皮干燥革质，成熟后开裂，心皮数枚形成复子房，如：栾树、木芙蓉（图1-10a）、柳等。

蓇葖果——果皮干燥革质或木质、成熟后开裂，心皮1枚形成单子房，其开裂方式为仅自腹缝或背缝一线开裂，如：广玉兰（图1-10b）等。

荚果——果皮干燥革质、成熟后开裂，心皮1枚形成单子房，其开裂方式为自背、腹缝线同时开裂；蝶形花科植物的典型特征，如：凤凰木、羊蹄甲、海南红豆（图1-10c）等。

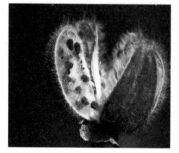  

（a）蒴果（木芙蓉）　　　　　　（b）蓇葖果（白玉兰）　　　　　　（c）荚果（金合欢）

图1-10　常见裂果类型

b．常见闭果：

坚果——果皮干燥坚硬，成熟后开裂或不开裂的果实，如：核桃（图1-11a）、板栗等。

瘦果——果皮干燥革质，成熟后不开裂的果实，如：铁线莲、梧桐（图1-11b）等。

菊果——瘦果上端延伸成喙，喙上着生有冠毛的果实，如：悬铃木（图1-11c）等。

翅果——果皮干燥革质，成熟后不裂，表面常有翅翼状附属物的果实，如：枫杨（图1-11d）、槭树（图1-11e）、臭椿（图1-11f）、榆（图1-11g）等。

（a）坚果（核桃）　　　　　　（b）瘦果（梧桐）　　　　　　（c）菊果（悬铃木）

   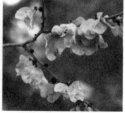

（d）翅果（枫杨）　　　（e）翅果（槭树）　　　（f）翅果（臭椿）　　　（g）翅果（榆）

图1-11　常见闭果类型

（三）营养生长与生殖生长之间的关系

花果园林树木的观赏价值可以通过个体和群体两方面体现出来，而树木群体观赏价值是在个体观赏特性基础上形成的。树木生长发育周期中的不同年龄阶段各有其生长发育特点，对外界环境和栽培管理也有不同的要求，可据此采取相应的栽培措施以达增加开花结实，延长花果期等观赏栽培目的。

1. 花芽分化及生理指标

1）花芽分化概念

植物的生长点既可以分化为叶芽也可以分化为花芽，生长点由叶芽状态向花芽状态转变的过程称为花芽分化，即：从生长点顶端变得平坦四周下陷开始，到逐渐分化为萼片、花瓣、雄蕊、雌蕊以及整个花蕾或花序原始体的全过程。生长点内部由叶芽的生理状态（代谢方式）转向形成花芽生理状态的过程称为"生理分化"，由叶芽生长点的细胞组织形态转为花芽生长点的组织形态过程称为"形态分化"。因此，树木花芽分化概念有狭义和广义之分，狭义的是指形态分化，广义的包括生理分化，形态分化，花器官的形成与完善直至性细胞的形成。

2）花芽分化时期

根据花芽分化的指标，一般可分为生理分化期、形态分化期和性细胞形成期三个分化期，但不同树种的花芽分化时期有很大差异。

（1）生理分化期：是指芽的生长点内转向花芽分化而发生生理代谢变化的时期，一般在形态分化期前4周左右或更长，是控制花芽分化的关键时期，因此也称"花芽分化临界期"。

（2）形态分化期：是指花或花序的各个花器原始体发育过程所经历的时期，一般可分为以下几个时期（图1-12）。

a. 苞片原基分化期：未分化的芽纵切面为圆锥形，开始分化的芽，生长锥顶部逐渐变圆变平，周围出现凸起即为苞片原基。

b. 萼片原基形成期：顶端变扁平加宽，花原基边缘产生凸起，形成花萼原基；花瓣原基形成期，随着萼片的伸长，顶端生长点逐渐平展、扩大、下凹，形成浅杯状的花托盘，边缘的凸起就是花瓣原基。

c. 雄蕊原基形成期：在花瓣原基不断伸长的同时，其下方形成稠密的颗粒状凸起就是雄蕊原基。

d. 雌蕊原基形成期：雄蕊原基凸起后生长点逐渐停止分裂，中央留存的分生组织全部分化为雌蕊原基，上部为柱头，中部为花柱，基部膨大的部位为子房并可观察到心室。有些树种的雄蕊原基形成期和雌蕊原基形成期时间较长，要到第二年春季开花前完成。

（3）性细胞形成期：当年进行一次或多次花芽分化并开花的树木，其花芽性细胞都在年内较高温度的时期形成，而于夏秋分化。在翌年春季开花的树木，其花芽在当年形态分化后要经过冬春一定时期的低温（温带树木 0 ～ 10℃，暖温带树木 5 ～ 15℃）累积条件才能形成花器官并进一步分化完善，再在第二年春季萌芽后至开花前的较高温度下完成。

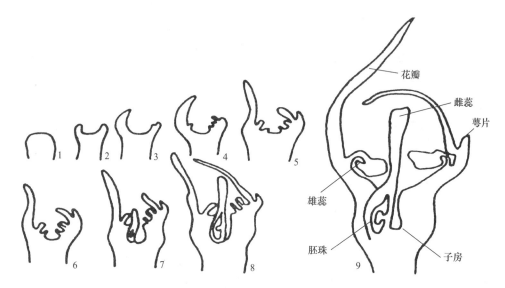

图 1-12　苹果花芽各时期的形态演化（6 月中旬到翌年 4 月）

1- 苞片原基分化期；2、3- 萼片原基形成期；4- 雄蕊原基形成期；5、6、7、8- 雌蕊原基形成期；9- 花芽形态完成期

3）种子形成

种子是裸子植物和被子植物特有的繁殖体，由胚珠经过传粉受精形成（图 1-13），一般由种皮、胚和胚乳三部分组成，有些植物成熟的种子只有种皮和胚两部分。种子适于传播或抵抗不良条件的结构为种族延续创造了良好的条件，所以种子植物能够在系统发育过程中代替蕨类植物取得优势地位；但不是所有的种子都有果实包被，如：银杏、松、柏等裸子植物；也不是所有的果实都有种子，如：无核蜜橘、温州蜜柑、脐橙、香蕉等在自然

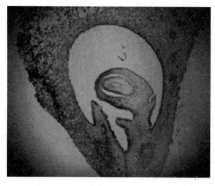

（a）胚珠

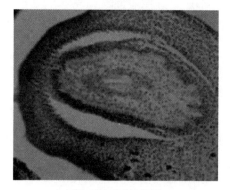

（b）珠心及珠被组织

图 1-13　牡丹子房纵切图（石蜡切片）

条件下不经传粉受精而单性结实的果实，就没有种子或种子不育；此外某些植物未经传粉受精的子房经赤霉素等处理也能形成无种子的果实，如：葡萄等。

2. 花芽分化的特点和类型

花芽分化开始时期和延续时间的长短以及对环境条件的要求，因树种（品种）、地区、年龄等的不同而异。根据不同树种花芽分化的特点，可以分为下列四种类型：

1) 夏秋分化型

绝大多数早春和春夏开花的观花树木，属于夏秋分化型，如：海棠、榆叶梅、樱花、迎春、连翘、玉兰、紫藤、丁香、牡丹、杨梅、山茶、杜鹃等。北京地区在枣树之前开花的树种多属此类，其花芽在前一年夏秋（6～8月）开始分化，并延续至9～10月间才完成花器分化的主要部分；花芽的进一步分化与完善还需经过一段低温，直到第二年春天才能进一步完成性器官的分化。有些树种的花芽分化在夏秋已完成，即使由于某些条件的刺激和影响，仍需经低温后才能提高其开花质量。

2) 冬春分化型

原产亚热带、热带地区的某些树种，一般秋梢停长后至第二年春季萌芽前，即于11月至翌年4月间完成花芽分化。柑橘类的柑、橘常从12月至次春完成花芽分化，其分化时间较短并连续进行；此类型中有些延迟到第二年初才分化，而在浙江、四川等冬季较寒冷地区有提前分化的趋势。

3) 当年分化型

许多夏、秋开花的树木，都是在当年新梢上形成花芽并开花，不需要经过低温阶段即可完成花芽分化，如：木槿、槐、紫薇、珍珠梅、荆条等。

4) 多次分化型

在一年中能多次抽梢，每抽一次梢就分化一次花芽并开花，如：月季、蔷薇、茉莉、金柑和柠檬等；其他树种中某些多次开花的变异类型，如：四季桂、西洋李中的三季李以及四季橘等也属此类。多次分化型树种，春季第一次开花的花芽有些可能是去年形成的，花芽分化交错发生，没有明显的分化停止期，花芽分化节律不明显。

3. 营养生长与开花结果

"根深叶茂，本固枝荣。枝叶衰弱，孤根难长。"充分说明了地上部树冠与地下部根系之间相互联系和相互影响的辩证统一关系。地上部与地下部关系的实质是树体生长交互促进的动态平衡，是存在于树木体内相互依赖、相互促进和反馈机制决定的有机统一过程。

枝叶是树木为生长发育制造有机营养物质、固定太阳能并为树体各部分的生长发育提供能源的主要器官；枝叶在完成生命活动和生理代谢的过程中需要大量的水分和营养元素，需要借助于根的强大吸收功能。根系是树体吸收水分和营养元素的主要器官，它必须依靠叶片光合作用提供有机营养与能源，才能实现自身的生长发育，并为树木地上部分生长发育提供必需的水分和营养元素。繁茂枝叶的强大光合作用可以促进根系的生长发育，提高根系的吸收功能；而根系发达、生理活动旺盛，又可以有效促进地上部分枝叶的生长发育，反过来又能为树体其他部分的生长提供能源和原材料。

1）树体发育与花芽分化

树木的枝、叶和根为营养器官，花、果实和种子为生殖器官，良好的根、枝、叶的营养生长是树木开花结果的基础。进入成年阶段的树木，需要一定的枝叶量才能保证生长与开花结果的平衡，如果树体生长过旺、消耗过大，树体储藏营养的积累减少进而影响花芽分化和花器发育，影响树木的开花和结果。叶芽能否发生质变形成花芽，首先与枝条本身的发育质量有直接关系：一般来说，树木发育比较粗壮且姿势适当平斜的中、短枝，在生长前期如能及时停止生长则容易形成花芽；相反，生长细弱和虚旺的直立性长枝难以形成花芽。根系在生长活动过程中，不仅可以为上部枝叶制造成花物质提供无机养分，而且还能以叶片的光合产物直接合成花芽分化所必需的一些结构物质和调节物质，所以一切有利于增强根系生理功能的管理措施均有利于促进花芽分化。

花芽分化期的开始和持续时间长短因树体营养状况和气候状况而异，营养状况好的树体花芽分化持续时间长，气候平稳条件下花芽分化的持续时间长。树木的花芽分化期，会随着年龄的增长发生变化：一般幼树比成年树晚，旺树比弱树晚；同一株树上，短枝上的花芽分化早，而中长枝、长枝上腋花芽的形成则顺序推迟。

2）落果机理与栽培措施

果实从形成到成熟期间常会出现落果，需要在栽培管护工作中采取措施加以避免和控制，合理控制树体总的开花结果数量才能确保开花结果的均衡和稳定。树体结果明显受花芽形成质量的直接影响，要通过合理的栽培措施促进花芽的发育。一般来说，花芽大而饱满，开花质量高，开花后的坐果率也高，果实发育好；反之，花芽瘦小而瘪，花朵小、花期短，容易落花落果。有些树种由于果实大、果柄短，在结果量多时果实之间相互挤压，夏秋季节的暴风雨等外力作用常引起机械性落果；而由非机械外力所造成的落花落果现象统称为生理落果，如授粉、受精不完全而引起的落果，尤其花器发育不完全导致不能授粉受精（如杏花常出现雌蕊过短或退化，柱头弯曲），土壤水分过多造成树木根系缺氧，水分供应不足引起果柄形成离层，土壤缺锌也易引起生理性落果。

3）果实发育与栽培管理

果实生长是通过果实细胞的分裂与增大而进行的，生长初期以伸长生长（即纵向生长）为主，后期以横向生长为主。果实的生长过程一般都表现为慢—快—慢的"S"形曲线生长过程，有些树种的果实呈双"S"形生长过程（即有两个速生期），而奇特果实的生长规律则有待更多的观察和研究。

观果类园林树木栽培，其主要目的是为了以果的"奇"（果态奇趣）、"丰"（果量丰盛）、"巨"（果形硕大）和"色"（果色艳丽）来提高观赏价值。应遵循果实的生长发育规律，通过合理的栽培和修剪措施，调节营养生长与生殖生长的动态平衡关系，使不同树木或在树木的不同时期达到更好的景观效果（图1-14）。

莲雾 　　　　　　　　　　　杨桃

腰果 　　　　　　　　　　　拐枣

龙眼 　　　　　　　　　　　提子

图 1-14　观果类型（一）

沙枣

欧李

海杜果

杏

锦橙

猴面包树

图 1-14　观果类型（二）

青梅

巴梨（红星）

苹果（蛇果）

苹果（红富士）

白梨（雪梨）

红果忍冬

图1-14　观果类型（三）

（四）花果园林树木的界别与应用

园林树木的界别建植，最能鉴赏园林绿地的布局品位；园林树木的景观功能，最能反映园林绿地的匠心独具；园林树木的花果特色，最能提高园林绿地的建设水准。

园林树木在一年四季的生长过程中，花、果性状具有较高的观赏价值；强化树木配置的季相变化是提升城市绿色景观内涵的重要措施，园林工作者不仅要会欣赏植物的季相变化，更关键的是要能创造丰富的季相景观群落。一般说来，城市绿化的进程经过两个阶段：一是普遍绿化阶段，首先将可利用的土地覆盖起来，达到黄土不见天，抑制城市扬尘，初步发挥其提高绿量的生态作用；二是在普遍绿化的基础上提升品位阶段，在树木配置上进一步追求其文化性、艺术性的统一，植被功能性、生物多样性的统一，实现人与自然的和谐发展。

1. 准确无误地界别绝非按图索骥般简单

我国疆域辽阔、植物资源丰富，花果园林树木的种类成千上万、形态千奇百怪，要想准确无误地区别绝非按图索骥般简单。

1）以经济价值较高的蔷薇科为例

双子叶植物纲、蔷薇亚纲，乔木、灌木或草本，广布全球。根据花托、花筒、雌蕊的心皮数目、子房位置和果实类型分为四个亚科，约124属，3300余种。

（1）苹果亚科：我国有16属，牛筋条属、枸子属、火棘属、山楂属、小石积属、红果树属、石楠属、枇杷属、石斑木属、花楸属、榲桲属、移依木瓜属、梨属、苹果属、唐棣属。灌木或乔木，单叶或复叶。果实成熟时为肉质的梨果或浆果状，稀小核果状。

（2）李亚科：我国有9属，扁核木属、臀果木属、臭樱属（假稠李属）、李属、桃属、杏属、樱桃属、稠李属。乔木或灌木，单叶、有托叶。核果成熟时肉质，多不裂开或极稀裂开。

（3）绣线菊亚科：我国有8属，绣线菊属、鲜卑花属、假升麻属（棣棠升麻属）、珍珠梅属、风箱果属、绣线梅属、野珠兰属（米空木属）、白鹃梅属。灌木、稀草本，单叶、稀复叶。果实成熟时多为开裂的蓇葖果。

（4）蔷薇亚科：我国有20属，蔷薇属、绵刺属、龙芽草属、马蹄黄属、羽衣草属、地榆属、棣棠属、鸡麻属、蚊子草属（合叶子属）、悬钩子属（树莓属）、仙女木属（多瓣木属）、路边青属（水杨梅属）、无尾果属、林石草属、草莓属、蛇莓属、委陵菜属（金露梅属）、山莓草属（五蕊莓属）、地蔷薇属和近年在华北发现的太行花属。灌木或草本，复叶、稀单叶。瘦果成熟时着生在膨大的肉质花托内或花托上。

2）颇负盛名的蔷薇属（*Rosa*）植物

分为月季、玫瑰和蔷薇三类（国际花卉市场上统称 Rose），广泛分布在亚、欧、北非、北美各洲寒温带至亚热带地区，有200多种（我国产80余种）。

（1）依花色分：有红、橙、黄、绿、青、蓝、紫、白等色，以及复色或具条纹、斑点者。

（2）依花形分：有花朵直径大于10cm的大花品种，直径5～10cm的中花品种和直径小于5cm的小花品种及微型品种。

（3）依着花情况分：有露地栽培从5～10月不断开花或在温室栽培则四季可开的健花品种，有在春、秋开花的两季品种，还有仅在春季开花的一季品种。

（4）依植株形态分有：株形扩张的丰花系列（当年可达株冠70cm，高度80cm，多花、聚状开放，花期长），枝条柔长、爬蔓攀缘的藤本系列（枝长 5～8m，每年可生长 2～3m，开花丰茂，花期长达 10 个月；适宜制作花篱、棚架、拱门、花柱，立体造型效果极佳，图 1-15），株形袖珍、风韵迷你的微型系列（花朵成簇状，一株可开花 50 朵以上，有单瓣、重瓣之分，香味淡雅，花期长久），匍匐扩张生长的地被系列（源于欧美，枝条触地生根，密不露地，单株一年可萌生 30～50 分枝），以及直立挺拔的树状品种（株高 1m 以上，分单色、双色、复色）等（图 1-16）。花梗挺直、花色持久且能在短期内反复开花的切花系列（尖蕾、高心、馨口、卷边，瓣质比较丰厚（图 1-17），宜作室内瓶插或制作花篮、花束等）。

图 1-15　藤本蔷薇

图 1-16　树状月季

（a）卷边　　　　　　　（b）馨口　　　　　　　（c）高心　　　　　　　（d）翘角

图 1-17　切花月季品种的主要花形

而由丹麦育种学家用带长花梗、美丽的杂种茶香月季（Hybrid Tea Roses）和矮小壮实多分枝的多花月季（Polyantha Roses）杂交育成的丰花月季（Floribunda），既秉承了多花月季耐寒、多花（春、夏、秋三季连续形成花枝）、聚球大量开放的优点，又保持了杂种茶香月季尖蕾、高心、馨口、卷边、重瓣（花瓣数可达 60 枚以上）的美花形、大花径、艳色彩、长花梗特性；植株生长壮实、树形姿态优美，1924 年首次出现于月季花坛，优良品种已发展到 100 多个：丰饶热烈的有红色系的红帽子（'Red hatle'）、红柏林（'Red Berlin'）、太阳火焰（'Sun flare'）等，黄、橙、红混合色系的马戏团（'Circus'），金黄带火红色边系的魅力（'Charisma'）等；明艳亮丽的黄色系有澳洲黄金（'Austratia gold'）、金奖章（'Gold medal'）等，以及冰清玉洁的冰山（'Iceberg'）等，倚梦娇羞的摩纳哥公主（'Monaco princess'）、杏花村（'Betty prioy'）等，片植花篱可营造稳定的大面积色彩效果。

3）月季和玫瑰的区分

在我国，月季和玫瑰的名称常被混用：一方面是因翻译人员缺乏专业的植物分类学知识，错译的情况时有发生；再加上两者外形极为相似，本就不好辨认，在民众中也易造成相当程度的混乱。如：法国蔷薇（*Rosa gallica*），原产于高加索，常称为普罗因玫瑰（Provins rose）或安娜托利亚玫瑰（Rose of Anatolia）；百叶蔷薇（*Rosa centifolia*），原产于波斯，常称为普罗旺斯玫瑰（Provence rose）或伊斯帕罕玫瑰（Rose of Ispahan）；突厥蔷薇（*Rosa damascena*），原产于叙利亚，香味扑鼻，是最常供蒸馏精油的玫瑰，也最具医疗价值。但这些所谓的"玫瑰"，都与植物分类学上的玫瑰毫无关系。

虽然，玫瑰与月季的花形、花色都很接近，不易区分；但其实，玫瑰与月季的分辨特征还是显而易见的。其中，最重要、也是最易识别区分的性状特征是：玫瑰的刺是茎刺，即刺是茎的木质部的一部分，是用手取不下来的；而月季是皮刺，刺是与表皮联系的，可以用手掰下。

（1）玫瑰（*Rosa rugosa*）：落叶灌木，枝茎密生直刺；小叶 5～9 枚，叶片较窄、质地较厚，叶面因叶脉下陷而有明显皱纹。花径较小（5～8cm），紫红色（所谓的玫瑰红）较多，白色、绿色比较少见。香气馥郁，果扁球形。主要栽培用途为提取香精或供药用：玫瑰油的价格比黄金还高，有液体黄金之誉；玫瑰花蕾具有行气活血的功效，食用可泡茶、泡酒、熏茶，晒干可制作点心、蜜饯。

（2）月季（*Rosa chinensis*）：常绿半常绿灌木，枝茎有很大的皮钩刺；小叶 3～5 枚，叶片较宽、质地较薄，叶面光滑。花期，近赤道地区为全年，远赤道地区除冬季外。花径较大（8～15cm），花色多样，大红、紫红、粉红、橘红、黄、白都有，现在还培育出了紫蓝色的稀有品种。大部分品种较香，果倒卵形。栽培用途为观赏（英国、美国的国花，也是很多城市的市花），最主要的商业用途是制作鲜切花（2008 年奥运颁奖用花中的中国红月季就是典型的代表），中药用效果较玫瑰却弱很多（市场上用月季花蕾冒充玫瑰花蕾的现象非常严重，注意鉴别）。

北京天坛公园于 1956 年开始引进现代月季十余个品种，1959 年聘请从美国归来的蒋恩钿女士任顾问并大量引进新品种；在 1963 年杭州全国月季工作会上天坛月季被定为北方月季品种参照标准，1961～1963 年在祈年殿西侧建设占地 1.38hm²，15000 多株的北方第一大月季园。北京植物园于 1993 年 5 月建成了占地总面积 7hm² 的月季专类园，现有 620 个品种计 10 万余株，是目前国内大型月季园之一；北京市月季协会举办的"北京月季花展"至 2009 年已经 30 届，每年从红五月开始一直到金秋十月，北京的公园、街头绿地和庭院、家居一隅，随处可见"花中皇后"的倩姿靓影，聚会在一起激情着夏秋的时光。

2．得心应手地取用亦非一日之功般速成

我国疆域辽阔、植物资源丰富，花果园林树木的种类成千上万，用途千差万别，要想得心应手地取用亦非一日之功般速成。

1）木槿属植物

在我国具有悠久的栽培历史，早在汉代的《山海经》中就记载"汤谷上有扶桑"。长江三角洲地区分布栽培计 5 种，常见的有木槿和木芙蓉，多用于庭院、路旁、水边绿化，在高速公路隔离带和边坡栽植效果好。木芙蓉主要在长江流域及其以南地区栽培，四川成都被誉为芙蓉城；扶桑主要在热带、亚热带地区栽培，北方多用于温室内栽培观赏。海滨木槿（*Hibiscus hamabo*）是海滨地区重要的防护树种，主要分布在浙江舟山岛西部及长寺岛等地，被列为浙江省珍稀濒危树种。

木槿属树种的研究与栽培集中在美国的夏威夷、澳大利亚的新南威尔士和昆士兰以及马来西亚、韩国等地。应用最广泛的为扶桑（*Hibiscus sinensis*，图 1-18）、木槿（*Hibiscus syriacus*，图 1-19）、木芙蓉（*Hibiscus mutabilis*，图 1-20），其中扶桑是马来西亚和斐济的国花，以木槿属一个乡土树种（*Hibiscus brackenridgei*）为州花的美国夏威夷是扶桑的次

图 1-18　扶桑

图 1-19　木槿　　　　　　　　　　　图 1-20　木芙蓉

生栽培中心，拥有 2000 多个品种。1950 年美国成立了木槿协会，在扶桑和木槿品种选育方面处于领先地位；韩国在木槿的 200 多个品种中拥有 100 多个本土品种，1990 年将单瓣红心系列品种定名为国花。

2）柑橘

枳、橘、柑、橙（图 1-21）、金柑、柚（图 1-22）的总称，原产我国，分布在北纬 16°～37°，海拔最高达 2600m（四川巴塘）；南起海南省的三亚市，北至陕、甘、豫，东起台湾省，西到西藏的雅鲁藏布江河谷。性喜温暖湿润气候，生长发育环境要求 12.5～37℃；甜橙 -4℃，温州蜜柑 -5℃ 时会使枝叶受冻；甜橙 -5℃ 以下，温州蜜柑 -6℃ 以下会冻伤大枝和枝干；甜橙 -6.5℃ 以下，温州蜜柑 -9℃ 以下会使植株冻死；高于 37℃ 时，果实和根系停止生长。秋季花芽分化要求昼、夜温度分别为 20℃、10℃。耐阴性较强，年日照时数 1200～2200h 的地区均能正常生长；一般要求年降雨量 1000mm，空气相对湿度 75%。土壤相对含水量 60%～80%，排水不良会使根系死亡；土壤适应范围较广，pH 值 4.5～8 的红黄壤、沙滩和海涂均可生长，以 pH 值 5.5～6.5 最适宜。一般无根毛，菌根和植株共生，促进树体的生命活动。

我国是柑橘的重要原产地之一，有 4000 多年的栽培历史；屈原的《橘颂》流芳百世，南宋韩彦直的《橘录》是世界上第一部有关橘栽培的专著。早在夏朝（公元前 21～前 17 世纪）橘已列为贡税之物，西汉时期从"丝绸之路"传到西亚地区，公元 8 世纪传至日本；公元 1471 年橘、柑、橙等传入葡萄牙的里斯本，1821 年英国人把金柑带到了欧洲，1892 年美国从我国引进"中国蜜橘"（椪柑）。温州蜜柑，是日本和尚田中间守在唐代来我国浙江天台山进香时带来的柑橘种子，后在日本鹿儿岛、长岛栽培选择而来。

图 1-21　脐橙

图 1-22　柚子

3）梨属植物

全世界约有 35 个原生种，野生分布于欧洲、亚洲及非洲，分为东方梨及西洋梨两大类。国内主要经济栽培种为：秋子梨分布在华北及东北各省，果实圆形或扁圆形，优良品种有北京的京白梨、辽宁的南果梨等。白梨主要分布于华北地区，果实为倒卵形，优良品种有河北的鸭梨、雪花梨、蜜梨，山西的油梨，山东莱阳的茌梨，安徽砀山的酥梨等。沙梨分布在我国长江流域和淮河流域，果实近圆形，果皮绿色或褐色，优良品种主要有翠伏梨、黄花梨以及引种自日本的幸水（图1-23）、筑水、新世纪、菊水、晚三吉等。洋梨在山东烟台与辽宁大连栽培较多，果实瓢形或圆形，熟后果肉脆嫩多汁、石细胞少、香味浓，代表品种是巴梨（图1-24）。

此外，杜梨（棠梨）、豆梨（鹿梨）、褐梨和川梨等野生种常被用作栽培梨的砧木，寿命长达100年以上。梨的种类繁多，习性各异，观赏栽培时必须加以了解：

（1）耐寒力不同。原产我国东北部的秋子梨极耐寒，野生种可耐 -52℃ 低温，栽培种 -30～ -35℃；白梨类可耐 -23～ -25℃，沙梨类及西洋梨类可耐 -20℃ 左右。其中白梨适于冷冻干燥的气候栽培，沙梨适于温暖多湿的气候栽培，是江淮流域栽培梨的主要种。洋梨要求的气候条件与白梨相近，适于在淮北地区栽培。

（2）需水量有异。秋子梨、白梨、西洋梨类耐湿性差，沙梨类耐湿性强。

（3）对土壤酸碱适应性不等。一般杜梨要求偏碱，而沙梨和豆梨要求偏酸。

（4）物候期差别很大。就开花期而言，四川会理一般在2月上中旬，吉林延边在5月中旬。从芽萌动到开花，秋子梨类品种最早，白梨类品种稍晚，沙梨类品种晚于白梨类，西洋梨品种最晚，变幅范围约为10天左右。

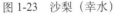

图1-23 沙梨（幸水）

图1-24 洋梨（巴梨）

3．胎生的红树林群

1）真红树植物

具有下列全部或大部分特征：

（1）只在红树林环境中完成生育，并不延伸至陆生群落；

（2）在群落结构中起主要作用，能形成纯植丛；

（3）具气体交换功能的气生根，种子胎萌；

（4）生长在海水中，叶片具有泌盐机制；

（5）孤立于陆生分类单位的亲缘关系，至少在属的水平上（通常是在亚科或科的水平上）与其亲缘疏离。

2）红树林

热带、亚热带港湾滩涂特有的木本植物群落，常由红树（*Rhizophora apiculata*）、秋茄树（*Kandelia candel*）、木榄（*Bruguiera gymnorhiza*）、海桑（*Sonneratia caeseolaris*）、桐花树（*Aegiceras corniculatum*）、白骨壤（*Avicennia marina*）等真红树植物及海漆（*Excoecaria agallocha*）、银叶树（*Heritiera littoralis*）、水椰（*Nypa fruticans*）、黄槿（*Hibiscus tiliaceus*）等半红树植物混合组成。全世界约有20科，27属，70种；我国有12科，15属，27种（1个变种），加上10种半红树植物，共达12科，25属，37种。红树科Rhizophoraceae，有14属、100余种，分布于东南亚、非洲及美洲热带地区；我国有6属，13种，主要分布广西、广东、台湾、海南、福建和浙江南部沿岸，其中以广西资源量最丰富，占全国红树林面积1/3。

红树林海岸主要分布于热带地区：西半球，南美洲东西海岸及西印度群岛，非洲西海岸是生长红树林的主要地带，澳大利亚沿岸红树林分布也较广。在东方，以印尼的苏门答腊和马来半岛西海岸为中心分布区，沿孟加拉湾、印度、斯里兰卡、阿拉伯半岛至非洲东部沿海都是红树林生长的地方，印尼、菲律宾、中印半岛至我国广东、海南、台湾、福建沿海都有分布；由于黑潮暖流的影响，红树林海岸一直分布至日本州。

3）红树植物

因植株体内富含"单宁酸"，被砍伐后的断面易氧化变成红色，故称"红树"；最奇异的特点是种子繁殖为"胎萌"方式：果实成熟离开母体之前，种子已在果实内萌发，离开母体后借助自身重力下落坠入泥沼之中，几小时后幼苗就能发育、生根，长成幼树。红树的根系分为支柱根、板状根和呼吸根：支柱根从枝干上长出后往下生长插入泥土形成，多拱形（图1-25*a*）；呼吸根有棒状、膝曲状，纤细的直径仅0.5cm，粗壮的达10～20cm（图1-25*b*）；板状根由呼吸根发展而来，较巨大，对植物的呼吸及支撑都有利（图1-25*c*）。盘根错节的发达根系能有效地滞留陆地来沙，减少近岸海域的含沙量，茂密高大的树干宛如道道绿色长城有效抵御风浪袭击，在拒浪固滩护岸、净化水体等方面均起着重要作用，被称为"海岸卫士"。红树以凋落物的方式，通过食物链为海洋动物提供良好的生长发育环境；由于红树林区内潮沟发达，吸引深水区的动物来觅食栖息、生产繁殖，是鸟类生息的良好场所、候鸟的越冬场和迁徙中转站，在维护河口区海陆生态系统生态平衡中具有特殊的纽带价值。

（*a*）支柱根　　　　　　　　（*b*）呼吸根　　　　　　　　（*c*）板状根

图1-25　红树的根系类型

● **红树**（*Rhizophora apiculata*）

红树科，红树属。乔木或灌木，常生于海盐滩或海湾内沼泽地。树高 2～4m，枝具叶痕，有支柱根。叶椭圆形或长圆状椭圆形，革质，全缘，交互对生。每年春、秋开两次花，花、果期近全年；聚伞花序有花 2 朵，生于已脱落的叶腋间，总花梗短于叶柄。花两性，无花梗，小苞片合生成杯状；花萼 4 深裂，裂片长三角形，花瓣线形，几膜质。果倒卵状，下垂，褐色或榄绿色，含一粒种子。种子在母体发芽（图 1-26a），胚轴柱形，略弯曲，长到 30cm（图 1-26b）时就脱离母树，利用重力作用扎入海滩的淤泥之中，几小时后就能长出新根，抽出茎叶，独立成株（图 1-26c）。

(*a*) 种子在母体发芽　　　　(*b*) 长到 30cm　　　　(*c*) 扎入海滩，独立成株

图 1-26　红树的种子萌发

● **秋茄树**（*Kandelia candel*）

又名水笔仔，茄藤树。红树科，秋茄树属。常绿灌木或小乔木，侧枝的气根向下生成支柱根。花白色，3～5 朵成二歧聚伞花序；萼 5～6 裂，裂片线形；花瓣 5～6 裂，裂片线状，早落。果长椭圆形，尾部为苞片所围绕；成熟胚轴呈红褐色，远望似茄子，故名（图 1-27）。

图 1-27　秋茄花，果

- **木榄**（*Bruguiera gymnorrhiza*）

红树科，木榄属。常绿乔木，构成红树林的优势树种之一，多散生于秋茄树的灌丛中。树皮灰黑色，有粗糙裂纹。叶具长柄，红色。膝状呼吸根发达，有时具支柱根和板根。花期10月至翌年4月，花单生；萼筒紫红色，钟形，常作8～12深裂，花瓣与花萼裂片同数（图1-28）。果期在5～9月，胚轴红色（图1-28）。

图1-28　木榄的花，果

- **桐花树**（*Aegiceras corniculatum*）

紫金牛科，桐花树属。灌木或小乔木，在滩涂的外缘或河口的交汇处以及秋茄林的外缘分布较多。树皮平滑、红褐至灰黑色；缆状根在泥土表层下成水平线伸展，有膝根及支柱根。叶互生，叶柄带红色，有泌盐现象。花期1～4月，伞形花序腋生或顶生，白色；花两性，萼片覆瓦状排列，花冠管短，裂片5；果期5～9月，蒴果圆柱形，锐尖，状如山羊角，在台湾被俗称为羊角木；成熟时红褐色，又名浪紫、蜡烛果（图1-29）。种子有毒性，隐胎生。

图1-29　桐花树的花，果

- **海漆**（*Excoecaria agallocha*）

大戟科，海漆属。小乔木，高 2～3m；基部分枝向地面匍匐生长，呈灌丛状，具轻微板根。半红树植物，常生长于群丛靠近海岸的内缘。枝具多数皮孔，叶互生、深绿色，近革质、有乳汁。花果期 1～9 月，花单性，雌雄异株，聚集成腋生、单生或双生的总状花序；雄花序长（图 1-30*a*），雌花序较短（图 1-30*b*）。雄花苞片阔卵形，肉质，每一苞片内含 1 朵花，萼片 3，线状渐尖；雌花萼片阔卵形或三角形，花柱 3，分离，顶端外卷。蒴果球形，具 3 沟槽，分果瓣尖卵形，顶端具喙（图 1-30*c*）。

| (*a*) 雄花序 | (*b*) 雌花序 | (*c*) 蒴果 |

图 1-30　海漆

- **银叶树**（*Heritiera littoralis*）

梧桐科，银叶树属。大乔木，典型水陆两栖的半红树植物，多分布于高潮线附近的海滩内缘，大潮或特大潮水才能淹及的滩地或海岸内陆。树皮幼时银灰色，较光滑，老时灰黑色，纵裂。板根系发达，主根间常具异常生长的板状扩展组织，紧密地联合着两个主干基部，起着一种物理抗性作用。小枝、树叶及花序均密被银灰色鳞秕，叶底有银白色鳞片并被柔毛。花带褐色，成簇；果咖啡色，具骨状隆背（图 1-31）。

图 1-31　银叶树的花，果

● **水椰（*Nypa fruticans*）**

棕榈科，水椰属。常绿灌木状，有丛生粗壮的匍匐状茎及肥硕的叶鞘，株高 3 ～ 7m（图 1-32）。大型羽状复叶长 3 ～ 4m，宽 1.1 ～ 1.5m，全裂，互生；中脉在叶背凸起，具金黄色纤维束状附属物数至 10 余枚；小叶片狭长披针形，先端锐尖，基部向外折。佛焰花序顶生，单性，雌雄同株；雄花细小，荑葇花序状，生于雌花序下，佛焰苞舟状，花被片 3，雄蕊连合成柱状；雌花生于花序顶部，排成头状，花被片 6。球形果序上有 32 ～ 38 枚成熟心皮，核果状，倒卵圆形，微压扁而具六棱，褐色，光亮。种子圆形，胚乳白色，均匀，中空，5 ～ 6 月成熟。原产菲律宾，1935 年我国从泰国引入，产海南东南部的崖县、陵水、万宁、文昌等沿海港湾泥沼地带，常为红树林的建群种，万宁市石梅湾是国内唯一的大面积纯林生长地。适宜生长在高温多雨的低海拔湿热地区，年平均温度 24 ～ 25℃，1 月平均温度 17 ～ 12℃，全年无霜，日温差小。阳光充足，年降雨量在 1500 ～ 2000mm 以上且全年分布均匀；土壤一般为半碱性的沼泽土，pH6.8 ～ 8.0。

水椰是国家二类重点保护野生植物，具"胎萌"现象：果实离开母体之前，种子已在果实内发芽形成幼苗；果实离开母体后会借助自身的重力下落坠入泥沼之中，几小时后幼苗就能发育，生根，长成幼树。如果落下的果实遇上潮水或山洪泄流，就凭借果皮中的纤维飘浮于海水，随波逐流，一旦遇到合适的生活环境便能定居下来。水椰不但形态奇特而美丽，用途也十分广泛：肉穗花序富含汁液，是制糖、酿酒或制醋的好原料。种仁味道鲜美，同椰子差不多，可以生吃或者腌渍。

图 1-32　水椰植株，花序

4．风情的棕榈树种

单子叶植物一般被认为由已绝灭的毛茛类或睡莲类等原始双子叶植物的祖先演化而来。茎内无形成层，不形成树皮；叶具平行脉，为闭合脉序。花通常为单性，偶有两性，成 1 或 2 列簇生于着色的佛焰苞片内；花序直立，下垂或半下垂，花部通常 3 基数。种子有胚乳，胚常具 1 子叶。

棕榈科植物是单子叶纲中一个非常特殊的类群，起源于白垩纪，目前存 200 余属，3000 种左右；我国原产约 18 属，近 100 种，其中许多种类为我国特有种或我国区系代表种，目前应用较普遍的有鱼尾葵、蒲葵、棕榈、美丽针葵和棕竹属的一些种。棕榈科植物也是最主要的热带树种代表科之一，最早流行于欧美园艺界，后被许多国际旅游城市广泛采用，在叶片形状上有羽状叶和掌状叶之分：具掌状叶的则称为棕、榈或葵，较为耐寒，如棕榈、丝葵、帝王葵，具羽状叶的称为椰子，喜高温高湿环境条件、以热带性居多，如加拿利海枣、油棕、狐尾椰子（图 1-33、图 1-34）。

图 1-33　帝王葵

图 1-34　加拿利海枣

从生态习性上可分为热带、耐寒、沙漠、阴生四种类型，主要分布在南、北纬 37°之间，以马来西亚经赤道、太平洋岛屿、南美亚马逊河一带最多，特别是在太平洋众多小岛上；也有少数分布在北亚热带区和温带区，耐寒栽培的推广大有可为：长穗棕属和智利棕属的个别种可耐 -10℃ 极端低温，刺葵属的一些种可在极端低温 -6 ～ -8℃ 的地区试种，布迪椰子属和蒲葵属的个别种可望推至极端低温 -5℃ 的广大亚热带地区，肯氏假槟榔、董棕、皇后葵和箬棕属的部分种可供冬季 -3 ～ -4℃ 地区引种，棍棒椰子、大王椰子和三角椰子可推广至极端低温 -2℃ 的南亚热带区域栽培应用。我国现有栽培的棕榈植物约有 2/3 从国外引进，早期引入的有莱王棕、贝叶棕、圆叶蒲葵及刺葵属的一些种，近 10 年来开发应用的华盛顿葵、欧洲棕、加拿利海枣、银海枣、布迪椰子等耐寒、耐旱品种，为广大温带地区营造南国风光的园林树木建植模式提供了可贵材料。

● **棕榈（*Trachycarpus fortunei*）**

棕榈科，棕榈属。常绿乔木状，茎单生，干高可达 10m，径 20cm，叶鞘纤维化（图 1-35）。叶簇生于干顶，近圆形，掌状深裂达中下部；叶柄长，两侧细齿明显。花期 4 ～ 5 月，雌雄异株，圆锥状肉穗花序腋生，花小，黄色。果熟期 10 ～ 11 月，核果肾状球形，蓝褐色，被白粉。原产我国，分布很广：北起陕西南部，南到广州、柳州和云南，西达西藏边界，东至上海和浙江；长江流域两岸 500km 广阔地带分布最多，日本、印度、缅甸也有分布。喜温暖湿润气候，耐寒性极强，可忍受 -14℃的低温。喜光，有较强的耐阴能力，幼苗则更为耐阴。根系浅，无主根，须根发达，能耐一定的干旱与水湿；喜排水良好、湿润肥沃之中性、石灰性或微酸性的黏质壤土；耐轻盐碱土，吸收二氧化硫及氟化氢能力强。

棕榈是国内分布最广，分布纬度最高的棕榈科种类，也是我国栽培历史最早的棕榈类植物之一：树势挺拔，叶色葱茏，适栽于庭院、路边及花坛之中，四季观赏；对烟尘、二氧化硫、氟化氢等多种有害气体具较强的抗性，适于空气污染区大面积种植。生长缓慢，寿命长达 100 年以上：8 ～ 10 年为高生长迅速期，节间拉长，棕皮产量高；以后生长逐渐缓慢，节密而棕皮产量低。叶鞘有棕纤维，叶可制扇、帽等工艺品，根入药。

图 1-35　棕榈（花，果）

● 丝葵（*Washingtonia filifera*）

又名老人葵、华盛顿棕。棕榈科，丝葵属。常绿乔木状，茎单生，干高 10 ～ 20m。树干呈浅灰色，基部通常不膨大，基径 60cm 以上，表面横向叶痕明显，茎干上端密覆许多下垂的干枯叶子。大型掌状叶直径可达 1.8m，分裂至中部，每裂片先端再分裂，在裂片之间及边缘有灰白色的丝状纤维，叶柄下半部边缘具刺（图 1-36）。花期 6 ～ 8 月，肉穗花序大型，从管状的一级佛焰苞中抽出几个大的分枝花序，花小，白色。核果椭圆形，熟时亮黑色，顶端具宿存花柱；种子卵形，胚乳均匀。原产美国加利福尼亚州南部、亚里桑那东部及墨西哥，我国长江以南地区有引种栽培。喜温暖湿润，成龄树能耐受 50℃高温及 -12℃低温。喜光，也耐阴。抗风、抗旱力均很强，喜湿润、肥沃的黏性土壤。

丝葵粗壮通直，近基部略膨大。适应性强，热带海滨至亚热带地区均可栽培，适宜推广作行道树及园景树，装点于立交桥畔、别墅宾馆。在公园、广场、河滨等较宽阔地带，可孤植或群植，营造出绮丽多姿的热带、亚热带风光。叶裂片间具有的白色纤维丝似老翁白发，故名"老人葵"；干枯的叶子下垂覆盖于茎干奇特有趣，有人称之为"穿裙子树"。

● **鱼尾葵**（*Caryota ochlandra*）

棕榈科，鱼尾葵属。常绿灌木或大乔木状，茎单生或丛生，干高达 20m。单干直立，具环状叶痕，茎皮裸露或被叶鞘。叶大，聚生于干顶，二回羽状叶，近对生，全裂，每侧羽片 14～20 枚；芽时内向折叠，裂片先端极偏斜，具不整齐啮蚀状齿，呈鱼尾状，基部在关节处肿大，叶鞘纤维质。叶柄长，叶轴及羽片轴均被棕褐色毛及鳞秕；叶鞘巨大，长圆筒形，抱茎。花期 7 月，圆锥肉穗状花序多分枝，长约 3m，悬垂，佛焰苞管状。花单性，黄色，花瓣近圆形；雌雄同序，通常 3 朵聚生，中间 1 朵较小者为雌花。浆果近球形，成熟后淡红色（图 1-37）。原产亚洲热带、亚热带及大洋洲，我国海南五指山有野生分布，台湾、福建、广东、广西、云南均有栽培，为本属中最耐寒种，能耐 -5℃ 左右短暂低温。耐阴，茎干忌曝晒。根系浅，不耐干旱，喜湿润酸性土。

鱼尾葵茎干挺直，叶形奇特，花色鲜黄，果实如圆珠成串，是我国最早栽培观赏的棕榈植物之一。适于园林、庭院中栽培观赏；也可盆栽作室内装饰用，绿叶婆娑，如游鱼在即。

同属种：短穗鱼尾葵（*C. mitis*），常绿灌木，干高达 5～9m。肉穗花序稠密而短，总梗弯曲下垂，佛焰苞可多达 11 枚。果球形，熟时蓝黑色。

图 1-36　丝葵

图 1-37　鱼尾葵

● **椰子**（*Cocos nucifera*）

棕榈科，丝葵属。常绿乔木状，茎单生，干高 15～30m。叶羽状全裂，长 4～6m，裂片多数，革质，线状披针形，叶柄粗壮。佛焰花序腋生，多分枝，雌雄同序，先开雄花，后开雌花；雄花聚生于分枝上部，雌花散生于下部。坚果倒卵形或近球形，顶端微具三棱（图 1-38）；外果皮较薄，呈暗褐绿色，中果皮为厚纤维层，内层果皮呈角质，果内有一大的储存液汁的空腔。起源于马来群岛，现广泛分布于亚洲、非洲、大洋洲及美洲的热带滨海及内陆地区，尤以赤道滨海地区分布最多；我国主要集中分布于海南海拔 150～200m 以下地区，台湾南部，广东雷州半岛，云南西双版纳、德宏、保山、河口等地也有少量分布。喜光，在高温、多雨、阳光充足和海风吹拂的条件下生长发育良好，最适生长温度为 26～27℃。干旱对产量的影响长达 2～3 年，要求年降雨量 1500～2000mm 以上且分布均匀，但在地下水源较丰富或能进行灌溉的地区，年降雨量为 600～800mm 也能良好生长；长期积水也会影响长势和产量，要求地下水位 1.0～2.5m，排水不良的黏土和沼泽土不适宜种植。土壤 pH5.2～8.3，以 7.0 最为适宜；宜海淀冲积土和河岸冲积土。抗风能力较强，8～9 级台风能吹断少数叶片并撕破小叶，10～12 级以上强台风有严重危害。

椰子为重要的热带木本油料作物，菲律宾、印度、马来西亚及斯里兰卡是主要产区；我国以海南省最为著名，被誉为"椰岛"，已有 2000 多年的栽培历史。椰子的用途广泛，素有"生命树"、"宝树"之称，《本草纲目》载："椰子瓤，甘，平，无毒，益气，治风，食之不饥，令人面泽。椰子浆，甘，温，无毒，止消渴，涂头，益发令黑，治吐血水肿，去风热。"椰肉、椰汁是老少皆宜的美味佳果：成熟的果肉色白如玉，芳香滑脆，富含蛋白质、脂肪，常被制成罐头、椰干等；椰汁清凉甘甜，含钾、镁高，可增加机体对钾的耐受性。椰子要求年平均温度 24～25℃以上，温差小，全年无霜，才能正常开花结果：一年中若有一个月的平均温度为 18℃，其产量则明显下降，若平均温度低于 15℃，就会引起落花、落果和叶片变黄。条件适宜，植后 8 年开始结实，15～18 年为盛产期，单株结果 40～80 个，多者超过 100 个，经济寿命超过 80 年。椰子自受精至果实发育成熟需 12 个月时间，抽苞数以 5～6 月为最多，11～12 月最少；花苞抽出后经 3.5 个月露出花序称为开花，7～9 月为开花盛期且花苞中雌蕊最多，11 月至翌年 3 月最少。

图 1-38　椰子

● 砂糖椰子（*Arenga pinnata*）

又名桄榔、莎木。棕榈科，桄榔属。常绿乔木状，茎单生，干高达 20m，密被叶鞘残基与纤维。叶大型，长 5 ～ 7m，羽状全裂；羽片多数、长线形，常 1 ～ 3 片成簇，叶面浓绿色，叶背灰白色；叶柄长，粗壮。雌雄同株，花单性；大型肉穗花序腋生，分枝多，密集而下垂，紫铜色，有异臭。核果长椭圆形，开花后 4 年才能黄熟，内有种子 1 ～ 3 枚（图 1-39）。原产马来西亚、印度、缅甸，我国华南、东南及西南地区有引种。喜高温多湿气候，抗寒力很低，遇长期 5 ～ 6℃低温或轻霜，叶片枯死；在广州、南宁等地，正常年份可露地越冬，特寒年份叶片有寒害，应严格选择小环境种植。桄榔为森林植物，野生性尚强，忌烈日，较耐荫蔽，幼龄期需遮盖越冬越夏，成龄树可耐烈日直射。喜肥沃湿润的森林土，黏重土地亦能生长；较耐水湿，不耐干旱。

图 1-39　桄榔

砂糖椰子株形高大，美丽壮观，巨大的叶片犹如天然华盖，适于南方庭园栽培观赏；在公园与其他棕榈植物混植，形成独特的热带群落景观。植株生长 25 ～ 30 年后进入开花期，花、果美丽；花序割伤后有汁液流出，收集晒干后即成砂糖，故名砂糖椰子；茎髓部富含淀粉，可制西米供食用。

同属种：香棕（*A. engleri*），又名山棕。常绿灌木状，茎丛生，干高 2 ～ 5m。叶基生，羽状全裂，长 2 ～ 3m，每片有小叶（羽片）40 对左右；小叶阔线形，互生，顶端长而渐尖，叶鞘黑色纤维质，包茎。花期 5 ～ 6 月，肉穗花序腋生，多分枝、常直立，雌雄同株异穗；雄花稍大些，通常 2 朵聚生，黄色有香气；雌花橘黄色，浅杯状。果熟 11 ～ 12 月，核果近球形，橘红色，果肉味甜，多汁，对皮肤有刺激。内有种子 3 粒，黑褐色，钝三棱形，胚乳均匀。生长适温 20 ～ 30℃，较耐寒，在冬季温度长期低于 0℃左右的地区露地栽培生长良好。

● 海枣（*Phoenix dactylifera*）

又名椰枣、伊拉克蜜枣。棕榈科，海枣属。常绿大乔木状，茎单生，干基常分蘖，干高可达 20 ～ 30m。羽状复叶互生于茎顶部，长 1.5m 以上；小叶披针形，顶端较尖，有粗壮龙骨，叶色带浅灰绿色。雌雄异株，花单性，腋生，肉穗花序外有肥壮佛焰苞，雄花成圆锥花序，雌花成穗状花序。浆果形状像枣，果肉味甜，营养丰富，既可作粮食和果品，又是制糖、酿酒的原料；种子长形，中间有沟。原产亚洲西部、阿拉伯半岛和非洲北部，生长于热带半荒漠和荒漠边缘地区。喜欢潮湿，"上干下湿"是它最理想的生长环境；能耐旱、短期 -7℃低温及低盐环境，适于长江以南庭园栽培，供观赏或作行道树。

海枣是热带重要干果，是最早驯化的果树之一，南美、澳大利亚、南亚各国都有引种，很久以来一直是地中海、红海沙漠地带的主要食品，以埃及、伊拉克、沙特阿拉伯和伊朗栽培最多；唐代传入我国，现广东和云南地区有栽培。伊拉克椰枣产量、出口量均居世界前列，年产量达 400000t 左右，3/4 供出口。相当耐旱耐盐碱，也相当耐寒，果可食，是一种兼作食用栽培和观赏栽培的树种。

　　同属种：①银海枣（*P. sylvestris*），茎单生，干高 10 ～ 15m，常有叶柄（鞘）残基。叶长 4.5 ～ 5.5m，在茎端斜生直立，灰绿色；羽状全裂，羽片多数，成簇排列 2 ～ 4 列，叶柄短。果长椭圆形，熟时橙黄色（图 1-40）。原产印度北部，稍耐寒，我国华南、东南、西南省区有引种。②长叶刺葵（*P.canariensis*），又名加拿利海枣、枣椰子。茎单生，干高可达 20m，径 0.9m。羽状复叶全裂，密集顶生，叶长 4 ～ 5m，略弯曲呈弧形；总轴两侧有 100 多对小羽片，裂片对称，披针形，先端尖，基部的羽片转化成刺。花期 5 ～ 7 月，穗状花序顶生，长达 1m 以上；小花无数，黄褐色。果熟期 8 ～ 9 月，果实长椭圆形，红棕色。原产加拿利群岛，喜高温干燥和光线充足的环境，生长适宜温度为 15 ～ 25℃。喜高温、多湿的热带气候，耐旱耐寒，忌积水；喜充足的阳光，耐盐碱性强。长叶刺葵树干高大雄伟，羽叶细裂而伸展，形成一密集的羽状树冠，为棕榈植物中最壮观的种类之一，颇显热带风光，近几年我国华南地区普遍采用，适园景树应用及行道树栽培。③软叶刺葵（*P.roebelenii*），又名美丽针葵。茎单生，干高 2 ～ 4m。叶羽状全裂，长 1m，常下垂；裂片长条形、柔软，顶端渐尖，背面沿叶脉被灰白色鳞粃，2 排，近对生，下部的叶片退化成细长的刺。肉穗花序生于叶丛中，花序轴扁平，总苞 1，上部舟状，下部管状，与花序等长。雌雄异株：雄花花瓣 3，披针形，稍肉质；雌花卵圆形，果矩圆形，具尖头，枣红色，果肉薄，有枣味（图 1-41）。

图 1-40　银海枣

图 1-41　软叶刺葵

● **假槟榔**（*Archontophoenix alexandrae*）

　　又名亚历山大椰子。棕榈科，假槟榔属。常绿乔木状，茎单生，干高可达 20m，径 15 ～ 25cm，茎圆柱状，有明显的环状叶柄（鞘）痕，基部略膨大。羽状复叶全裂，簇生茎顶，叶长 2 ～ 3m；羽片多数，条状披针形，在叶中轴两侧排列成一平面，列序整齐，叶背面有灰白色秕糠；叶鞘厚革质，抱茎，形成明显的冠茎。花期 7 ～ 8 月，雌雄同株，圆锥花序生于叶鞘下，下垂，多分枝，乳白色，具 2 个鞘状佛焰苞。果成熟 10 ～ 11 月，果实卵球形，熟时红色。原产澳洲昆士兰地区，我国华南、东南及西南省区有引种，半归化。喜温暖而湿润的气候环境，生长适温为 18 ～ 30℃，在低于 18℃的环境下不能开花结实；需保持 10℃以上的室温才能安全越冬，能耐短时间 4℃左右的低温。典型的阴性植物，在荫蔽环境下叶片翠绿；遭阳光曝晒叶片发黄。对土壤要求不严，耐水湿而不耐干旱，在干燥的空气中叶面粗糙而失色，特怕干风侵袭。抗风力强，能耐 10 ～ 12 级强台风袭击。

假槟榔植株高大雄伟，宜列植或丛植，叶片婆娑，伸展如盖，尤以数十株群植景观效果更佳。我国引种有百余年历史，现遍植华南各城镇，是展示热带风光的重要树种；在香港所种植的棕榈科植物中，以它的外形最优美，花序穗状，果实艳丽（图 1-42），与皇后葵并列为棕榈科植物的王者。

同属种：肯氏假槟榔（*A. cunninghamii*），树形及习性与假槟榔相似，在国外普遍用来替代假槟榔，能耐 -3℃短期低温。

图 1-42　假槟榔（果、花）

● 油棕（*Elaeis guineensis*）

棕榈科，油棕属。常绿乔木状，茎单生，干高可达 10m 以上。叶羽状全裂，羽片向外折叠，线状披针形，下部羽片退化为针刺状，叶柄宽。圆锥花序肉穗，雌雄同株异序；雄花序由多个指状的穗状花序组成，萼片和花瓣长圆形、顶端急尖，穗轴顶端呈突出的尖头状；雌花序近头状，密集，顶端的刺长。果实卵形或倒卵球形，大小如蚕豆；刚长出来时是绿色或深褐色，成熟时逐渐变成黄色或红色，比鸽卵稍大（图 1-43）。原产地在南纬 10°至北纬 15°之间海拔 150m 以下的非洲潮湿森林边缘地区，主要产地分布在亚洲的马来西亚、印度尼西亚，非洲的西部和中部、南美洲的北部和中美洲；我国引种油棕已有 80 多年的历史，主要分布于海南、云南、广东、广西。喜高温湿润气候，不耐寒；喜光，不耐遮阴。喜肥沃湿润的土壤，在连续 3 ～ 4 个月干旱期的地区能正常开花结果，但出现季节性产果。忌积水，较抗风。

图 1-43　油棕

油棕树形高大，树姿丰满，为我国西南地区重要的行道树或园景树，残留的叶柄凹槽处往往会生长出绿色的蕨类植物，别有一番特色。油棕果含油量高达 50% 以上，亩产油量是椰子的 2～3 倍、花生的 7～8 倍，有"世界油王"之称，也是一种重要的油料作物。果实成串地"躲藏"在坚硬且边缘有刺的叶柄里面，特别有趣；成熟果采摘下来后加点糖或盐用水一煮就可以直接食用，果肉油而不腻、清香爽口，但有一些比较粗糙的纤维容易塞牙。

5. 原始的裸子植物

裸子植物（gymnospermae），源自希腊语 gumnospermos，意指"裸露的种子"，是原始的种子植物：最初出现在古生代，在中生代至新生代是遍布各大陆的主要植物，后来由于地史的变化逐渐衰退；现代生存的裸子植物有不少种类出现于第三纪，后又经过冰川时期而保留下来并繁衍至今，约有 800 种，隶属 5 纲（即苏铁纲、银杏纲、松柏纲、红豆杉纲和买麻藤纲），9 目，12 科，71 属；其种数虽仅为被子植物种数的 0.36%，但却分布于世界各地，特别是在北半球的寒温带和亚热带的中山至高山带的各类大面积针叶林，80%以上是裸子植物，如落叶松、冷杉、华山松、云杉等。

1）裸子植物的进化历程

当古生代的蕨类植物形成地球上第一次原始森林的时候，比蕨类植物更加进步的裸子植物已经在泥盆纪晚期悄然出现了；但是二叠纪晚期之前，地球上的气候温暖潮湿，蕨类植物的发展更顺利，裸子植物还不能获得优势。蕨类植物之所以能够得到大量繁殖，主要依靠其孢子体产生大量孢子飞散到各处，在温暖潮湿的气候条件下很容易萌发成为独立生活的配子体，在水的帮助下受精形成合子，萌发后形成新一代的孢子体。到了二叠纪晚期，气候转凉而且变得干燥，蕨类植物不能很好地适应这样的新环境，在干燥的气候条件下孢子很难萌发成配子体，萌发出的配子体也不易存活；特别是没有水不能受精，这就使蕨类植物的繁殖不能正常进行，逐渐退出了植物王国的中心舞台。裸子植物开始发挥出其潜在的优越性而得到了大发展，并将它的繁盛一直持续到白垩纪晚期；可以说，爬行动物王国里的植被是以裸子植物为特征的。

2）裸子植物的生物学特性

裸子植物是地球上最早用种子进行有性繁殖的，因胚珠外面没有子房壁包被，不形成果皮，种子从胚珠开始就一直裸露在外，故称裸子植物。种子的出现使胚受到保护以及保障供给胚发育和新的孢子体生长初期所需要的营养物质，以度过不利环境和适应新的环境。

（1）成长发育：孢子体极为发达，多为乔木，少数为灌木或藤木（如：买麻藤），多常绿。叶针形、线形或鳞形，极少为扁平的阔叶（如：竹柏）；叶表面有较厚的角质层，气孔呈带状分布。大多数次生木质部只有管胞，极少数具导管（如：麻黄），韧皮部只有筛胞而无伴胞和筛管。

裸子植物的配子体退化，寄生在孢子体上，不能独立生活；小孢子叶背部丛生小孢子囊，大孢子叶平展，腹面着生裸露的倒生胚珠，大、小孢子叶分别聚生成单性的大、小孢子叶球，同株或异株。苏铁属（Cycas）和银杏（*Ginkgo biloba*）等少数种类仍有多数鞭毛可游动；多数种类仍有颈卵器结构，但简化成含 1 个卵的 2～4 个细胞。成熟花粉借风力传播到到胚珠的珠孔处并萌发产生花粉管将精子送到卵；花粉管中的生殖细胞分裂成 2 个精子，其中 1 个精子与成熟的卵受精发育成具有胚芽、胚根、胚轴和子叶的胚；原雌配子体的一部分则发育成胚乳，单层珠被发育成种皮，形成种子（图 1-44）。

（a）雄球花成荑荑花序状　　（b）雌球花长梗生一具有盘状珠托的胚珠　　（c）假种皮肉质

图 1-44　银杏的花器、种实

（2）多胚现象：裸子植物常具的多胚现象有两个产生途径：一是简单多胚现象，由一个雌配子体上的几个颈卵器同时受精，形成多胚；另一是裂生多胚现象，仅一个卵受精，但原胚在发育过程中分裂成几个胚。

（3）一切种子植物都有果实。人们在定义果实和划分果实类型时，习惯上不仅要考虑果实的形态，还要考虑植物分类系统。斯普尤特（Spjut，1994）对此提出了质疑，并从果实的功能入手，重新为果实下了定义："果实是一种繁殖单元，由多个包被于珠被之内、附着在大孢子叶或大孢子叶—鳞片复合体之上的一或多个受精卵发育而来（稀为通过单性结实发育而来）。这些大孢子叶或大孢子叶—鳞片复合体可以构成单轴孢子叶球、复轴孢子叶球、单一雌蕊群、复合雌蕊群，或者在果实本身或种子从植物体散落的同时彼此散落的雌蕊群，或者只在种子在植物体上萌发前才彼此散落的雌蕊群。此外，果实还包括任何附着于其上的鳞片、苞片、变态枝、花被或部分花序。"如此，则果实不再是被子植物特有的器官，裸子植物也有果实；换句话说，一切种子植物都有果实。

裸子植物的雌、雄繁殖器官，分别聚生成单性的大、小孢子叶球，同株或异株。

◁ **巴山冷杉**（*Abies fargesii*），常绿乔木，树高可达40m，生长于海拔1500～3700m地区。花期4月下旬至5月，雌花球卵状圆柱形、暗蓝黑色，种子10月成熟。

◁ **百山祖冷杉**（*Abies beshanzuensis*），常绿乔木，国家Ⅰ级保护野生植物，生长于浙江省庆元县境内海拔1700m山坡林中。

雌雄同株，花球单生于一年生枝叶腋：雄花球穗状下垂，雌花球直立、有多数螺旋状排列的球鳞与苞鳞。

◁ **云杉**（*Picea asperata*），常绿乔木，中国特有树种，树高可达30m，以华北山地分布为广。花期5月，雌雄同株；雌花球直立，种子10月成熟，具有周期性结实现象。

◁ **雪松**（*Cedrus deodara*），常绿乔木，主干耸直，树冠塔形，为世界著名的五大园景树种之一。原产喜马拉雅山西部，自阿富汗至印度，我国广为栽培利用。

雌雄异株，花期10～11月；雄花球粉白色，雌花球棕褐色，种子翌年成熟。

◁ **台湾油杉**（*Keteleeria formosana*），常绿乔木，台湾特有种，仅分布于北部坪林一带和南部大武山区，于海拔 400～700m 的棱线或山坡上发现有天然植群。

花期 3～4 月，雌雄同株；雌花球圆柱形，直立，种子 10 月成熟。

◁ **油松**（*Pinus tabuliformis*），常绿乔木，树高达 25m，中国北方地区最主要的造林树种之一。花期 5 月，雌雄同株；雄花球柱形，聚生于新枝下部呈穗状，黄色；雌花球卵球形，直立，当年生黄褐色或黄绿色，球果翌年 10 月中上旬成熟。成熟后黄褐色，常宿存几年。

◁ **苏铁**（*Cycans revoluta*），常绿蕨类植物，雌雄异株；小孢子叶球（雄花球）圆柱形、黄色、密被黄褐色绒毛，直立于茎顶。大孢子叶球（雌花球）扁球形，大孢子叶上部羽状分裂、下方两侧着生有 2～4 枚裸露的种胚，熟时红褐色或橘红色。

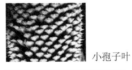

小孢子叶

大孢子叶

图 1-45　裸子植物的繁殖器官

3）裸子植物的种质分类

早期的分类认为裸子植物是一个"自然"的群体，现代的亲缘分支分类法只接受单系群的分类，可追溯至一共同的祖先且包含其所有后代。因此，虽然"裸子植物"一词依然广泛地被使用来指非被子植物的其他种子植物，但之前一度被视为裸子植物的物种一般都被分至四个类群中，以让植物"门"都有着相同的阶层。

（1）苏铁纲植物：起源于古生代二叠纪，甚至可能是石炭纪，繁盛于中生代，是最原始的类群。从种子蕨的发现、研究，表明它们有着密切的关系：在形态上，茎干都不甚高大，少分枝或不分枝，茎干表面残留叶基，顶生一丛羽状复叶，内部构造上，都具有较大的髓心和厚的皮层，木材较疏松；生殖器官结构上，小孢子叶保存着羽状分裂的特征，大孢子叶的两侧着生数枚种子，呈羽状排列，且种子结构也很接近，说明苏铁类植物是由种子蕨演化而来。

（2）银杏纲植物：可远溯至石炭纪、晚石炭纪出现的二歧叶，早二叠纪的毛状叶（Trichopitys），晚二叠纪的拜拉（Baiera）、拟银杏（Ginkgoites），三叠纪的楔银杏（Sphenobaiera）等，到了中侏罗世已有许多银杏生存。楔银杏、拜拉的小孢子叶上有 5～6 个（偶 3～7 个）小孢子囊，而银杏有 3 个小孢子囊；毛状叶、拜拉和拟银杏等大孢子叶上的胚珠数目，也多于现代的银杏；由此看来，现存银杏的小孢子囊和大孢子囊，可能是经历了一系列"简化"过程演变而成的。另一方面，银杏类和科得狄也有一些相似之处，比较重要的是单叶的叶基构造和叶脉形式一致；科得狄的胚珠具有储粉室，能以游动精子进行受精等特点，也说明起源于共同的祖先。

（3）买麻藤纲植物：现存的麻黄属、买麻藤属和百岁兰属，彼此间缺乏密切关系的类群，各自形成 3 个独立的目和科，外形和生活环境相差很大、地理分布上又较遥远，但从中都可以或多或少地看到生殖器官由两性到单性、雌雄同株到异株的发展趋势，是属于比较退化和特化的类型。

（4）红豆杉纲植物：古植物学的研究由于化石材料的不完整和研究程度所限，现存的红豆杉纲各科、属和已灭绝的类型之间的演化线索还未能完全搞清，一般认为罗汉松科、三尖杉科（粗榧科）和红豆杉科（紫杉科）在系统发育上有密切关系。三尖杉科植物的孢子叶球中没有营养鳞片，很可能是晚古生代的安奈杉（Ernestiodendron）通过中生代早期的巴列杉（Palissya）、穗果杉（Stachyotaxus）的途径演化而来的；而罗汉松科、紫杉科则与科得狄植物有相似之处，尤其是大孢子叶球的结构以及变态的大孢子叶，穗状花序式的小孢子叶球序也保持着和科得狄类似的原始性状。

（5）松柏纲植物：现代裸子植物中种、属最多的植物，其植物体的形态结构比铁树类、银杏类更能适应寒旱的自然环境；胚珠受精方式比较进化，小孢子（花粉粒）萌发时产生花粉管、游动精子消失。关于松柏类植物的起源还不很清楚，在地质史上出现较早的科得狄可看作是松柏类植物的先驱者，和古老的松柏类在形态上和结构上有不少重要的相似点，特别是和石炭纪、二叠纪的勒巴杉（Lebachia）孢子叶球的结构非常近似。

4）我国裸子植物概况

我国是世界上裸子植物种类最多，资源最丰富的国家，有 5 纲，8 目，11 科，41 属，236 种及一些变种和栽培种。我国的裸子植物虽仅为被子植物种数的 0.8%，但其所形成的针叶林面积却略高于阔叶林面积，约占森林总面积的 52%。东北、华北及西北地区的针叶林中裸子植物物种较少，西南地区针叶林中则有丰富的裸子植物物种；在华南、华中及华东地区，除原生针叶林外更常见的是大面积人工杉木林、马尾松林和柏木林。我国疆域辽阔，气候和地貌类型复杂，在中生代至新生代第三纪一直是温暖的气候，第四纪冰期时又没有直接受到北方大陆冰盖的破坏，基本上保持了第三纪以来比较稳定的气候，致使裸子植物区系具有种类丰富，起源古老，多古残遗和孑遗成分，特有成分繁多，针叶林类型多样等特征，并常为特有的单型属或少型属，如：特有单种科有银杏科（Ginkgoaceae）；特有单型属有水杉属（Metasequoia）、水松属（Glyptostrobus）、银杉属（Cathaya）、金钱松属（Pseudolarix）和白豆杉属（Pseudotaxus）；半特有单型属和少型属有台湾杉属（Taiwania）、杉木属（Cunninghamia）、福建柏属（Fokienia）、侧柏属（Platy-cladus）、穗花杉属（Amentotaxus）和油杉属（Keteleeria），以及多种苏铁（Cycas spp.）、冷杉（Abies spp.）等残遗种。

虽然我国具有极为丰富的裸子植物物种及森林资源，但由于多数裸子植物树干端直、材质优良和出材率高，正在受到强烈的人类活动的威胁和破坏。20 世纪 60～70 年代西南横断山区的天然林相继被大量采伐，仅在交通不便的深山和河谷深切的山坡陡壁以及自然保护区内尚有天然针叶林保存，华中、华东和华南地区中山地带的各类天然针叶林多被砍伐；三尖杉（粗榧）属和红豆杉（紫杉）属植物自 20 世纪 80 年代末至 90 年代初被发现为新型抗癌药用植物后，就立即遭到大规模采伐破坏；具有重要观赏价值和经济价值的攀枝花苏铁、贵州苏铁、多歧苏铁和叉叶苏铁等亦破坏严重，均在新发表或新的分布点发现后就遭到大肆破坏。

初步查明，我国濒危和受威胁的裸子植物约 63 种，约占种数的 28%。其中：绝灭种有崖柏（Thuja sutchuanensis，现已重新发现），仅有栽培而无野生植株的野生绝灭种有苏铁（铁树）（Cycas revoluta）、华南苏铁（C.taiwaniana）、四川苏铁（C.szechuanensis）。分布区极窄、植株极少的极危种有：多歧苏铁、柔毛油杉（Keteleeria pubescens）、矩鳞油杉（K.oblonga）、海南油杉（K.hainanensis）、百山祖冷杉（Abies beshanzuensis）、元宝山冷杉（A.yuanbaoshanensis）、康定云杉（Picea montigena）、大果青杆（P.neoveitchii）、太白红杉（Larix chinensis）、短叶黄杉（Pseudotsuga brevifolia）、巧家五针松（Pinus squamata）、贡山三尖杉（Cephalotaxus lanceolata）、台湾穗花杉（Amentotaxus formosana）、云南穗花杉（A.yunnanensis）等，其中百山祖冷杉和台湾穗花杉被列入世界最濒危植物。目前已建立了少数以残遗或濒危裸子植物为保护对象的保护区，如：银杉（Cathaya argyrophylla）、百山祖冷杉、元宝山冷杉、攀枝花苏铁（Cycas panzhihuaensis）等（图 1-46）。

(a) 百山祖冷杉

(b) 银杉

(c) 攀枝花苏铁

图 1-46　濒危的裸子植物

● 雪松（*Cedrus deodara*）

松科,雪松属。常绿乔木,树高可达20m以上。树冠塔形,树皮深灰色。大枝不规则轮生,小枝微下垂,具长短枝。针叶簇生于短枝顶端,在长枝上螺旋式排列。花期10～11月,雌雄异株（图1-47）:雄花球白色,渐伸长为淡黄色;雌花球茶褐色,鹅卵形,翌年9～10月成熟,种子三角形。原产喜马拉雅山西部——自阿富汗至印度,现我国长江流域均有栽培。性喜光,稍耐阴,喜温暖、湿润气候,要求在深厚、肥沃和排水良好的土壤上生长,浅根性,易遭强风倒伏,怕积水,耐旱力较强,抗烟尘和二氧化硫等有害气体能力差。

图 1-47　雪松（雄花球、雌花球）

雪松主干耸直、树冠塔形,与金钱松（*Pseudolarix kaempferi*）、日本金松（*Sciadopitys verticillata*）、南洋杉（*Araucaria cunninghamii*）和巨杉（*Sequoiadendron gigantca*）合称为世界著名的五大园景树种,树姿凛然、气势威武,孤植或丛植均佳。江苏南京用作城市行道树栽植,别具一格,自成特色;在现代宽阔公路两侧绿化带列植,花开时节如繁星点点,甚为奇特。

栽培变种：①弯枝雪松（var. *robusta*），生长茂盛，枝条弓状弯曲，叶密生。②垂枝雪松（var. *pendula*），大枝下垂，树态似柏木状。

● 黑松（*Pinus thunbergii*）

松科，松属。常绿乔木，树高达30m。树冠圆锥形，树皮灰黑色、粗裂成块片状剥落，一年生小枝淡黄褐色，针叶二枚一束（图1-48）。花期4月，花单性：雄花生于新芽的基部，呈黄色，成熟时多数花粉随风飘出。雌花生于新芽的顶端，呈紫色，多数种鳞（心皮）相重而排成球形，基部裸生2个胚球；球果至翌年秋天成熟，鳞片裂开而散出种子，种子有薄翅。喜光，抗旱、瘠能力较强，不耐水湿，畏严寒，适生于温暖湿润的海洋性气候区域，能抗含盐海风和海雾。

黑松树形高大美观，可作行道树、园景树栽培，是唯一能在盐碱地进行园林绿化应用的松类观赏树种；亦为著名的海岸绿化树种，防风、防沙、防潮，可作沿海地区600m以上的荒山或海滩造林用。盆景抑制生长，盘曲造型，其枝干横展，树冠伞盖，针叶常青，树姿古雅，可终年欣赏；多年培养的桩景，老干苍劲虬曲，盘根错节，姿态雄壮，高亢壮丽，极富观赏价值。在生长期间，宜陈放于室外阳光充足且空气流之处，不宜长时间放置于室内。

图1-48　黑松

图1-49　白皮松

同属种：白皮松（*P. bungeana*），常绿乔木，树高达30m。树冠幼时塔形，老时圆头形；一年生小枝灰绿色，光滑无毛，叶三针一束。花期4～5月，雄球花卵圆形或椭圆形，多数聚生于新枝基部成穗状。雌球果通常单生，圆锥状卵圆形，淡绿色，初直立，后下垂，翌年10～11月成熟，淡黄褐色（图1-49）；种鳞矩圆状宽楔形，先端厚，鳞盾近菱形，有横脊，鳞脐生于鳞盾的中央，三角状，顶端有刺；种子灰褐色、近倒卵圆形，种翅短，赤褐色，有关节易脱落。喜光，幼树耐半阴；对 -30℃ 的干冷气候、pH 值 7.5 ~ 8 的微碱性土壤均能适应，天然分布为冷凉的石山酸性土，陕西蓝田有成片纯林；深根性，在排水不良或积水地方不能生长，对二氧化硫及烟尘的污染有较强的抗性，华北、西北有分布，北京、庐山、南京、杭州、衡阳、昆明等地均有栽培。白皮松为我国特有的三针松，树形多姿，苍翠挺拔，别具特色，世界少见的珍贵观赏树种；树皮呈不规则鳞片状脱落，斑驳中露出的乳白色树干极为显目，衬以虬枝碧冠，独具一格，自古以来配植于宫廷、寺庙及名园："叶坠银钗细，花飞香粉乾。寺门烟雨里，混作白龙干。"寿命长，百年以上的古树常见，陕西省西安市长安区温国寺内有株 1300 年的古树，树高逾 25m，胸径逾 1m，冠幅逾 15m。

● 罗汉松（*Podocarpus macrophyllus*）

罗汉松科，罗汉松属。常绿高大乔木，树高达 20m，树冠广卵形，枝较短而横斜密生；树皮灰褐色或灰色，浅纵裂，成薄鳞片状脱落。叶螺旋状互生。条状披针形，中脉显著而缺侧脉，叶表暗绿色，有光泽，叶背淡绿或粉绿色。雌雄异株，花期 4 ~ 5 月；雄球花穗状或分枝，单生或簇生叶腋，圆柱形。雌球花通常单生叶腋或苞腋，有柄，有数枚螺旋状着生或交互对生的苞片；最上部的苞腋有 1 套被，套被与珠被合生；花后套被增厚成肉质假种皮，苞片发育成肥厚或稍肥厚的肉质种托，椭圆形；未熟时绿色，熟时紫色，外被白粉，略有甜味，可食。种子核果状，卵形，全部为肉质假种皮包裹，生于肉质种托上或梗端，8 ~ 11 月成熟（图 1-50）。产长江流域以南至广东、广西、云南、贵州，海拔 1000m 以下；日本亦有分布。喜生于温暖湿润处，耐寒性较弱，在华北只能盆栽；较耐阴，为半阴性树种。耐潮风，在海边也能生长良好。抗虫害能力较强，对多种有毒气体抗性较强，寿命长，可达千岁以上。

图 1-50　罗汉松

罗汉松绿色的种子长在肥大鲜红的种托上，好似披着红色袈裟正在打坐的罗汉，故得名。树形招展，像宽容大度的主人，挥展双臂，笑迎宾客，以不尽的仙来之韵契合着人们的心境；树形优美，绿叶清香，神韵挺拔、清雅、横空显示出一种朴实雄浑、苍劲傲然的气势，为优雅的园景树，可孤植作庭荫树或对植、散植于厅、堂之前；满树上紫红点点，颇富奇趣，在我国传统文化中象征着长寿、守财，寓意吉祥，在广东民间素有"家有罗汉松，世世不受穷"的说法，古代官员亦喜在庭院种植，视为官位的守护神。耐修剪，为优良的传统盆景树种，矮化及斑叶品种是作桩景、盆景的极好材料。耐盐碱、潮风，特别适宜于海岸边植及防风高篱等用；又据报道鹿不食其叶，故又宜作动物园兽舍绿化用。材质致密，富含油质，能耐水湿且不易受虫害，可供海、河土木工程应用。

栽培变种：①短叶罗汉松（var. *maki*），小乔木或灌木，枝向上伸展，叶短而密生。原产日本，我国长江流域以南至华南、西南有栽培。②狭叶罗汉松（var. *angustifolius*），灌木或小乔木，叶先端渐窄或长尖头。产于四川、云南、江西等省，长江流域及以南均有栽培。③柱冠罗汉松（var. *chingii*），灌木或小乔木。树冠圆柱形，叶长圆状倒披针形，先端钝或圆，基部楔形（图1-51）。产浙江南部，作园景树栽培。

图1-51　柱状罗汉松

- **竹柏（*Podocarpus nagi*）**

罗汉松科，罗汉松属。常绿乔木，树高达20m。树冠广圆锥形，枝条开展；树皮平滑，红褐色，裂成小块薄片。叶长卵形，深绿色，有光泽。雌雄异株，常3～6穗簇生叶腋，有数枚苞片；雄球花穗状。雌球花上部苞腋着生1～3个胚株，仅一枚发育成种子，肉质假种皮核果状，圆球形，10月成熟，紫黑色，外被白粉（图1-52）；种托不膨大，木质。原产浙、闽、赣、湘、粤、桂、川等省。喜温暖湿润气候环境，适年平均温度18～26℃；耐最低温度-7℃，江苏北部利用背风向阳小气候可露地越冬栽培。喜阴，常散生于亚热带东南部丘陵低山的常绿阔叶林中，根颈在阳光强烈的阳坡会发生日灼或枯死现象。对土壤要求严格，

图1-52　竹柏

喜酸性沙壤土至轻黏土，在贫瘠的土壤上生长极为缓慢，石灰岩地不宜栽培，低洼积水地栽培亦生长不良。

栽培变种：①圆叶竹柏（var. *ovata*），叶呈圆形；②细叶竹柏（var. *angustifolius*），叶细而呈灌木状；③薄雪竹柏（var. *cacsius*），叶面有白斑；④黄纹竹柏（var. *variegata*），叶面有黄色条纹。竹柏树冠浓郁，叶姿优美，是南方的良好庭荫和园林中的行道树；耐阴性强，冠内枝条自然更新好，亦是城乡四旁绿化用的优秀树种。种子含油率达30%，种仁含油率达50%～55%，油可供食用又可供工业用，是著名的木本油料树种，属于不干性油类，故广西称其为猪油木。

- **福建柏（*Fokienia hodginsii*）**

柏科，福建柏属。该属只1种，我国二级保护树种。常绿乔木，树高达30m以上，胸径达1m；树皮紫褐色，近平滑或不规则长条片开裂。叶鳞形，小枝上面的叶微拱凸，深绿色，下面的叶具有凹陷的白色气孔带。花期3月中旬至4月，雌雄同株，球花单生小枝顶端。球果翌年10月成熟，褐色（图1-53）；种子卵圆形，上部有两个大小不等的膜质

图 1-53　福建柏

翅。分布于我国福建、江西、浙江和湖南南部、广东和广西北部、四川和贵州东南部等，以福建中部最多。对低温具有一定的耐寒能力，绝对低温不超过 -12℃。喜光性中等，多散生于中亚热带至南亚热带的针阔混交林中；幼年耐庇荫，在林冠下能自然更新，长成后需光量逐渐增加。适宜土壤酸性山地黄壤、黄棕壤，能耐一定的干旱。喜生于雨量充沛、空气湿润的地方。

福建柏树形优美，树干通直，果形奇特，是庭园绿化的优良观赏树种；生长较快、材质优良，又是我国南方一些省区的重要用材树种。

● **池杉（*Taxodium ascendens*）**

杉科，落羽杉属。落叶乔木，树高达 25m，枝条向上形成狭窄的尖塔形树冠。树干基部膨大，成膝状呼吸根，在低湿地带生长尤为显著；树皮灰褐色，纵裂，成长条片脱落。当年生小枝绿色，二年生枝红褐色。叶钻形，略内曲，螺旋状伸展排列。花期 3 ～ 4 月，雌雄同株；雄球花多数，聚成圆锥花序，集生于下垂的枝梢上；雌球花单生枝顶，球果圆球形或长圆状球形，有短梗，10 月成熟，黄褐色（图 1-54）。种子不规则三角形，略扁，红褐色。原产美国东南部南大西洋及墨西哥湾沿海地带，多分布于沿河沼泽地和每年有 8 个月浸水的河漫滩地，世界各地有引种；我国 1936 年引种庐山植物园，后广州、杭州、上海、南京、武汉均引种栽培，在低湿地生长良好。喜温暖、湿润环境，能耐短暂 -17℃ 低温。强阳性树种，不耐阴。极耐水湿，也相当耐干旱。喜酸性土壤，在 pH7.2 以上的土壤中栽植即发生黄化现象；苗期在碱性土种植时黄化严重，生长不良，长大后抗碱能力增加。

池杉树形婆娑，枝叶秀丽，秋叶红棕，悬果别致，植于湖泊周围及河流两岸常出现膝状根，是观赏价值很高的园林树种；亦可列植作行道树，或在水滨、桥头、低湿草坪上对植、群植配置。树冠狭窄、抗风力强，尤其适合作为长江南北水网湿地重要防护林、防浪林树种。

同属种：落羽杉（*T.distichum*），落叶乔木，原产地树高可达 50m，胸径 2m。枝水平开展，树干尖削度大，树冠幼树圆锥形，老树为宽圆锥状；干基膨大，地面通常有屈膝状的呼吸根。树皮长条片状脱落，棕色。叶线形，扁平，基部扭曲在小枝上为 2 列羽状，先端尖，上面中脉下凹，淡绿色，下面黄绿色，中脉隆起，每边有 4 ～ 8 条气孔线，落叶前变成红褐色。花期 4 月下旬，球果熟期 10 月。球果圆形或卵圆形，有短梗，向下垂，成熟后淡褐黄色，有白粉（图 1-55）；种鳞木质，盾形，顶部有沟槽，种子为不规则三角形，有短棱，褐色。

图 1-54　池杉（雌、雄花球）

图 1-55　落羽杉

● 云杉（*Picea acperata*）

松科，云杉属。我国特有树种，常绿大乔木，株高可达 30m，胸径 1m，树冠广圆锥形，树皮灰色，呈鳞片状脱落，大枝平展，一年生枝黄褐色。叶四棱状条形弯曲，呈粉状青绿色，先端尖、四面有气孔线，在枝上呈螺旋状排列。花期 5 月，花单性，雌雄同株。果熟期 9～10 月，具有周期性结实现象；球果圆柱形，上端渐窄，熟时淡褐色（图 1-56）。喜寒冷与冷湿的气候，多分布青海东部、甘肃南部和陕西西

图 1-56　云杉（雌、雄花球）

部海拔 3200m 以下，以华北山地分布为广，东北的小兴安岭等地也有分布。耐阴性较强，生长缓慢，浅根性树种。喜生于中性和微酸性土壤，也能适应微碱性土壤，喜排水性良好、疏松肥沃的砂壤土。

云杉的树形端正，枝叶茂密，叶面有明显粉白气孔线，远眺如白云缭绕、苍翠可爱；花果性状优良，作庭园绿化观赏树种可孤植、丛植，或作草坪衬景。盆栽室内观赏，多用于圣诞节前后作圣诞树装饰。

同属种：①青杆（*P. wilsonii*），树高达 50m，胸径 1.3m（图 1-57）。我国特有树种，产内蒙古（多伦、大青山）、河北（小五台山、雾灵山）、山西（五台山、管涔山、关帝山、霍山）、陕西南部、湖北西部、甘肃中部及南部洮河与白龙江流域，青海东部、四川东北部及北部岷江流域上游等海拔 1400～3000m 地带，为国产云杉属中分布较广的树种之一，常成纯林或与其他阔叶树混生。②白杆（*P. meyeri*），树高达 30m，胸径 0.6m（图 1-58）。我国特有树种，产山西（五台山区、管涔山区、关帝山）、河北（小五台山区、雾灵山区）、内蒙古西乌珠穆沁旗，垂直分布为海拔 1600～2700m。

图 1-57　大果青杆（雌花球）

图 1-58　白杆（雄花球）

● **榧树**（*Torreya grandis*）

又名香榧、羊角榧。红豆杉科，榧树属。常绿乔木，树高达 20m，树皮灰褐色，浅纵裂。大枝轮生开展，树冠广卵形；当年生枝近对生，绿色，翌年后转黄绿色至淡褐色。叶条形，直而不弯，在枝上排成 2 列；叶基圆，先端有刺状短尖，叶面深绿，有光泽，叶背淡绿色，有 2 条与中脉等宽的黄白色气孔带。花期 4 ～ 5 月，雌雄异株；雄花序椭圆形至矩圆形，具总花梗；雌花球无梗，成对生于上年生枝条的叶腋（图 1-59a），只 1 花发育。果实橄榄形，果皮坚硬，成熟后黄褐色或紫褐色(图 1-59b)。种子翌年 10 月成熟，核果状或倒卵状长圆形，黄白色；种仁表面皱缩，外胚乳灰褐色，膜质，内胚乳黄白色，肥大，富有油脂和特有的一种香气。喜温暖湿润气候，稍耐寒，冬季气温急降至 -15℃没有冻害。中等喜光树，幼树喜荫蔽，生长在阴地山谷树势好，但光照充分结籽才好。土壤适应性较强，喜深厚肥沃的酸性沙壤土，钙质土亦可以生长，忌积水。生长慢，寿命长，可达 500 年之久；抗烟尘能力强，病虫害极少。产江苏、浙江、福建、安徽南部及湖南海拔 1400m 以下山地，其中以浙江分布最广。

榧树叶形秀丽，果实健美，为我国特有的观赏树种，大树宜孤植作庭荫观果树或与石榴、海棠等花灌木配置作背景树，色彩优美，可在草坪边缘丛植、大门入口对植或丛植于

图 1-59　榧树（雌花球、果）

建筑周围；抗污染能力较强，病、虫亦较少，适应城市街头绿地、工矿区的生态环境，是绿化用途广、经济价值高的园林树种；被浙江省"省树省花评选专家委员会"确定为浙江省特色树——"造福之树"：种实脂肪油含量高达51.7%，甚至超过了花生和芝麻；种实中含有的乙酸芳樟脂和玫瑰香油，是提炼高级芳香油的原料。播种繁殖时应选种以区别雌雄，大抵圆形者为雌，长形者为雄；雌苗枝多横展，雄苗枝多斜生。

榧树属共7种，1种产于日本，2种产于美国加利福尼亚州和佛罗里达州，4种产于我国：榧树分布于华东至华中，长叶榧树分布于浙江及福建，巴山榧树分布于甘肃、四川、陕西、湖北，云南榧树为云南西北部横断山脉亚高山地带的森林树种。同属种：云南榧树（*T. yunnanensis*），我国特有种，为榧树属分布最西的种类。常绿乔木，树高15～20m，胸径达1m；树皮灰褐色，纵裂；小枝暗黄色或灰黄色，无毛。叶2列，线状披针形，直或微呈镰形，先端渐窄成刺尖，上面有2条纵槽，下面有2条窄的暗褐色气孔带。种子核果状，近球形，2年成熟，顶端有凸起的短尖头；假种皮肉质，微具白粉，种皮木质，外部平滑，内壁有2条纵脊，胚乳向内深皱，有2条纵槽。

● 苏铁（*Cycas revoluta*）

又名凤尾蕉、铁树等。苏铁科，苏铁属。常绿蕨类植物，株高可达20m。茎干圆柱状，不分枝；仅在生长点破坏后才能在伤口下萌发出丛生的枝芽，呈多头状。茎部密被宿存的叶基和叶痕，并呈鳞片状。大型羽状复叶从茎顶部生出，小叶线形，厚革质，坚硬，有光泽，先端锐尖；初生时内卷，后向上斜展，微呈"V"字形，边缘显著向下反卷，叶背密生锈色绒毛，基部小叶成刺状。花期6～8月，雌雄异株：雄球花长圆柱形、密被黄褐色绒毛，直立于茎顶；雌球花扁球形，上部羽状分裂，下方两侧着生有2～4个裸露的胚球。种子10月成熟，卵形而稍扁，熟时红褐色或橘红色（图1-60）。喜温暖，不甚耐寒，生长适温为20～30℃，越冬温度不宜低于5℃。喜光，稍耐半阴。喜温暖，忌严寒。喜肥沃湿润和微酸性的土壤，但也能耐干旱。植株生长缓慢，俗话说"千年铁树开了花"，比喻事物的漫长和艰难；但实际上并非如此，尤其是在热带地区，20年以上的苏铁几乎年年都可以开"花"。

图1-60　苏铁

苏铁主干粗壮，株形古雅，叶形美丽，伸展如孔雀开屏，是著名的庭园观赏树种，具有较高的观赏价值，南方多植于庭前阶旁及草坪内，北方宜作大型盆栽布置庭院屋廊及厅室。雌雄异株，花形各异：雄球花挺立于青绿的羽叶之中，黄褐色的"花球"，内含盎然生机，外溢虎虎生气，傲岸而庄严；雌球花扁圆形紧贴于茎顶，如淡泊宁静的处女，安详而柔顺。树干髓心含淀粉，可食用，又可作酿酒的原料，能提高出酒率；种子大小如鸽卵，略呈扁圆形，金黄色，有光泽，少则几十粒，多则上百粒，圆环形簇生于树顶，十分美观，有人称之为"孔雀抱蛋"，在贵州有的农民将其剥皮后与猪脚一同炖吃。

苏铁科植物是世界上最古老的裸子植物，起源于古生代的二叠纪，于中生代的三叠纪（距今 2.25 亿年）开始繁盛，侏罗纪（距今 1.9 亿年）进入最盛期，曾与恐龙同时称霸地球，被地质学家誉为"植物活化石"。至白垩纪（距今 1.36 亿年）时期，由于被子植物开始繁盛，才逐渐走向衰落。到第四纪（距今 250 万年）冰川来临，北方寒流南侵，苏铁科植物大量灭绝，但由于青藏高原、秦岭等的阻隔，在四川、云南等地有部分苏铁科植物幸免于难。苏铁科植物现保存约 10 属 110 种，主要分布在南北半球的热带及亚热带地区，我国野生的苏铁属约 10 种，分布于云南、广东、福建、台湾、贵州、湖南、海南等地。1971 年，四川省农科所和原攀枝花市飞播林场进行植被调查时，发现巴关河右岸分布着一片占地

图 1-61　攀枝花苏铁

300 余公顷共 10 多万株的十分珍贵的天然苏铁林，是世界迄今为止发现的纬度最高、面积最大、植株最多、分布最集中的原始苏铁林。经鉴定，确认是罕见的苏铁新种，定名为"攀枝花苏铁"（图 1-61），与自贡恐龙、平武大熊猫被人们誉为"巴蜀三绝"。攀枝花苏铁，还奇在岁岁含苞，年年开花：生长良好的雄株可年年开花，雌株亦可两年开花一次。每年 3 ～ 6 月，苏铁林成千上万个黄色的花蕾争奇斗艳，单株如佛手捧珠，成林似彩毯铺地，万绿丛中黄花点点，形成一种奇异景观。1990 年以来一年一度的苏铁观赏暨物资交易会，攀枝花苏铁的名字已不胫而走，名扬中外。

二、花姿绰约，五彩妍丽

花木，指在花期、花色、花量、花形、花香等方面有突出观赏价值，主要用于构筑开花景观效果的园林树木（图2-1）。

粉扑花

荷包牡丹

金链花

柞树

图 2-1　花木景观

按花期分：春花类的有玉兰、珙桐、樱花、海棠、辛夷、榆叶梅等，夏花类的有合欢、石榴、夹竹桃、锦带花、金丝桃、紫薇、六月雪等，秋花类的有木槿、栾树、国槐、木芙蓉、桂花等，冬花类的有茶梅、蜡梅、油茶、结香、迎春等。

按花色分：白色的有梨树、含笑、流苏、珍珠梅、木绣球、茉莉、栀子等，黄色的有鹅掌楸、黄蝉、金缕梅、云南黄馨、连翘、金钟花、棣棠等，红色的有木棉、凤凰木、羊蹄甲、串钱柳、石榴等，紫色的有泡桐、紫玉兰、紫丁香、紫荆、木槿、瑞香等，蓝紫色的有楝树、假连翘、紫藤、蔓长春花等，多色的有梅花、碧桃、紫薇、杜鹃花、牡丹、蔷薇、月季等。

园林树木的花器有着姿态万千的形状，五彩妍丽的颜色以及多种类型的芳香。古人云："用笔不灵看燕舞，行文无序赏花开。"兴致勃勃地欣赏花器的色、香、姿、韵，不仅可以陶冶情操，增添生活情趣，而且有益于身心健康。观花树种选择应用应考虑花开季节、延续时间，以创造四季花团锦簇的环境氛围，产生"赏花乃雅事，怡心又养性"之感。园林花木的建植，在遵循其生态类型、景观功能等基本规律的原则条件下，最终由栽培用途来体现。不同树木种类的形态特征和生长习性，决定了它在绿地应用中的各自地位，如梅花岭、海棠坞、木槿轩、玉兰堂等；而同一树木种类在不同环境条件和栽培意图下，又可有多种功能的选择和艺术的配置。

（一）花色花香，诱君醉

花色产生于花青素与花黄素，与光照质量密切相关；通常所说花色，多是笼统地指花的各组成部分中色彩最显眼的花瓣等部分（花瓣、花冠、花被）的颜色，而珙桐、叶子花等呈现的则主要是苞片色彩。

显花树木通常依花色不同而分为红色花系、黄色花系、白色花系、紫色花系四大类。构成花色的蓝、紫、红等色素物质为水溶性，多是溶于细胞液中的花色素类或 β- 花青苷类；而黄、橙、红色等色素物质是非水溶性的，绝大多数是由于在有色体中含有类胡萝卜素类的缘故。因为白色、黄色和红色最易被昆虫、鸟类等传粉动物识别，受长期自然选择在众多的花色中成为三大主要花色。花色有单色与复色之分，其中以单色较为普遍，复色多为人工培育的品种。有些树木在开花期间还会发生花色的变化，如木绣球初花为翠绿色，盛花期为白色，到开花后期变为蓝紫色；木芙蓉在开花过程中，花色也发生由白转红的变化。

"火树风来翻绛焰，琼枝日出晒红纱。回看桃李都无色，映得芙蓉不是花。"这是唐代著名诗人白居易对杜鹃花的赞美。杜鹃花是一个大属，全世界约有 900 余种，分布于欧洲、亚洲和北美洲；其中以亚洲最多，有 850 种，我国有 530 余种，占全世界 59%，特别集中于云南、西藏和四川三省区的横断山脉一带，是世界杜鹃花的发祥地和分布中心。我国是世界上最早栽培杜鹃花的国家，其历史可以追溯到唐代，时称杜鹃花为"山石榴"、"映山红"、"红踯躅"等，与报春花、龙胆花合称为"中国三大名花"。在云南海拔800 ～ 4500m 山地生长有黄杯杜鹃、白雪杜鹃、团花杜鹃、宽钟杜鹃等多种常绿杜鹃，密集的杜鹃花灌丛和纯林常成连绵几十公里的"花海"奇观。多姿多彩的杜鹃花五光十色：殷红似火，金光灿灿，晶蓝如宝，有的浓妆艳服，有的淡著缟素，有的丹唇皓齿，有的芬面芳颜，各具风姿，仪态万千；粉红、洋红、橙黄、淡紫，黄中带红、红中带白、白中带绿，或带斑点，或带条块，千变万化，无奇不有。历代文人墨客在诗画中的渲染，更增添了一层迷人的色彩：春花繁茂时节，五彩缤纷的杜鹃花满山鲜艳、彩霞绕林，唤起了人们对生活热烈美好的感情，被人们誉为"花中西施"。

　　五彩缤纷的花色能调节人的情绪，如红色让人体验热烈和兴奋，橙色、黄色使人产生一种温暖的感觉，绿色可起到稳定情绪、消除焦虑、保护视力的作用，紫色能使孕妇心情怡静，蓝色、白色给人以宁静、肃穆的感觉，浅蓝色对发烧病人有良好的镇静作用。宋代陈棣《蜡梅三绝》，更是细腻生动地描画出色泽的绝妙魅力：

　　　　　　　蜂采群芳酿蜜房，酿成犹作百花香。
　　　　　　　化工却取蜂房蜡，剪出寒梢色正黄。

　　　　　　　林下虽无倾国艳，枝头疑有返魂香。
　　　　　　　新妆未肯随时改，犹是当年汉额黄。

　　　　　　　寒菊已枯分正色，春兰未秀借幽香。
　　　　　　　凭君折取簪霜鬓，解与眉间一样黄。

● 凤凰木（*Delonix regia*）

　　又名红花楹、火树。苏木科，凤凰木属。落叶乔木，树高 10 ～ 20m，胸径可达 1m，树皮粗糙、灰褐色；树干基部长有板根，根部有根瘤菌。树冠广阔伞形，分枝多而开展；小枝常被短绒毛并有明显的皮孔。二回偶数羽状复叶对生，15 ～ 30 对；每羽片有小叶20 ～ 40 对，长椭圆形，基部歪斜、全缘，薄纸质，中肋明显，两面被绢毛。花期 5 ～ 7 月，伞房状总状花序顶生或腋生，花萼和花瓣皆 5 枚，聚生成簇；花大、冠鲜红色至橙红色，具黄色斑。瓣近圆形，边缘皱波状，具瓣柄；四瓣伸展，第五瓣直立稍大并有黄、白斑点；雄蕊红色，花萼腹面深红色、背面绿色。果熟期 11 月，荚果扁平，微呈镰刀形，成熟后呈深褐色，木质，开裂（图 2-2）；果瓣厚，有细小种子 40 ～ 50 粒，种皮有斑纹。原产马达加斯加，世界热带地区广为栽培，我国台湾、海南、福建、广东、广西、云南等省区引种栽培良好。喜高温多湿气候，不能久耐 0℃ 以下的低温。喜光，抗风，抗大气污染。喜土层深厚、肥沃、排水良好的沙质壤土，不耐干旱和瘠薄，忌盐碱、长期积水的洼地。

图 2-2　凤凰木

种子繁殖，须先90℃热水浸5～10min，可显著提高发芽率。

凤凰木"叶如飞凰之羽，花若丹凤之冠"，故名；花开满树，如火如荼，1986年10月23日厦门市八届人大常委会第23次会议审定通过其为市树。树体高大，冠幅浓郁，遮阴效果比较均匀且通风条件较好，常见于庭荫树或行道树；落叶量大，为下层地被、灌木提供良好的覆盖物，并可改善土壤有机质含量和结构，增加土壤肥力，但花和种子具毒性。

● **流苏树（*Chionanthus retusus*）**

又名茶树、萝卜丝花。木樨科，流苏树属。落叶乔木或灌木，株高6～20m，树皮灰褐色，薄片状剥裂。枝开展，小枝灰绿色，初生绒毛。叶对生，革质，卵形至倒卵状椭圆形。雌雄异株，花期4～5月，复聚伞花序顶生、疏散；花萼4裂，花冠白色，筒短，深裂片4枚、线形（图2-3a）。果熟期9～10月，核果椭圆形，蓝黑色。产于我国甘肃、陕西、山西、河北以及南至云南、广东、福建、台湾等省，日本、朝鲜半岛也有分布，属于国家二级保护植物。喜温暖气候，也颇耐寒。喜光，也较耐阴。喜中性及微酸性土壤，耐干旱瘠薄，不耐水涝。嫁接繁殖，以白蜡或女贞为砧木。

流苏树花形纤细、秀丽奇特，花期可达20天左右，满树洁白如覆霜盖雪，清丽宜人，是优美的初夏观花树种，群植于草坪中或点缀于路旁、池畔、建筑物周围均宜；也可选取老桩盆栽，制作桩景（图2-3b）。嫩芽、花蕾可沏水饮用，味道清醇且具消暑止渴的功效，故被当地村民称为"茶树"。果实含油丰富，可榨油供工业用；木材坚重、细致，可制作器具。

图2-3a　流苏

图2-3b　盆景

● **楝（*Melia azedarach*）**

又名苦楝。楝科，楝属。落叶乔木，树高达10m。树皮暗褐色、纵裂，皮孔多而明显；老枝带紫色，小枝黄褐色，冬芽密被细毛。2～3回奇数羽状复叶，叶柄基部膨大；小叶椭圆形或披针形，顶生1片通常略大，基部多少偏斜，边缘有钝锯齿。花期4～5月，大型圆锥花序，花芳香，有花梗；花瓣5，淡紫色，倒卵状匙形。果期9～10月，核果椭圆形或近球形，淡黄色。种子椭圆形，先端尖，暗褐色，有光泽（图2-4）。产我国秦岭南北坡，生于海拔 100 ~ 800m 的山坡，黄河以南各省区常有栽培和野生。喜温暖湿润，可耐寒，喜光；不耐旱，怕积水，喜湿润肥沃的土壤。

　　楝树羽叶疏展，夏日紫花芳香，秋冬果悬枝头，适作行道树和庭荫树及"四旁"绿化。适应性很强，是盐碱地绿化的优良树种。木材抗虫蛀，坚软适中，是制作家具、乐器的好用材。种子可榨油，花可蒸芳香油；根皮、叶、果实可入药，还可以从中提炼杀虫剂成分。

图 2-4　楝树（花、果）

● **云南黄馨**（*Jasminum yunnanense*）

　　又名南迎春、梅氏茉莉。木樨科，素馨（茉莉）属。常绿半蔓性灌木，株高可达 3m。小枝无毛，四方形，具浅棱，细长，柔软，拱形下垂。三出复叶对生，小叶椭圆状披针形，顶端 1 枚较大，基部渐狭成一短柄，侧生 2 枚小而无柄。花期 3 ~ 5 月，单生于具总苞状单叶之小枝端，高脚碟状，单瓣或常近于复瓣，黄色花冠具暗色斑点，花瓣 6 ~ 9 裂，有香气（图 2-5）。一般不结果。原产我国云南省，现各地均可栽培。喜温暖、湿润的环境，较耐寒。性喜光、稍耐阴，全日照或半日照均可。适应性强，较耐旱。繁殖以春秋两季扦插为主：春季选芽没萌动但快要萌动时或在花后进行，秋季可在 9 ~ 10 月或结合整形修剪时进行。

　　云南黄馨为早春重要花木；枝条细长，拱形下垂，最适宜植于堤岸、岩边、台地、阶

图 2-5　云南黄馨

前边缘或坡地、高地作悬垂绿篱栽培；萌蘖力强，在林缘坡地片植具水土保持作用。花期过后应修剪整枝，有利再生新枝开花。

● **常春油麻藤（*Mucuna sempervirens*）**

又名密花豆、过山龙、常春黎豆藤。蝶形花科，油麻藤属。常绿藤本，茎圆柱形，长可达30m，粗达30cm。老茎深褐色，表面粗糙，不裂，具纵向陷沟、横环纹和疣状凸起的侧枝痕迹；小枝纤细，淡绿色，光滑无毛。三出羽状复叶互生，微革质，墨绿色，有光泽：顶端小叶卵形或长方卵形，两侧小叶长方卵形。花期4～5月，总状花序生于老茎，花大、下垂，花冠深紫色或紫红色；花萼外被浓密绒毛，钟裂，裂片钝圆或尖锐。果熟期9～10月，荚果扁平，木质，条状，种子间缢缩，密被金黄色粗毛（图2-6）；内有种子10多粒，扁矩圆形，棕色。原产我国西南和东南沿海，主产福建、云南、浙江，生于林边，常缠绕于树上。喜温暖湿润气候。喜光、稍耐阴。耐干旱，宜生长于排水良好的腐殖质土中。

常春油麻藤茎干苍劲，若龙盘蛟舞，春天开花时一串串花序宛如紫色宝石，瑰丽非凡，"老茎开花"的奇观令人流连忘返；8～9月，秋季悬挂于老枝上的长条状荚果又变幻成另外一番景象，甚是壮观。花艳果奇，叶色常绿，浓荫覆盖，适于大型花架、跨路长廊架或垂直绿化；生长迅速，抗性强，质坚性健，寿命长，还能攀石穿缝，为岩石山体断面攀缘的理想植物种类。藤茎性温、味苦，除去枝叶后切片、晒干，中药名"鸡血藤"，全年可采。

香气是一种化学信号，花发出香气是为了吸引传粉者到特定的花朵搜寻花蜜或花粉，帮助授粉以便结出果实（种子）；这对于昆虫选择花朵非常关键，特别是对蛾类等以夜间活动为主的传粉者尤显重要。因为各种昆虫喜欢的香味不一样，花为了吸引自己喜欢的昆虫，发出的香味也各不相同：如以蜜蜂和蝴蝶为传粉者的花，多带着甜香；而那些利用甲

图2-6　常春油麻藤（花、荚果）

虫来传粉的花，则会有强烈腐败、辛辣或者是水果的气味。花的香味来源于花瓣中的一种油细胞，随着花朵的开放不断分泌出带有香味的芳香油，如安息香油、柠檬油、香橼油以及桉树脑、樟脑、萜类等油脂类或其他复杂的化学物质；因为芳香油很容易挥发，这就是人们闻到的花香："墙角数枝梅，凌寒独自开。遥知不足雪，为有暗香来。"（宋·王安石）一般来说，天气晴朗、温度高的时候，花瓣中芳香油挥发得比较快，飘得也比较远，所以香味会更加浓郁比较浓一些；但夜来香、米兰等在夜晚开放的花，由于空气湿度越大花瓣的气孔就张得越大，芳香油也挥发得越多，所以晚上散发出的香气要比白天更纯、更浓。自然界中还有一些花，虽然它们的花瓣中没有油细胞，但闻上去也有阵阵香味，这是因为花瓣细胞中含有一种叫作"糖苷"的物质，经酵素分解后也会产生香味。在医学上，挥发油可以作为皮肤消毒剂和杀菌剂，有的还具有强心、镇痛和驱虫的作用；如丁香油可以止痛，薄荷油可以止痒，艾叶的挥发油可以净化空气等。玫瑰花可提取高级香料玫瑰油，玫瑰油价值比黄金还要昂贵，故玫瑰有"金花"之称。玫瑰以花瓣、花蕾为原料可开发的产品为国际香型，玫瑰精油、玫瑰浸膏、净油、玫瑰糖、玫瑰干花等都是极名贵的天然产品，应用于化妆品、食品、精细化工等工业，生产高级香水、医药、食品、化妆品、香精、香料及工艺品。

"花不醉人人自醉"，缘于花香刺激人的嗅觉而使人产生愉快的感觉，《客座新闻》载："衡神祠其径，绵亘四十余里，夹道皆合抱松桂相间，连云遮日，人行空翠中，而秋来香闻十里，真神幻佳景。"花香馥郁，闻之似能解人苦乐，"七情之病也，香花解"：满怀忧愁时步入花的世界，花香沁脾，烦扰自然烟消云散；怒火中烧之际来到百花丛中，香气袭人，也会令人心平气和。由于花所含的芳香油不同，所以散发出的香味也不一样，有的浓郁，有的淡雅：淡香仿佛在轻轻诉说，浓香犹如在欢歌愉唱，芳香恰似在唤起美好的回忆，幽香好像在安抚烦乱的思绪。茉莉花是制造香精的原料，提取的茉莉油身价相当于黄金的价格，茉莉花还可熏制茶叶或蒸取汁液代替蔷薇露，地处江南的苏州、南京、杭州、金华等地长期以来都作为熏茶香料进行生产。茉莉花香气对合成香料工业还有一个巨大的贡献：茉莉花的香气是花香中最"丰富多彩"的，数以百计的香料是从茉莉花的香气成分里发现或是化学家模仿茉莉花的香味制造出来的；直到今日，解析茉莉花的香气成分仍然不断有新的发现，许多有价值的新香料最早都是在茉莉花油里面发现的。法国娇兰的2005年限量樱花香水——蝴蝶夫人的樱花园，以粉红调的樱花色谱推出四款樱花香水：水晶樱花香水和霓光樱花香水的香味雷同，以佛手柑、樱花等表现了淡雅香气；白柔樱花香水取材自绿茶、佛手柑、樱花、樱桃和扁桃仁，温暖香甜之感扑鼻而来；粉柔樱花香水的取材还有紫丁香，更显独特。除此之外，娇兰还针对忠实樱花迷推出限量典藏香精，香气除了佛手柑、樱花香外，清新茶香与茉莉花香交织出柔和雅致的嗅觉体验。

- ● **蓝花楹**（*Jacaranda acutifolia*）

又名巴西紫葳、紫云木。紫葳科，蓝花楹属。落叶乔木，树高可达15m以上（图2-7）。二回羽状复叶互生，羽状小叶着生紧密。花期4～5月，圆锥花序顶生或腋生，长可达

图 2-7　蓝花楹

20cm，有花数十朵；花冠钟形，蓝紫色，花瓣 5 枚，二唇状，内有 4 雄蕊及一顶端丝状裂的假雄蕊。蒴果圆形，扁平，种子圆形，薄翼状。原产中南美洲巴西、西印度群岛、秘鲁、玻利维亚，喜温暖湿润、阳光充足的环境，适宜生长温度 22 ～ 30℃，夏季气温高出 32℃生长亦受抑制；不耐霜雪，若气温低于 15℃则生长停滞，若低于 3 ～ 5℃有冷害。喜光，能耐半阴。喜肥沃湿润的沙壤土或壤土。每年早春进行一次修剪整枝，老化的植株需施以重剪。

　　蓝花楹树冠高大，叶细小秀丽，外形酷似凤凰木；花香如茉莉，多盛开于每年雨季到来前的暮春初夏，花极繁多，布满枝头，深蓝色或青紫色，极为壮观。在悉尼的大街小巷，树高冠大的蓝花楹盛开时节，点缀在红墙绿树里显得特别醒目，如诗如画。澳洲引种栽培以昆士兰东南部地区最蔚然大观，有"蓝花楹市"别称的新威尔士南州格拉夫顿（Grafton）市，每年十月都办"蓝花楹节"。春末夏初，蓝花楹树有持续 6 ～ 8 周的开花期，这正是澳洲大学中考的期间，学生们管它叫"考试花"：昆士兰大学城市内西部校区，花落地学生们才开始准备复习考试；而悉尼的学生们则相反，花开之前就要准备复习考试，否则落花时已太晚。同是落花在身，有人认为是通过考试的吉祥预兆，也有人强调要再落第二次才能显灵。

● 含笑（*Michelia figo*）

木兰科，含笑属。常绿灌木或小乔木，株高达 3 ～ 5m。树皮灰褐色，茎干因有微小的疣状突粒而略显粗糙；小枝有环状托叶痕，嫩枝、芽、叶、柄、花梗均密生锈色绒毛。单叶互生，革质、全缘，椭圆形或倒卵形，叶面有光泽，叶背中脉上有黄褐色毛。花期 4 ～ 5 月，单花生于叶腋，花瓣 6 枚，肉质，乳黄色或乳白色，有浓郁香蕉香味（图 2-8）。聚合果 9 月成熟，种子红色。含笑属约 50 种，性较不耐寒，故大都散布于亚洲的热带、亚热带和温带地理区；我国原产者多达 30 余种，主产于江西南部、广东、福建以及台湾一带之山坡地，多半混生于阔叶树林中，现长江流域各省均有栽培。性喜温湿，不甚耐寒，长江以南背风向阳处能露地越冬；不耐烈日暴晒，夏季宜半阴环境。不耐干燥贫瘠，但也怕积水；

喜 pH5.0～5.5 微酸性土壤，在碱性土中生
长不良，易发生黄化病。抗氯气，也是工
矿区绿化的良好树种。

含笑冠形圆整，枝密叶茂，花香持久，
宋代《含笑赋》曰："南方花木之美，莫若
含笑；绿叶素荣，其香郁然。"栽培历史悠久，
性耐阴，江南园林常植于楼北、树下、疏
林旁："自有嫣然态，风前欲笑人。涓涓朝
露泣，盎盎夜生春。"（宋·邓润甫）其气

图 2-8　含笑

味香醇浓久却不浊腻，是极佳的天然香料，
可以轧炼出芬芳的香油；也可采摘其花作为制茶时佐用的香料，尤当花苞膨大而外苞行将
裂解脱落时所采摘的最为香浓。南宋诗人杨万里写过含笑："秋来二笑再芬芳，紫笑何如
白笑强。只有此花偷不得，无人知处自然香。"

同属种：①乐昌含笑（*M. chapensis*），常绿乔木，树高 15～30m。叶薄革质，有光
泽。花期 3～4 月，花被片淡黄色，2 轮、6 枚（图 2-9）。原产于赣南、湘东、桂东、粤
西北等地 500～1500m 的山地，从江、浙、皖、鄂等地的引种驯化情况看，冬季能抗 -12℃
的最低气温，夏季能抗 41℃ 的高温。对土壤质地要求不严，在 pH7.5～8.1 的碱性土壤
上可安全生长。乐昌含笑树干挺拔伟岸，冠形丰满浓荫，叶片浓绿茂密，花朵硕大芳香，
是城市行道树和园景树选择应用中的新秀，孤植、丛植或作混交树种应用均有极高观赏
价值；在引种地定植 9～10 年即可开花，且花瓣、花径均较原产地要大，发展前景广阔。
②深山含笑（*M. maudiae*），常绿乔木，树高 20m。芽、幼枝、叶背均被白粉。叶革质，全缘，
长椭圆形，先端急尖。早春 2～3 月开花，花被片 9 枚，白色，有芳香（图 2-10）。果熟期
9～10 月。原产于印度尼西亚爪哇，我国湖南、广东、广西、福建、贵州及浙南山区有分布，
在长江流域及华北有引种栽培。喜温暖、湿润环境，有一定耐寒能力。喜光，幼时较耐阴。
不耐积水，抗干热。根系发达，自然更新能力强；生长快，4～5 生即可开花。

图 2-9　乐昌含笑

图 2-10　深山含笑

● **刺槐（*Robinia pseudoacacia*）**

又名洋槐。蝶形花科，刺槐属。落叶大乔木，树高可达 10～20m。树皮褐色，深纵裂；小枝光滑，有托叶刺。无顶芽，奇数羽状复叶互生，小叶 9～19 枚，窄椭圆形或卵形，质地薄。花期 4～5 月，总状花序腋生、下垂，花序轴黄褐色，被疏短毛，蝶形花冠白色，具清香，旗瓣近圆形，基部具爪，先端微凹，翼瓣倒卵状长圆形，基部具细长爪，顶端圆，龙骨瓣向内弯，基部具长爪（图 2-11）。果熟期 9～10 月，荚果扁平，条状长圆形，腹缝有窄翅；种子扁肾形，黑色或褐色。全属约 20 种，原产北美洲温带及亚热带；1601 年引入欧洲，我国于 1877 年由日本引入辽宁铁岭以南栽培，现以黄河中下游和淮河流域为中心。喜温暖气候，不耐严寒；喜光，不耐荫蔽。具有一定的抗旱能力（在石灰质山地超过臭椿，在沙荒地区超过加杨），土壤水分过多时常发生烂根和紫纹羽病，以致整株死亡。对土壤要求不严，在含盐量 0.3% 以下的盐碱土上都能正常生长发育，但在底土过于坚硬黏重，排水通气不良的薄层土上生长不良。

图 2-11　刺槐

刺槐树高冠浓，花香蜜甜，冬季落叶后疏朗向上，剪影造型的枝条有国画韵味，可作为行道树、林荫树；主根不发达，一般在距地表 30～50cm 处发出粗壮侧根，深可达 1m 以上；水平根系分布较浅，多集中于表土层 50cm 内，放射状伸展交织成网状。气候适应性强，生长快（世界上重要的速生阔叶树种之一），根瘤有提高地力之效，是立地条件差及荒山造林的先锋树种，宜营造防风、固沙及堤岸防护林；栽植在风口处的林木生长缓慢，干形弯曲，容易发生风折、风倒、倾斜或偏冠。吸滞烟尘，抗污染能力强，尤其是工矿区等重环境污染地的优良园林绿化树种。花营养丰富，有多种食用方法；花粉品质优良，是高级蜜源并能提炼芳香油，可结合城郊园林绿化及农田林网改造广为应用，增加经济收益。栽培品种有：金叶刺槐（'Aurea'），叶色春季金黄，夏季黄绿，秋季橙黄。

同属种：毛刺槐（*R. hispida*），又名红花槐。落叶小乔木，树高 2～4m，枝及花梗密被红色刺毛，小叶 7～15 枚。花期 7 月，总状花序有小花 3～7 朵，花冠玫瑰红或淡紫色。果实很少发育成熟。北京、上海多有栽培，大连、兴城、沈阳也有应用。在年平均气温 5～7℃地区，幼树及 1～3 年生枝条常受冻害，树干分杈早而弯曲；年平均气温低于 5℃时地上部冻死，翌春重新萌发，多呈灌木状态。

● **香花槐（*Cladrastis wilsonii*）**

又名五七香花树，富贵树。蝶形花科，香花槐属。落叶乔木，树高 10～16m，树皮褐至灰褐色，光滑。奇数羽状复叶互生，小叶 17～19 枚，椭圆状卵形至长圆形，叶柄凸出不易脱落。5 月中旬、7 月中旬两度开花，总状花序腋生，小花可多达 200 朵，红色

（图 2-12）；有浓郁芳香，花不育，不结实。原产西班牙，于 20 世纪 60 年代引入朝鲜，90 年代引入我国吉林。喜温暖而湿润的气候，能耐 -25～-28℃ 低温。对土壤适应性强，从海滨至海拔 2100m 山区均能生长。长势旺盛，根系发达，在瘠薄干旱的山地生长优于刺槐。

图 2-12　香花槐

香花槐树形优美，枝叶繁茂，花簇靓丽，花香典雅，一身天地灵气，颇富木本花卉之风采，是国外著名的集绿化、美化、净化、观赏于一身的优良香花树种；花朵大、花形美、花量多、花期长，芳香典雅，独具特色，春天移植，当年开花，是优良的蜜源树种。对多种有害气体抗性强，抗烟尘，对城市不良环境有耐性，净化能力大，是风景区和城乡绿化的珍品。萌蘖快，枝繁叶茂，是营造速生丰产林、防护林、薪炭林的主要树种；根系发达，且耐寒、耐旱、耐盐碱、抗病虫，是华北、西北地区防风固沙、水土保持的优良树种。扦插、嫁接成活率较低，埋根是快速繁殖的主要方法；苗木移植不需带土，移栽成活率 95% 以上。

● 糯米条（*Abelia chinensis*）

又名茶条树、白花树。忍冬科，六道木属。落叶灌木，株高达 2m。老枝树皮纵裂，嫩枝被柔毛，红褐色。单叶对生，卵形或三角状卵形，叶背中脉基部密被柔毛。花期 7～10 月，圆锥聚伞花序顶生或腋生，花冠漏斗状 5 裂，外具微毛，白色至粉红色，芳香。果熟期 10 月，瘦果具短柔毛，冠以宿存而略增大的萼裂片。产于长江以南各地，江西、湖南海拔 170～1500m 的山地分布极多。喜温暖、湿润气候，稍耐寒；最适年均温 10～15℃，最低温不超过 -2℃，极端最高温不超过 25℃。喜光，略耐阴。对土壤要求不严，有一定的耐旱、耐贫瘠能力。发枝力强、小枝较软，适于攀扎整形，短期内便可达树冠紧凑饱满的效果。

糯米条枝条拱垂，花期时间长，花香浓郁，大团花序生于枝前，小花洁白秀雅，花后瘦果萼片红色，为不可多得的夏秋花果树木，适于池畔、路边、草地、墙隅丛植，植作花篱在常绿林中点缀亦分外悦目。根系发达，萌芽性强，营养生长与生殖生长交替共生：①平均气温 7℃ 以上时枝梢开始生长，嫩梢、叶腋间花不断：花枝花序叶片退化，着生花蕾 20～30 余个；营养枝花序有叶片 2～8 枚，花蕾着生在紫红色嫩枝梢叶腋间；木质化枝叶腋已形成的花芽也先后开放，全为聚伞花序状。此期花为白色，香气稍淡。② 3～4 月气温渐升，叶腋花与嫩梢花同时开放，香气转浓。③气温 22℃ 以上时，已现花芽（蕾）的夏梢现蕾而不现花；气温 25℃ 以上花蕾消失，新梢幼梢无蕾也无花，但若出现阴雨天气也可出现腋花；而成龄树的老茎干上仍有少量不定花开放。此期是淡花季节，但花香却十分幽远。④ 7 月，大而密集的白色或粉红色花序布满整个树冠；9 月气温降到 20℃ 时，新梢木质化枝叶腋分生的多个复芽花序陆续开放，繁花连续盛开可一直延续到10月，此时花色淡黄，香味很浓。花瓣脱落后，粉褐色萼片长期宿存枝上，远看好似盛开的花序，甚为美观（图2-13）。

图2-13　糯米条（春花，夏秋花）

● 四季桂（*Osmanthus fragrans* var. *semperflorens*）

又名月月桂。木樨科，木樨属。桂花的变种，常绿灌木，树形低矮，分枝短密，树冠圆球形；树皮浅灰色，皮孔小，椭圆形，叶片薄，叶缘稀疏锯齿或全缘。花序由12～20

图2-14　四季桂

朵小花组成，初开时淡黄色，后变为白色，盛开时清香扑鼻；一年分别于2月、5月、8月和11月绽花4次，但仍以秋季为主，通常每季花期约有20多天（图2-14）。喜温暖湿润气候，有一定的抗寒能力，长江流域及其以南地区可露地大片栽植，北方地区多见盆栽。喜光，也耐阴，在幼苗时要有一定的遮阴度。喜地势高燥、富含腐殖质的微酸性土壤，不耐干旱瘠薄土壤，忌盐碱土和涝渍地；栽植于排水不良的过湿地，会造成生长不良、根系腐烂、叶片脱落，最终导致全株死亡。

四季桂花朵密集、分布均匀，花香也较为持久，观赏价值很高。幼苗一年之后便可陆续开花，3年之后花量更大，夏秋两季芳香浓郁，春冬两季微有香气，能起到绿化、美化、香化和净化的良好作用。植株矮小，叶片常绿，常植于园林内、道路两侧、草坪和院落等地；对二氧化硫、氟化氢等有害气体有一定的抗性，也是工矿区绿化的优良花木。明代王象晋《群芳谱》中介绍："木犀有秋花者，春花者，四季花者，逐月花者。"现代培育有"日香桂"（同一枝条各节先后开花，络绎不绝）、"大叶佛顶珠"（独特顶生密集花序，花期自春到秋连续不断）等新品种，与山、石、亭、台、楼、阁相配，更显端庄高雅、悦目怡情。做成盆景后能观形、赏花、闻香，广州地区在春节除夕以清香四溢的盆栽"四季桂"馈赠亲友已成为时尚。

● 金缕梅（*Hamamelis mollis*）

金缕梅科，金缕梅属。落叶小乔木，常呈灌木状，树高可达 9m。嫩枝及顶芽被灰黄色星状绒毛，裸芽有柄。单叶互生，倒卵圆形，表面略粗糙，背密生茸毛。花期 2～3 月，叶前开放，穗状花序短，数朵腋生，有短梗，花瓣 4 枚，狭长如带，淡黄色，基部带红色，芳香（图 2-15）。果熟期 10 月，蒴果卵球形、两裂，有星状毛。分布在广西、江西、湖北、湖南、浙江、安徽等省，多生于山地次生林中，种植范围遍及北美及

图 2-15　金缕梅

欧洲。喜温暖湿润气候，较耐寒，喜光，耐半阴。对土壤要求不严，喜富含腐殖质的山林土。

金缕梅花形奇特，细长花瓣瓣如缕，色似蜡梅且有芳香，故名。早春先叶开花，宛如金缕缀满枝头，为著名观花树种，宜植于庭院、水滨、池畔、亭际之旁及树丛外缘都很合适，若与紫荆配植颇具特色。也是制作盆景的好材料，花枝可作切花瓶插材料，根、叶可入药，能解热止血、通经活络。

● 黄刺玫（*Rosa xanthina*）

又名刺玫花、黄刺莓。蔷薇科，蔷薇属。落叶灌木，株高 1～1.5m，小枝褐色或褐红色，具刺。奇数羽状复叶，小叶常 7～13 枚，近圆形或椭圆形；托叶小，下部与叶柄连生，

图 2-16　黄刺玫

先端成披针形裂片，边缘有腺体。花期 5～6 月，黄色，单瓣或半重瓣（图 2-16）。果熟期 7～8 月，球形，红黄色。原产东北、华北至西北，现我国北方和朝鲜广为栽培。耐寒力强，喜光，稍耐阴。耐干旱和瘠薄，不耐水涝，在盐碱土中也能生长。多用分株法繁殖，于早春萌芽前进行。

黄刺玫于桃李争艳之后独入异彩，绚丽多姿，花开时日一片金黄，鲜艳夺目且花期较长，是北方春末夏初的重要观赏花木。病虫害少，管理粗放，适合庭园丛植观赏；花满枝梢，浓香袭人，作花篱栽培须将残花和过老枝条适当重剪，以利更新。

● 金银花（*Lonicera japonica*）

又名忍冬花、金银藤。忍冬科，忍冬属。半常绿缠绕藤本或藤本灌木，茎蔓生，皮条状剥落，老株暗红色。枝条细长、中空，松软且有韧性；幼枝密被黄色糙毛及腺毛，生长

图 2-17　金银花

快。单叶对生，卵圆形或长卵形，幼叶两面被毛。花期 4～6 月，双花筒状单生叶腋，初开白色，2～3 天后渐变为黄色，故名金银花（图 2-17）；花芳香，苞片叶状。果熟期 10～11 月，浆果球形，成熟时黑色带有光泽。产于辽宁以南，华北、华东、华中、西南多分布，植株生长寿命约 20 年。喜温暖，耐寒性强。喜阳也耐阴，光照充足时花朵数增多，通风透光不足时叶片常发黄脱落，开花少。土壤适应性强，在 pH5.5～7.8 条件下都可以生长。根系发达且主根粗壮，

耐旱也不怕涝；毛细根特别多且再生能力特别强，茎落地即可生根。分株繁殖一般在秋末冬初或春季进行，但以春季分栽成活率高；扦插繁殖于 6 月中下旬进行，选取当年充实的半木质化枝条作插穗。

金银花藤蔓缭绕，冬叶微红，花先白后黄，富含清香，适于篱墙栏杆、门架、花廊配植；在假山和岩坡隙缝间点缀一二，更为别致。枝条细软，还可扎成各种形状；老枝可作盆景栽培，一年开两次花，第一批花凋谢之后对新枝梢进行适当摘心，可促进第二批花芽的萌发。我国名贵中草药之一，《神农本草经》将其列为上品并有"久服轻身"的明确记载；泡茶焖 5min 即可飘散出淡雅的清香，常饮可滋肺养脾，延年益寿。《御香缥缈录》一书中记载有慈禧皇太后用金银花洗面保养肌肤、养颜美容、返老还童的生活琐事，以河南新密市五指山种植最多且品质最佳，素有"五指岭金针"之誉。

栽培变种：①红金银花（var. *chinensis*），花冠表面带红色，叶片边缘或背面脉上具短柔毛；②白金银花（var. *halliana*），香气以白金银花最佳，初开当日为白色，翌日转为黄色，香气逐渐丧失；③黄脉金银花（var. *aureo-reticulata*），叶有黄色网脉；④紫脉金银花（var. *repens*），花脉带紫色，花为白色或青白紫彩色。

● 木香（*Rosa banksiae*）

又名木蔷花。蔷薇科，蔷薇属。常绿或半常绿攀缘灌木，株高 5～6m。树皮红褐色，薄条状脱落，枝细长绿色，光滑而少刺。奇数羽状复叶，小叶 3～5 枚，罕 7 枚，卵状长椭圆形至披针形；表面暗绿而有光泽，背面中肋常微有柔毛；线形托叶与叶柄离生，早落。花期 4～5 月，伞形花序 3～15 朵着生于短枝先端，花梗细长；小花白色或黄色，单瓣或重瓣，具芳香。果熟期 9～10 月，蔷薇果近球形，红色，萼片脱落。原产我国西南部地区，长江流域各地普遍有栽培。喜温暖，耐寒性不强，北方须选背风向阳处栽植。喜光，

喜湿润，避免积水。

　　木香盛开时花白如雪或色黄似锦，生长迅速、管理简单，用于花架、花墙、篱和岩壁作垂直绿化，备受宠幸（图2-18）。其花朵香味醇正，半开时可摘下熏茶，用白糖腌渍后制成木香花糖糕。

　　栽培变种：①重瓣白木香（var. *abla-plena*），花重瓣，白色，香味浓烈，常为 3 小叶，应用最广。②重瓣黄木香（var. *lutea*），花重瓣，淡黄色，香味甚淡，常为 5 小叶。

图 2-18　重瓣木香

（二）花形花相，令人迷

　　园林树木的花朵形状各异，大小有别，单朵花又常排聚成大小不同、式样万千的花序，形成奇特的观赏效果。如，柑橘有单花和花序两种：红橘、温州蜜柑等为单花，甜橙、柠檬、葡萄柚等除单花外还有花序，柚以花序为主。人们通过长期劳动创造出的许多珍贵品种，就更丰富了自然界的花形，有的甚至变化得令人无法辨认。

1. 花形

　　指单朵花的形状，一般认为花瓣较多、重瓣性强、花径大、形体奇特者观赏价值较高：玉兰、山茶炮弹花等花形大，远距离观赏价值高；栾树、合欢、紫薇、锦鸡儿等单花虽小，但构成的庞大花序景观效果也好（图2-19、图2-20）。

　　榆叶梅栽培品种极为丰富，有单瓣、半重瓣和重瓣之分，还有长梗等类型：①单瓣。花朵小，花萼、花瓣均为 5 枚，与野生榆叶梅相似，花色粉红或粉白，小枝呈红褐色。②半重瓣。花萼、花瓣均在 10 枚以上，粉红色花朵。③重瓣。花瓣最多达 100 枚以上，花朵多而密集，花色红褐，花萼和花梗均带有红晕；因其花朵大，故又名"大花榆叶梅"，但开花时间要比其他品种晚。④弯枝。半重瓣或重瓣，花萼 10 枚，其中 5 枚为三角形，5 枚为披针形；花小且密集，玫瑰紫红色，开花时间较其他品种早，花期长达 10 天左右。

⑤截叶。花粉色，叶的前端呈近似三角形的阔截形。

图 2-19　锦鸡儿

图 2-20　炮弹花

2．花相

花木的观赏效果，不仅由花朵或花序本身的形貌、色彩、香气而定，更多的是与其花序组成以及在枝条上排列的方式在树冠内的分布状态、叶簇的陪衬关系以及着花枝条的生长习性密切有关。

花或花序着生在树冠上的整体形貌特征称为花相，大致分为以下几种类型：

1）线性花相

花排列于小枝上，形成长形的花枝，如：连翘、金钟花、喷雪花、绣线菊等（图 2-21）。

a. 黄刺玫

b. 连翘

图 2-21　线性花相

2）茎生花相

花着生于茎干上，种类不多，如：紫荆、黄花无忧树、杨桃、油麻藤等。（图 2-22）

3）星散花相

花朵或花序数量较少，且分布于全树冠各部，如：二乔玉兰、乌桕、白兰花、栀子花、含笑等（图 2-23）。

a. 黄花无忧树

b. 紫荆

图 2-22　茎生花相

a. 二乔玉兰

b. 乌桕

图 2-23　星散花相

4）团簇花相

花或花序形大而多，就全树而言花感较强烈，但每朵花或每个花序的花簇仍能充分表现其特色，如：山玉兰、木兰、紫藤、紫薇等（图 2-24）。

a. 紫薇

b. 紫藤

图 2-24　团簇花相

5）独生花相

形较奇特，种类较少，如：龙舌兰、苏铁、棕榈、椰子等（图2-25）。

a. 丝兰

b. 苏铁（雌花球）

图2-25　独生花相

6）外覆花相

花或花序着生在枝条的顶端，集中分布于树冠的表层形成覆伞状，盛花时整个树冠几乎被花所覆盖，远距离花感强烈，气势壮观，如：泡桐、合欢、栾树、蓝花楹、夹竹桃、野桐、花楸、瑞香、杜鹃花、木香等（图2-26）。

a. 石楠

b. 花楸

图2-26　外覆花相

7）内生花相

花或花序主要分布在树冠内部，着生于大枝上，花常被叶片遮盖，外观花感较弱，如：广玉兰、鹅掌楸等（图2-27）。

8）均密花相

花或花序以散生或簇生方式着生于枝的节部或顶部，密生全树各小枝上且在全树冠分布均匀，形成一个整体的大花团，花感最为强烈，如：郁李、梅花、樱花、榆叶梅、碧桃、流苏、刺槐、桂花、蜡梅、棣棠、火棘、山茶、金银花等（图2-28）。

a. 鹅掌楸

b. 茴香

图 2-27　内生花相

a. 碧桃

b. 台湾相思树

图 2-28　均密花相

● **珙桐（*Davidia involucrate*）**

　　又名鸽子树。蓝果树科，珙桐属。我国特产，本属仅 1 种，落叶大乔木，树高达 20 ～ 25m。树皮深灰或灰褐色，呈不规则薄片剥落。芽锥形，芽鳞卵形，覆瓦状排列；

单叶互生，簇生于短枝，叶纸质，宽卵形或近心形，叶背被黄色或淡白色粗丝毛。花期 4 月，紫红色，花杂性，由多数雄花和一朵两性花组成顶生头状花序；花序基部有 2 枚白色大苞片，纸质、羽状网脉明显，椭圆状卵形，下垂，初为淡黄色，后呈乳白色（图 2-29）。果熟期 10 月，核果紫绿色，长卵形或椭圆形，密被锈色皮孔。产湖北西部、四川中部及南部、贵州东部、云南北部，常混生于海拔 1250 ～ 2200m

图 2-29　珙桐

的阔叶林中；四川省桑植县天平山海拔 700m 处发现有上千亩纯林，2008 年 4 月更在荥经县龙苍沟乡发现近 10 万亩野生群落。喜凉润气候，在干燥多风处生长不良；幼苗生长缓慢，喜阴湿，成年树趋于喜光。喜中性或微酸性腐殖质深厚的土壤，不耐瘠薄、干旱。材质沉重，是建筑的上等用材，可制作家具，也可作雕刻材料。

珙桐为 100 万年前第四纪冰川时期的孑遗植物，学界称其为"植物活化石"，国家一级重点保护野生植物（1999 年 8 月 4 日批准）；北川境内分布达 4000 余亩，是羌族人心中的"神树"，因其花形酷似展翅飞翔的白鸽而被西方植物学家命名为"中国鸽子树"：暗红色的头状花序如鸽子的头部，绿黄色的柱头像鸽子的嘴喙，花序基部洁白的大苞片则像是白鸽的一对翅膀，花开时犹如满树白鸽展翅欲飞。自 1869 年在四川穆坪被发现后，成为各国人民喜爱引种的名贵观赏树种，并有和平的象征意义，常植于池畔、溪旁及疗养所、宾馆、展览馆附近。20 世纪 50 年代中期，周恩来总理在日内瓦开会期间看到珙桐开花时的美丽景色十分赞赏，当得知它的祖籍就是中国后感慨万千，随后便指示我国林业工作者关注研究。天然分布的珙桐多在西南山区，到目前为止已在国内很多地区引栽成功，1995 年 5 月在干燥多风的北京首度开花。

● **香港四照花（*Dendrobenthemia hongkongensis*）**

山茱萸科，四照花属。常绿乔木，树高达 18m。主干明显，分枝密集。单叶对生，革质，卵状椭圆形或卵形；新叶淡红色或乳黄色，冬季随着气温的降低树叶逐渐转红，老叶背面稍被褐色细点。花期 5～6 月，头状花序具花 50～70 朵；序基有 4 枚花瓣状总苞片，椭圆状卵形，白色转米黄。果熟期 11～12 月，球形，下垂，黄色转红色（图 2-30）。自然分布于长江以南诸省及广东、云南，多生于海拔 350～1700m 常绿乔木及杂木林中。喜温暖湿润气候，有一定耐寒力，幼苗在 -8℃ 短期低温下未有任何冻害迹象。性喜光，稍耐阴，在强光下生长矮小，叶片下垂，夏季叶尖易枯焦，适半阴或南侧有遮阴的小环境。喜湿润而排水良好的沙质土壤，抗旱，耐贫瘠；须根极其发达，易带土球，移植成活率甚高。

图 2-30　香港四照花

香港四照花主干通直，树形优美，分枝密集，树冠饱满，是集观花、观果、观叶于一体的优良景观树种。初夏开花，白色苞片覆盖全树十分别致，微风吹动如同群蝶翩翩起舞，入秋红果满枝，玲珑剔透，能使人感受到硕果累累、丰收喜悦的气氛，尤其是冬季及早春全树紫红，极其壮观。可孤植或列植，也可丛植于草坪、路边、林缘、池畔，与常绿树混植，能使人产生明丽清新之感，更衬秋叶红艳，分外妖娆。果实有甜味，可生食及酿酒。

同属种：①日本四照花（*D. japonica*），落叶小乔木，原产朝鲜半岛和日本。栽培变种：四照花（var. *chinensis*），落叶灌木至小乔木，树高可达 9m。叶表疏生白柔毛；叶背粉绿色，有白柔毛并在脉腋簇生黄色或白色毛。花期 5～6 月，头状花序聚集小花 20～30朵，花萼 4 裂，花瓣 4 枚。果熟期 9～10 月，成熟时红色或紫红色。产于长江流域诸省及河南、陕西、甘肃，多生于海拔 600～2200m 的林内及阴湿溪边。喜温暖湿润气候，有一定耐寒力，在北京小气候良好处可露地安全越冬，正常开花。②头状四照花（*D. capitata*），又名鸡嗉子果，落叶乔木，树高 3～8m。叶两面密被白毛，花期 6～8月，果熟期翌年 8～9 月。原产西藏南部，在云南分布很广，多生于暖温带、亚热带海拔1700～2600m 的阔叶林中及林缘。③巴蜀四照花（*D. multinervosa*），落叶乔木，叶窄椭圆形，原产四川、云南。

● 灯台树（*Cornus controversa*）

又名六角树。山茱萸科，灯台树属。大型落叶乔木，树高可达 25m。树冠近圆锥形，枝条紫红色或略带绿色，有别于北美灯台树；单叶互生，宽卵形或椭圆状卵形，弧形脉。花期 5～6 月，聚伞花序顶生，白色微黄。果熟期 8～10 月，核果球形，紫红色至蓝黑色（图 2-31）。耐寒，耐热，生长极快。暖温带树种，自然群落多分布于海拔 400～1800m的林缘或溪畔；东北南部，黄河上游，长江以南，四川、贵州、云南等省多有分布。适应性强，耐寒，耐热，生长极快。

灯台树树皮光滑，树干端直，分枝呈层状，宛若灯台而得名。奇特优美的树形与繁茂

图 2-31　灯台树

的绿叶，典雅的花朵、紫红色枝条以及花后绿叶红果，惟妙惟肖的组合独具特色，具有很高的观赏价值，是我国珍贵的乡土树种；花朵色清雅洁白，妩媚动人，球形果实呈紫红色或蓝黑色，宜孤植于庭院、草地观赏，也可以作为行道树。幼苗第 1 年根系不发达，生长量小，高约 30 ～ 40cm；第 2 年生长量达到 50 ～ 80cm，3 年以上可达 100cm 以上，呈现出优美的树形和多彩的冠姿，即可出圃栽植。

● 红千层（*Callistemon rigidus*）

又名红瓶刷、刷毛桢。桃金娘科，红千层属。常绿小乔木或灌木，株高 3 ～ 5m，老枝银白色，嫩枝红棕色。单叶互生，条状披针形似柳叶，披有白色柔毛，有透明腺点，富含芳香气味；寿命长，可维持 3 ～ 5 年不落，新老叶片聚生形成叶幕层次。花期 3 ～ 7 月，盛花期 4 月，圆柱形穗状花序着生枝顶，花红色无柄，簇生于花序上；萼筒钟形，表面有柔毛；雄蕊约 40 枚，花丝长，深红色，花药暗紫色，排列稠密，形似瓶刷。蒴果木质，半球形，顶部平。原产于澳大利亚，现我国福建、广东、广西、云南均有栽培（图 2-32）。喜暖热气候，能耐 45℃烈日酷暑和 -10℃低温，在北方只能盆栽于高温温室中。不耐阴，喜肥沃潮湿的酸性土壤，也能耐瘠薄干旱的土壤。

红千层花序艳丽而形状奇特，火树红花，满枝吐焰，盛开时千百枚雄蕊组成一支支艳红的瓶刷子，风韵奇特，姣美殊常，可称为南方花木的一枝奇葩，为高级庭院观花树种；株形飒爽，干形苍老，小枝密集成丛，单植、列植、群植均可。生性强健，栽培容易，多作行道树、风景树栽培；极耐旱，耐瘠薄，可在城镇近郊荒山或森林公园等处推广。花形奇丽，花期长，还可作切花或大型盆栽；生长缓慢，萌芽力强，可修剪成高贵盆景。

同属种：串钱柳（*C.viminalis*），又名垂枝红千层。常绿灌木或小乔木，株高 2 ～ 3m，主干易分枝，树冠伞形或圆形。树皮呈灰色，枝条细长柔软，下垂如垂柳状（图 2-33）。

图 2-32　红千层

图 2-33　串钱柳

● 白千层（*Melaleuca leucadendron*）

又名千层皮。桃金娘科，白千层属。常绿乔木，树高约 20m。树皮灰白色，厚而疏松，可薄片状层层剥落（图 2-34）。单叶互生，狭椭圆形或披针形。花期 1～2 月，圆柱形穗状花序顶生，中轴具毛，于花后继续生长成一有叶的新枝；花密集，乳白色，无梗（图 2-35）；萼管卵形，裂片 5，圆形，外面被毛；花瓣 5，阔卵圆形，脱落；雄蕊多数，基部合生成 5 束与花瓣对生。蒴果杯状或半球状，顶部截形，成熟时顶部裂开成 3 果瓣。原产于澳大利亚新南威尔士北海岸，亦分布于我国福建、台湾、广东、广西等地。阴性树种，喜温暖潮湿环境，要求阳光充足，适应性强，能耐干旱高温及瘠瘦土壤，亦可耐轻霜及短期 0℃ 左右低温。生于较干燥的砂地上，对土壤要求不严。

　　白千层属约有 100 种，为热带澳洲、南亚、东亚诸岛屿的乡土植物，常被引种作为行道树、防风树种及森林栽植。白千层树皮经老化成薄片，层层剥落而色灰白，花像密集的毛刷，是优良的行道树和景观树；生长快，萌发力强，是造林的最佳速生林木。树皮含白千层素，安神镇静，治疗失眠良药。此外，其嫩枝、树叶和嫩芽提取的芳香油即为国际上习惯称为的茶树油，具有迷迭香的气味并带点浓厚的樟脑味，广泛用于香料和高级化妆品工业；能高效、无刺激地杀死皮肤表面的真菌和细菌并对某些病毒也有抑制作用，因而在医药、食品防腐、化妆护肤及保健品等方面广泛应用。

图 2-34　白千层（干）

图 2-35　白千层（花）

　　同属种：互叶白千层（*M. leucadendron*），原产于澳大利亚南纬 23.5°沿海地区及北方领地。树高可达 6m，树干突瘤状弯曲；夏、秋季开花，乳黄色。

● **鹅掌楸**（*Liriodendron chinense*）

又名马褂木。木兰科，鹅掌楸属。落叶大乔木，树高达40m，胸径1m以上，国家二级重点保护野生植物（国务院1999年8月4日批准）。单叶互生，每边常有2裂片，背面粉白色；顶部平截犹如马褂的下摆，两侧平滑或略微弯曲，侧端向外凸出，犹如马褂。花期5～6月，花单生枝顶，形似郁金香：花被片9，外轮3枚萼状，绿色，内二轮花瓣状，黄绿色，基部有黄色条纹（图2-36）。果熟期10月，聚合果纺锤形，小坚果有翅。原产我国，主要生长在长江流域以南的中、北亚热带地区，大多在海拔600～1500m之间的低山地零星生长。喜温暖湿润和阳光充足的环境，能耐-15℃低温，在华北地区小气候良好的条件下可露地越冬。耐半阴，不耐干旱和水湿，栽培土质以深厚、肥沃、排水良好的酸性和微酸性土壤为宜。

图2-36　鹅掌楸

不耐移植，大苗移植以芽刚萌发时为宜并需带土球。

鹅掌楸属为古老的孑遗植物，现仅残存鹅掌楸和北美鹅掌楸两种，成为东亚与北美洲际间断分布的典型实例，对古植物学系统学有重要科研价值。鹅掌楸姿伟荫浓，叶形奇特，是优美的庭荫树和行道树种，最宜植于园林中安静休息区的草坪上，无论丛植、列植或片植均有独特的景观效果；花美而不艳，秋叶金黄，在江南自然风景区中可与木荷、山核桃、板栗等进行混交林式种植。材淡红褐色，纹理清晰，轻而强韧，是胶合板的理想原料，但抗腐力弱。

同属种：①北美鹅掌楸（*L.tulipifera*），落叶大乔木，树高达60m，胸径3m；老枝平展或微下垂，小枝褐色。叶鹅掌形，两侧各有1～3浅裂，先端近截形。原产美国南部，生长适温15～25℃，冬季能耐-17℃低温。17世纪从北美引种到英国，我国青岛、南京、上海、杭州、庐山、昆明等地有观赏栽培。花朵形似杯状的郁金香，故被称之为"郁金香树"，世界四大行道树之一，对有害气体的抗性较强，也是工矿区绿化的优良树种之一。②杂交鹅掌楸（*L.chinense×L.tulipifera*），已故著名遗传育种学家叶培忠教授于1963年首次选用鹅掌楸和北美鹅掌楸为亲本进行杂交育成，具有较强的杂种优势，除保留亲本叶形奇特、花期长等优点外，叶更大，花色更艳丽。适凉爽、湿润气候，不耐贫瘠、干燥；速生，抗逆性强，适应范围更广，在休眠期能耐-20℃低温，北京植物园和中国林科院内早期引种的杂种鹅掌楸，不仅生长较好而且已正常开花。南京林业大学成功采用组织培养技术实现了优良无性系的快速繁殖，近年来在园林树木景观建植中颇受关注，应用效果很好。

● **黄栌**（*Cotinus coggygria*）

又名烟树。漆树科，黄栌属。落叶灌木或小乔木，树高5～8m。树冠圆形或伞形，小枝紫褐色有白粉。单叶互生，宽卵圆形至肾脏形，叶柄细长，紫红色。花期4月，大型圆锥花序顶生，花杂性，单性与两性共存而同株；萼片5枚，披针形；花瓣5枚，长圆形，黄色，不孕花有紫红色羽毛状花柄宿存。果熟期6月，果穗长，核果肾形，熟时红色。主产我国北部，安徽、浙江、江苏亦有分布。耐寒，喜光，也耐半阴，在山野的阳坡及半阴坡上常成片密集生长；耐干旱瘠薄和碱性土壤，又能生于干旱、石砾多的山坡荒地，但不耐水湿。根系发达，生长快，萌蘖性强，对二氧化硫有较强抗性。

黄栌初夏花后有淡紫色羽毛状伸长花梗宿留枝梢，成片种植时远望宛如万缕罗纱缭绕树间，故又有"烟树"之称（图2-37）；其果形别致，成熟果实颜色鲜红，艳丽夺目。夏季可赏紫烟，秋季能观红叶，可以极大丰富园林景观的色彩，形成令人赏心悦目的图画，是北方地区著名的耐盐碱景观树种；特别是深秋叶片经霜变红时，色彩鲜艳，美丽壮观，著名的北京西郊香山红叶即为本种，层林尽染、游人云集。造景宜表现群体景观，可以单纯成林，也可与其他红叶或黄叶树种混交成林；孤植或丛植于草坪一隅、山石之侧、常绿树丛前，单株混植于其他树丛间以及常绿树群边缘，体现其色彩美。根系较浅，水平根发达，根萌蘖性极强，是良好的护坡、固堤及固沙树种。栽培品种有金叶黄栌（'Golden Spirit'）、紫叶黄栌（'Purpureus'），叶片季相景观效果更为鲜明突出，坡地片植、丛植效果尤甚。

图2-37　黄栌

图2-38　美洲黄栌

同属种：美洲黄栌（C.obovatus），又名红叶树、美国红栌，叶片春、夏、秋三季均呈红色（图2-38）。原产美国，我国河北、山东、河南、湖北、四川等省有引种栽培。美国红栌作为外来引进植物，其树形美观大方，植株通过园艺措施可具有乔木性状，在城市绿化中有着极为特殊的作用。叶片大而鲜艳，初春时的红色娇艳欲滴；春夏之交红而亮丽，虽树体下部叶片开始渐渐转为绿色但顶梢新生叶片始终为深红色，远看彩色缤纷；而叶色入秋之后随着天气转凉又逐渐转为深红，秋霜过后叶色更加红艳美丽；入冬前红叶挂树时间长于普通黄栌，观景时间更长。但要确实保存鲜红或深红叶色贯穿整个生长季节的观赏效果，必须用普通黄栌为砧木嫁接繁殖；播种繁育后的苗木不具彩叶性状，经济价值差；扦插方式繁育成活率一般仅为5%～6%，生产应用意义不大。

● **绣球荚蒾**（*Viburnum macrocephalum*）

又名木绣球。忍冬科，荚蒾属。落叶或半常绿灌木，株高达 4m。单叶对生，卵形或卵状长圆形，表面疏生星状柔毛，背面及叶柄密生星状柔毛，花期 4 ～ 5 月，聚伞花序集于枝顶，全部为不孕花；花初开带绿色，后转为白色，花冠辐状，裂片 5，具清香（图 2-39）。原产于我国华中和西南，江苏、浙江、湖南、湖北、江西、四川、福建及河南、河北等地有栽培。喜温暖，耐寒性不强；喜光，稍耐阴。怕旱又怕涝，好生于湿润肥沃之地。性强健，萌芽力和萌蘖力都比较强，耐修剪。

绣球荚蒾树冠球形，枝条广展；花球如雪，为春花之佳品。宜孤植于花境或庭院中，枝干四面开展，尽现树姿之美；丛植向阳空旷地段，特别是与其他色彩的树种搭配栽植，美化效果理想。

图 2-39　木绣球

图 2-40　日本绣球

同属种：日本绣球（*V. plicatum*），又名雪球荚蒾。枝条开展，幼枝疏生星状绒毛，叶阔卵形或倒卵形，表面羽状脉显著凹陷，背面疏生星状毛及绒毛。聚伞花序复伞形，不孕花白色（图 2-40）。原产日本，我国长江流域栽培广泛，花序娇小，色白高雅。

● **络石**（*Trachelospermum jasminoides*）

又名石龙藤、万字茉莉。夹竹桃科，络石属。常绿藤木，茎长达 2 ～ 10m；老枝赤褐色，有乳汁，节部常有气生根，幼枝被黄色长柔毛。单叶对生，革质，椭圆形或卵状披针形，具短柄，叶面有蜡质，叶背被短柔毛。花期 4 ～ 5 月，聚伞花序顶生或腋生、具长总梗，有花 9 ～ 15 枚；花冠高脚碟状，5 裂，裂片偏斜向右覆盖形如风车，略似"卐"字，花冠白色，有浓香（图 2-41）。果熟期 8 ～ 12 月，筒状双生，种子上生有长毛。原产我国山东、山西、河南、江苏等地，除新疆、青海、西藏、东北外均有分布。喜温暖湿润气候，具有一定耐寒力，在华北南部可露地越冬。喜光，阴处生长香味淡，花少甚至无花；极耐阴，生长在林下照度为空旷地 1/25 ～ 1/65 时仍然表现正常。根系发达，吸收力强，在石灰性土壤、酸性及中性土壤中均能正常生长，抗干旱、耐水淹能力也很强。匍匐性茎具有

图 2-41　络石

落地生根的特性，扦插极易成活。对二氧化硫、氯气、氟化物及汽车尾气等有害气体有较强抗性，对粉尘的吸滞能力强。

络石花香馥郁，味似茉莉，4～5 月为盛花期，以后花开不断直到 11 月，故有"不是茉莉，胜似茉莉"的评价。花皓洁如雪，幽香袭人，入秋老叶殷红，经霜益艳，可植于庭园、公园、院墙、石柱、亭、廊、陡壁等攀附点缀，营造墙荫优美自然；耐阴性好，茎触地后易生根，也是理想的地被植物，可作疏林草地的林间、林缘地被。北方只能盆植，既可扎制竹架攀附，亦可通过修剪使之呈灌木状生长；或是用高筒盆种植，制成独干虬曲、潇洒自然的悬崖式盆景。

- **蔓长春花**（*Vinca major*）

又名长春蔓。夹竹桃科，蔓长春花属。常绿蔓生亚灌木，株高 30～40cm。营养枝蔓性长达 2m 以上，匍匐生长。单叶对生，椭圆形，全缘，亮绿色，有光泽。花期 4～5 月，开花枝直立，花冠 5 裂，高脚杯状，蓝色，单生于花枝叶腋内（图 2-42）；花冠筒部较短，裂片倒卵形；花柄长，萼裂片线形，叶柄、叶缘、花萼及花冠喉部有毛。果熟期 7 月，蓇葖果双生，直立。原种产地中海沿岸及美洲，印度等也有，我国江苏、浙江和台湾有栽培。

图 2-42　花叶蔓长春花

喜温暖湿润，6～8月为生长高峰；较耐低温，在 -7℃气温条件下露地种植也无冻害现象。对光照要求不严，以半阴湿润环境条件下生长最佳。对土壤要求不严，适应性强，自然分蘖能力强，繁殖容易，可扦插、分蘖、压条等无性繁殖，以扦插途径为主。

蔓长春花株丛致密，春末夏初时紫罗兰色小花像缀花地毯覆盖大地，色泽对比协调且富有自然生趣，景色十分奇特幽雅，是较理想的赏花类地被材料；枝节间着地生根，可在林缘或树下成片栽植，尤其适于建筑物基部和斜坡的水土保持栽植应用。对土质、水分要求不甚严格，蔓茎生长速度快，垂挂效果好，可作为岩石、沟坎及花坛边缘的垂悬绿化植物，起到软化硬质材料景观的作用。

栽培变种：花叶蔓长春花（var. *variegata*），叶面有黄白色斑纹，镶边作为花境植物，可用于规则式色块拼栽或自然片植；茎蔓自然下垂，常作为室内观赏植物，盆栽或吊盆布置于窗前、阳台，配置于楼梯边、栏杆上或盆栽置放在案头上，自然生动，趣味盎然。盆栽宜放半阴处养护，夏季以给予明亮散射光为宜，避免阳光直晒并适当喷水降温增湿；入冬时要移入室内，放置在温度不低于0℃的环境中以安然越冬。

（三）开花类型，细端详

"何须名苑看春风，一路山花不负侬。日日锦江呈锦样，清溪倒照映山红。"（宋·杨万里）映山红是杜鹃花属中常见的一种，因其花开时映得满山皆红而得名，花开季节景象壮观，古今中外的文人墨客有许多赞诵的美文诗句，颂扬其质朴、顽强的生命力。映山红在江西省赣州市会昌县的西江、凤凰山、庄口、岚山等海拔500多米的山区均有分布，在庐山和井冈山可见到铺满山冈、红如火焰的景观：青山绿树之间云蒸霞蔚，一团团一簇簇，开得热烈、绚丽；朵朵花儿如红色的玛瑙，迎风玉立，娇艳欲滴，相互依偎，竞相辉映，空灵含蓄，如诗如画，让人流连忘返。

1. 开花顺序

树体上正常花芽的花粉粒和胚囊发育成熟，花萼和花冠展开，这种现象称为开花。不同树木开花顺序、开花时期以及异性花的开花次序、不同部位的开花顺序等方面都有很大差异。

1）不同树种的开花顺序

同一地区不同树种在一年中的开花时间早晚不同，除特殊小气候环境外，各种树木每年的开花先后有一定顺序。了解当地树木开花时间对于合理配置园林植物，保持绿地四季花香具有重要指导意义。如在北京地区，常见树种的开花顺序是山桃、玉兰、杏、桃、紫丁香、紫荆、核（胡）桃、牡丹、白蜡、苹果、桑、榆、紫藤、栓皮栎、刺槐、苦楝、枣、板栗、合欢、梧桐、木槿、国槐等（图2-43）。

2）不同品种的花期早晚不同

同一地区同种树木的不同品种之间，开花时间也有一定的差别，并表现出一定的顺序性。如在北京地区，碧桃的"早花白碧桃"于3月下旬开花，而"亮碧桃"则要到下旬开花。有些观花树种的品种较多，可按花期的早晚分为早花、中花和晚花三类，在园林树木栽培和应用中也可以利用其花期的差异，通过合理配置来延长和改善其效果。以扬州个园的冬山为例，花坛内所植蜡梅都是扬州名品："冬前素"花期最早，在冬至前后就开花了；"扬州黄"花瓣短圆，色泽也比一般品种更深，花期稍晚；而素心蜡梅要到立春前后才开花，所以整整一个冬季都是暗香浮动。

a. 3 月花（油茶、金钟花）

b. 5 月花（楝树、火棘）

c. 7 月花（合欢、栾树）

d. 9 月花（木芙蓉、红千层）

图 2-43　开花顺序

3）同株树木上的开花顺序

同一树体上不同部位的开花早晚也有所不同（外围早于内膛），甚至同一花序上的不同部位开花也有早晚（基部早于顶部）。这些特性多数是有利于延长花期的，掌握这些特性也可以在园林树木栽培和应用中提高其美化效果。

2. 开花类型

落叶树种根据开花与展叶时间顺序上的特点，常分为先花后叶型、花叶同放型和先叶后花型三种，通过合理配置可有效提高总体景观效果。

1）先花后叶型

花芽在春季休眠期临近结束前已完成形态分化，树体萌动不久即开花，物候表现为先开花后展叶，如：迎春、连翘、山桃、玉兰、梅树、李树、紫荆等，常能形成满树繁花的艳丽景观（图 2-44）。

a. 海棠

b. 金链树

图 2-44　先花后叶型

2）花叶同放型

花芽也是在萌芽前完成形态分化，开花时间比前一类稍晚，开花和展叶几乎同时展现，如榆叶梅以及紫藤中开花较晚的品种与类型。此外苹果、梨树等多数能在短枝上形成混合芽的树种也属此类，混合芽虽先抽枝、展叶而后开花，但多数短枝抽生时间短，很快见花，物候表现上也似花叶同放（图 2-45）。

a. 金钟花

b. 鸡爪槭

图 2-45　花叶同放型

3）先叶后花型

多在当年生长的新梢上完成花芽分化，萌芽要求的气温高，一般于夏秋开花，如槐树、木槿、紫薇、珍珠梅、凌霄等，是树木中开花较迟的一类，蜡梅、结香等冬花树种虽在落叶后完成花芽分化，但也应归为先叶后花型，特别是蜡梅，早、中、晚花品种的花期分别

在 12 月、1 月、2 月。（图 2-46）

a. 板栗（雄花）

b. 黄刺玫

图 2-46　先叶后花型

● **泡桐**（***Paulownia fortunei***）

又名白花泡桐、紫花树。玄参科，泡桐属。落叶乔木，树高达 25m（图 2-43）。树皮灰色、灰褐色或灰黑色，小枝粗壮，幼时平滑，老时纵裂，假二杈分枝。单叶对生，叶大，心状卵圆形，全缘或有浅裂 1/4～1/3；具长柄，柄上有绒毛。花期 3～4 月，顶生圆锥花序，由多数聚伞花序复合而成（图 2-47）。花大，花冠漏斗状，呈不明显唇形；上唇 2 裂、反卷；下唇 3 裂、直伸或微卷。花淡紫色或白色，内具紫色斑点；花萼钟状或盘状，肥厚，5 深裂。蒴果卵形或椭圆形，熟后背缝开裂；种子小而轻，长圆形，两侧具有条纹的翅。原产我国，分布于长江中下游各省。喜温暖气候，不太耐寒，一般只分布在海河流域南部和黄河流域，是黄河故道防风固沙的最好树种。较耐水湿，对黏重和瘠薄土壤的适应性也较强。

图 2-47　泡桐

泡桐主干通直，冠大荫浓，盛花时满树花非常壮观，略有香味，为优良的庭荫树种；栽培历史悠久，北宋隐士陈翥《桐谱》比较全面地记载了泡桐栽培和桐木利用方面的丰富经验，至今仍有重要参考价值。萌芽、萌蘖能力强，对二氧化硫抗性较强，是工矿区绿化的好树种；吸附烟尘、抗有毒气体作用大，可列植作为公路行道树。生长非常迅速，材质轻软，容易加工，纹理通直、结构均匀，不挠不裂且耐酸耐腐，特别适合制作航空舰船模型、救生器械等；隔潮性好，不易变形，声学性好，共鸣性强，也适合制作乐器。纤维素含量高，材色较浅，是造纸工业的好原料。叶、花、果和树皮可入药。

同属种：①兰考泡桐（*P. elongata*），树冠圆卵形或扁球形，小枝节间长。叶卵形或宽卵形，背面被灰黄色或灰色星状毛。花序狭圆锥形，花冠钟状漏斗形，浅紫色；花萼钟状倒圆锥形，浅裂约1/3。集中分布在河南省东部平原地区和山东省西南部，安徽北部、河北、山西、陕西、四川、湖北等省均有引种栽培。②楸叶泡桐（*P. catalpifolia*），树冠圆锥状。叶似楸树下垂，长卵形，先端长尖、全缘。花冠细长，管状漏斗形，淡紫色。以山东胶东一带及河南省伏牛山以北和太行山的浅山丘陵地区为主要产区，河北、山西、陕西等省也有分布。③毛泡桐（*P. tomentosa*），树冠伞形，树干多低矮弯曲，小枝、叶、花、果多长毛。花序广圆锥形，花冠钟状，鲜紫色或蓝紫色。分布于黄河流域至长江流域各省，以陕西及河南西部为主要产区。④川泡桐（*P. faresii*），树体密被棕黄色星状绒毛。叶心状广卵形，不粘。聚伞花序无总梗或很短，花冠钟状，在基部弯曲处以上骤然膨大，白色或紫色；花萼钟状，卵形深裂，不反卷。分布于四川、云南、贵州、湖北西部和湖南西南部。

● 巨紫荆（*Cercis gigiantea*）

又名天目紫荆、满条红、乌桑。云实科，紫荆属。落叶乔木或大乔木，株高可达20m，胸径可达40cm（图2-48）。树皮黑色、平滑，老树有浅纵裂纹；新枝暗紫绿色，2～3年生枝黑色，皮孔淡灰色。单叶互生，叶片硕大，近圆形，呈革质，叶柄红褐色。

图2-48　巨紫荆

花期3～4月，叶前开放，总状花序下垂，簇生于老枝上，花冠淡红或淡紫红色。果熟期10～11月，荚果先期绿色，渐变紫红色，成熟后黄灰色。原产我国安徽、浙江、湖北、广东、贵州等南方地区，散生于海拔700～1000m山坡、沟谷两旁的天然杂木林中。性喜强光和干燥、通风良好的环境，能耐-20℃的低温。喜排水良好的土壤，耐贫瘠和干旱，忌雨涝积水；能在石灰质土壤上生长，有根瘤菌能提高林地土壤肥力。

巨紫荆为我国分布范围相对狭窄、现存林木极少的珍贵乡土树种，安徽、浙江交界处的黄山以及湖北、湖南交界处的张家界均有树龄50～80年的大树。花繁色嫣，荚果鲜艳，集观花、观果于一身，适合绿地孤植、丛植，春花秋景，情景非凡；或于湿润山谷、山坡、河畔与其他树木混植构建森林公园和自然风景的风景林，也可作庭荫树或行道树。生长迅速，植株强健，管理粗放，2003年南京市园林局组织行业专家论证，将其列为重点推荐的十大乡土树种之首，2005年又规划出紫荆大道；2005年《西安市绿地系统规划》中将其作为未来15年内的骨干树种，北京、大连的林业部门或园林专业单位已看好这一优良树种。材质优良，坚重致密，抗腐性好，可供建筑及家具用材；花梗、树皮、根均可入药，有活血行气、消肿止痛、祛瘀解毒之效。

● **厚朴（*Magnolia officinalis*）**

又名川朴，木兰科，木兰属。落叶乔木，树高 5～15m，树皮厚，紫褐色，有辛辣味。幼枝淡黄色，有细毛；顶芽大，窄卵状圆锥形，芽鳞密被淡黄褐色绒毛。单叶互生，革质，椭圆状倒卵形；表面黄绿色，幼叶背面有密生灰色毛，老叶呈白粉状，侧脉上密生长毛。花期 4～5 月，与叶同时开放；单生枝顶，杯状，白色，芳香；花梗短粗，密生丝状白毛。花被片 9～12（17）枚，厚肉质，几等长，外轮长圆状倒卵形，内两轮匙形，萼片淡绿白色，常带紫红色（图 2-49）。果熟期 9～10 月，聚合果长椭圆状卵形，成熟时木质，顶端有弯尖头；内含种子 1～2 粒，三角状倒卵形，外种皮鲜红色。在浙江、广西、江西、湖南、湖北、四川、贵州、云南、陕西、甘肃等北亚热带地区分布较广，喜欢高山海拔 1500m 左右冷凉湿润气候；低海拔区幼苗生长快，高海拔区成苗生长快。

厚朴为我国特有的国家二级保护珍贵树种之一，树姿优美，叶大荫浓，花大香美，可列植作行道树，孤植庭院，群植草坪作景观树。主要经济价值以干燥的树皮及根皮入药，有温中理气、燥湿健脾、消痰化食的作用，一般生长 20 年左右采皮为好，年限越长，质量越好；在 5～6 月间采收，连根挖出，剥下的根皮称为根朴；树干部分按 30cm 割一段，刮去粗皮后一段段地剥下，大筒套小筒，横放盛器内防止树液流出，此为筒朴。5 月左右采下花蕾作药用；如果作留种用，10 年生株仅能留花 4～5 朵，在果皮呈紫红色，微裂露出红色种子时采收，种子才饱满。种子寿命短，果实成熟后应及时采收，搓去外种皮放入 50℃的温水中，浸 3～5 天后即可播种。

栽培变种：凹叶厚朴（ssp. *biloba*），又名温朴。叶片先端凹陷成 2 钝圆浅裂片，裂深 2～3.5cm；花期 4～5 月，果期 6～8 月（图 2-50）。分布浙江、江西、安徽、广西等地，生长在海拔 500m 左右山地，喜中性、微酸性沙壤上，忌黏重土壤。幼苗期喜欢半阴，成苗期喜欢光照充足。

图 2-49　厚朴

图 2-50　凹叶厚朴

● **花楸（*Sorbus pohuashanensis*）**

又名山槐子。蔷薇科，花楸属。落叶乔木，树高约 8m。小枝粗壮，灰褐色，具灰白色细小皮孔；幼时生绒毛，冬芽外面密生灰白色绒毛。单数羽状复叶，小叶 5～7 对，基

图 2-51　花楸

部和顶部的小叶片常稍小，卵状披针形或椭圆状披针形；叶背粉白，中脉显著凸起，叶轴有白色绒毛，后脱落，托叶革质，宿存，有粗锐锯齿。花期 5～6 月，复伞房花序多密集，总花梗和花梗密生白色绒毛；花瓣宽卵形或近圆形，白色，清香。萼筒钟状，外面有绒毛或近无毛，内面有绒毛；萼片三角形，内外两面均具绒毛（图 2-51）。果熟期 10 月，梨果近球形，红色或橘红色；萼片宿存，闭合状。产于东北、华北至甘肃一带，生于海拔 900～2500m 山坡或山谷杂木林中。耐寒，较耐阴，在高温强光之处生长不良。喜湿润之酸性或微酸性土壤。播种繁殖，种子采后须先沙藏层积，春天播种。

　　花楸冠形多姿，枝叶秀丽，初夏白花如雪，尤其在金秋季节，叶紫果红，满树生辉，是优美的庭园观赏树种，风景林中配植可使山林增色。果实含多种维生素，可酿酒、制果酱、果醋等，并可作药用。

　　同属种：①白果花楸（*S. discolor*），又名北京花楸。树高 10m，小枝紫红色、无毛。单数羽状复叶，小叶 11～15 枚，披针形至长椭圆形，先端锐尖或短渐尖，边缘锐锯齿，基部或 1/3 以下为全缘，无毛，背面蓝绿色。复伞房花序，较疏散；果卵圆形，白色或黄色。生于海拔 1500～2500m 范围内，阳坡林中有野生。②水榆花楸（*S. alnifolia*），树高可达 20m，干皮暗灰褐色，平滑不裂；小枝暗红褐色或暗灰褐色，有灰白色点状皮孔。单叶互生，叶椭圆状卵形，缘具不整齐锐重锯齿，两面无毛。复伞房花序，花白色；梨果椭圆形，红或黄色，萼早落，残留圆斑萼痕。华北山地海拔 500m 以上常见野生。

● 豆梨（*Pyrus calleryana*）

　　又名野梨、铁梨、棠梨。蔷薇科，梨属。落叶小乔木或灌木，树高可达 9m（图 2-52）。树皮灰黑色，小枝幼时有绒毛，冬芽有细毛。单叶互生或于短枝上簇生，阔卵形或卵形。花期 4 月，伞房总状花序有花 6～12 朵，萼片 5 枚，披针形稍短于萼筒，外面无毛，内面有稀毛；花瓣 5 枚，卵圆形，白色有短爪。果熟期 9 月，梨果近球形，黑褐色，有斑点，果柄细长，萼裂片脱落；种子黑褐色。为我国亚热带地区的乡土树种，分布广东、江西、浙江、江苏、山东、河南、陕西、甘肃等地，自然生长在海拔 50～1500m 的

图 2-52　豆梨

溪旁及杂木林中。抗腐烂病能力较强，对生长条件要求不高，故常用作砧木，与西洋梨亲和力强，与沙梨、白梨亲和力较差。

豆梨树姿颇优美，早春盛花期满树洁白，极为壮观，秋叶转鲜黄、橘红直至亮红，为良好的春花、秋果、色叶观赏树木。果实含糖量达 15%～20%，可酿酒；木材坚硬，供制粗细家具及雕刻图章。根、叶、果实均可入药，有健胃、消食、止痢、止咳作用；叶和花对闹羊花、藜芦等有解毒作用。

● 荚蒾（*Viburnum dilatatum*）

忍冬科，荚蒾属。落叶灌木，株高 2～3m，冠呈球形，茎直立，枝褐色，多分枝，小枝幼时有星状毛。单叶对生，膜质，宽倒卵形至椭圆形，叶缘具三角状锯齿，正面有疏毛、背面有星状毛及黄色鳞片状腺点。花期 5～6 月，复散形聚伞花序顶生，花冠裂片 5，白色。果熟期 9～10 月，浆果核果卵形，深红色。分布广，主产于华中及华东地区，生于山地或丘陵地区的灌木丛中。喜温暖湿润，耐寒；喜光，也耐阴。对土壤条件要求不严，适微酸性肥沃土壤，不耐涝。

栽培变种：红花荚蒾（var. *tomentosum*），花红色。

荚蒾出自《唐本草》："荚蒾，叶似木槿及似榆，作小树。其子如溲疏，两两为并，四四相对，而色赤，味甘。檀、榆之类也。"花开时节，朵朵白云缠绕枝头；果熟时鲜红光亮，经久不落，累累红实赏心悦目；树冠稠密，叶入秋变为红色，宜孤植于花境、庭院中或丛植于向阳空旷地段。

荚蒾属（Viburnum）为忍冬科（CAPRIFOLIACEAE）大属之一，全世界约 220 余种，自然地理分布于北美、中美、欧洲和亚洲。我国约有 74 种，5 亚种，17 变种和 2 变型，以西南种类最为丰富，东北、华北及西北种类最少；多散生于海拔 3500m 以下的山坡林缘、溪谷，少数生于山地草坡或河滩地，未发现有单纯的优势群落。近年来引进的某些新种还具有冬季开花（*V. pragense*）、粉红色的花（*V. farreri*）、蓝色的果实（*V. tinus*）、亮丽革质的叶片（*V. rhytidophyllum*）、秋季红叶（*V. burkwoodii*）等，经在扬州引种驯化多年观察，大部分种类适应性强，花果繁盛，是极其美丽的观赏佳品。

同属种：①天目琼花（*V. sargentii*），又名鸡树条荚蒾。树皮暗灰色浅纵裂，略带木栓，小枝具明显皮孔。叶质厚，通常 3 裂，叶柄基部有托叶 2 枚。大型不孕边花花冠乳白色呈辐射状 5 裂，中央完全花，能孕。先发现于浙江天目山区，天然分布于内蒙古、河北、甘肃及东北地区，朝鲜、日本、俄罗斯等国有分布。耐阴性强，是种植于建筑物北侧的优良花果木树种。②地中海荚蒾（*V. tinus*），常绿灌木。叶椭圆形，深绿色。蕾期从 11 月直到翌春 2 月，盛花期 3 月中下旬，花序直径达 10cm；花蕾粉红色，单花小，盛开后白色。果深蓝黑色。能耐 -10～-15℃ 的低温，是长江三角洲地区不可多得的常绿冬季观花植物：在上海地区 10 月初便可见细小的黄绿色花蕾，花蕾随着花序的伸长密集覆盖于枝顶，颜色也逐步加深呈殷红色，远远望去像一片片红云飘浮在墨绿色的树冠上，为冬日增添了暖意和生气；红云般的花蕾在春日里绽放成白雪一片，格外引人注目。③欧洲荚蒾

（*V. opulus*），落叶灌木，枝浅灰色，有纵棱。叶近圆形，3～5裂，缘有不规则粗齿，叶柄有窄槽。伞房状聚伞花序于枝顶成球形，全为大型白色不孕花（图2-53）。果红色而半透明状。喜光照，耐寒性好。④香荚蒾（*V. farreri*），又名野绣球。落叶灌木，叶椭圆形。花期4月，先叶开放或花叶同放；圆锥花序长3～5cm；花冠高脚碟状，蕾时粉红色，开放后白色，芳香，花冠裂片5。果期秋季，核果矩圆形，鲜红色。原产我国北部，河北、河南、甘肃等省均有分布。耐半阴，耐寒。⑤皱叶荚蒾（*V. rhytidophyllum*），又名枇杷叶荚蒾，常绿灌木，全株均被星状绒毛，叶表皱似枇杷叶，有光泽。果期7～9月，核果深红色，冬熟时黑色，秀丽异常（图2-54）。原产陕西、湖北、四川及贵州。

图2-53 欧洲荚蒾（花）

图2-54 皱叶荚蒾（果）

● 珍珠梅（*Sorbaria kirilowii*）

又名华北珍珠梅。蔷薇科，珍珠梅属。落叶灌木，株高2～3m（图2-55）。枝条丛生开展，小枝圆柱形，稍有弯曲，光滑无毛，幼时绿色，老时红褐色；冬芽卵形，无毛或近无毛，红褐色。奇数羽状复叶互生，小叶13～17枚，柄短或近于无柄，披针形；托叶膜质，线状披针形。花期6～7月，顶生大形圆锥花序，分枝斜出或稍竖立，花梗长，花瓣近圆形或宽卵形，先端圆钝，基部宽楔形，白色；苞片线状披针形，边缘有腺毛，萼片圆卵形，反折。花丝与花瓣等长或稍短，着生于圆杯状花盘边缘，不等长；花柱稍侧生，向外弯曲。萼片宿存，反折，稀开展。果熟期9～10月，蓇葖果长圆柱形，果梗竖立。原产于华北，河北、山西、山东、河南、内蒙古等省区有分布，生于海拔200～1300m山坡阳处或杂木林中。喜暖和湿润气候，抗寒能力强。喜光，也较耐阴。对土壤要求不严，较耐干燥瘠薄。生长快速，萌蘖性强，耐修剪。繁殖方式以分蘖和扦插为主。

珍珠梅花序大而繁茂，小花如雪而芳香，花蕾圆润如珠，花开似梅，花期长可达3个月，是优良的夏季观花灌木，宜在各类园林绿地中栽植；树姿秀丽，叶片幽雅，特别是在各类建筑物北侧阴处的效果尤佳。

同属种：东北珍珠梅（*S. sorbifolia*），又名山高粱。小枝微被短柔毛，奇数羽状复叶对生，小叶11～19枚；叶轴被短柔毛，总花梗和小花梗被星毛或柔毛，雄蕊较花瓣长2倍。

主产东北及内蒙古，朝鲜半岛、日本、俄罗斯也有分布，抗寒力更强。

- **珍珠绣线菊**（*Spiraea thunbergii*）

又名喷雪花、珍珠花、雪柳。蔷薇科，绣线菊属。落叶灌木，株高可达2m，树皮剥落。枝条细长、开展，呈拱状弯曲；小枝具角棱，幼时褐色，被短柔毛，老时灰褐色，无毛。单叶互生，条状披针形，叶柄短或近无。花期3～4月，与叶同放；花白色，小而密集，花梗细长，3～5朵成伞形花序，无总梗，着生于细软的枝条中上部（图2-56）。产于我国华东，主要分布于浙江、江西、云南诸省；日本也有分布。好温暖，性喜阳。宜湿润而排水良好土壤，生长较快，萌蘖力强，耐修剪。扦插繁殖为主：老枝扦插于初春2月底进行，3月下旬生根，当年底就可成工程用苗；嫩枝扦插于梅雨季节进行，7～8月也可进行全光照喷雾扦插。

珍珠绣线菊花朵密集，一片雪白，故又名"喷雪花"；还因叶形似柳叶，花白如雪，又称"雪柳"。

株丛丰满，枝叶清秀；白花清雅，长约两周。宜丛植草坪角隅、林缘、路边、建筑物旁或作基础花篱种植，亦可孤植于水沟边和假山、石块配置在一起而相得益彰，或修剪成球形植于草坪角隅，为初春园林中别致的一个景点。

图 2-55 珍珠梅

图 2-56 珍珠绣线菊

- **紫穗槐**（*Amorpha fruticosa*）

又名锦槐、紫花槐。蝶形花科，紫穗槐属。落叶丛生小灌木，株高1～2m。奇数羽状复叶，小叶11～25枚，椭圆形或披针状椭圆形，两面有白色短柔毛。花期5～6月，穗状花序集生于枝条上部；花冠紫色，旗瓣心形，没有翼瓣和龙骨瓣；雄蕊包于旗瓣之中，伸出花冠外（图2-57）。果熟期9～10月，荚果下垂、弯曲，棕褐色，有瘤状腺点。原产北美，20世纪初经日本引入我国东北，现在已发展到华北、华中、西北和长江流域地区，近几年在广西及云贵高原也引种栽培。阳性树种，耐寒，耐水湿、干瘠和轻盐碱土，抗风沙，在荒山坡道公路旁、河岸、盐碱地均可生长。

紫穗槐根系发达，具有良好的防风固沙、保持水土等生态功能，花色紫艳，花期长久，是公路绿化、边坡加固的优良观赏树种。根瘤菌多，可减轻土壤盐化，增加土壤肥力，种植 5 年后地表 10cm 土层含盐量下降 30% 以上。萌芽性强，叶量大，每 500kg 风干叶含蛋白质 12.8kg，粗脂肪 15.5kg，粗纤维 5kg，可溶性无氮浸出物 209kg，粗蛋白的含量为紫花苜蓿的 125%；新鲜饲料虽有涩味，但对牛羊的适食性很好，是畜牧养殖业发展的高效饲料植物，是乡村开展多种经营的优良树种。

● **云实**（*Caesalpinia decapetala*）

又名水皂角。云实科，云实属。落叶攀缘灌木，树皮暗红色，密生倒钩状刺。2 回偶数羽状复叶，羽片 3 ～ 10 对，小叶长椭圆形，表面绿色，背面有白粉。花期 4 ～ 5 月，总状花序顶生，花冠飞蝶形，黄色有光泽，最下片有红色条纹；雄蕊稍长于花冠，花丝下半部密生绒毛（图 2-58）。果熟期 10 月，荚果长椭圆形，木质，顶端圆，有喙，沿腹缝线有狭翅。原产我国长江以南各省地区，分布于甘肃南部、秦岭及伏牛山以南及华南、海南岛，生于山坡岩石旁及灌木丛中。喜温暖湿润和阳光充足环境，也能耐阴和耐热。适应性较强，对土壤要求不严，耐瘠薄，在微酸性肥沃土壤中生长旺盛。

云实藤盘曲有刺，花黄色有光泽，丛栽形成春花繁盛、夏果低垂的自然野趣，多用于篱壁攀缘，防护功效显著。果壳、茎皮含鞣质，可制栲胶；种子可榨油；根、茎、果实供药用，有发表散寒、活血通经、解毒杀虫的功效。

图 2-57　紫穗槐

图 2-58　云实

（四）花期长短，费思量

自然界中的花果木都有各自的开花期，花期长短受树种、品种和外界环境以及树体营养状况的影响而有很大差异。北宋文学家苏轼《月季》云："花落花开无间断，春来春去不相关。牡丹最贵惟春晚，芍药虽繁只夏初。唯有此花开不厌，一年长占四时春。"

1. 花期长短

园林树木种类繁多，几乎包括各种花器分化类型的树木，加上同种花木品种多样，在同一地区的树木花期延续时间差别很大，从 1 周到数月不等。在杭州地区，花期短的树木只有 6 ～ 7 天，如白丁香 6 天，金桂和银桂 7 天；而花期长的可达 100 天以上，如月季就长达 240 天左右。在北京地区，山桃、玉兰、榆叶梅等花期短的只有 7 ～ 8 天，花期长的可达 60 ～ 130 天。具有不同开花时期的树种，花期的长短也不同：早春开花的树木多在秋、冬季节完成花芽分化，一旦温度合适就陆续开花，一般花期相对短而整齐；而夏、秋季开花树木的花芽多在当年生枝上分化，分化早晚不一致、开花时间也不一致，加上个体间的差异故其花期持续时间较长，如紫薇、木槿等。树体营养状况和环境条件等栽培因子影响花器发育：花期的长短首先受树体发育状况影响，一般青壮年树比衰老树的花期长而整齐，树体营养状况好则花期延续时间长。花期的长短也因天气状况而异，遇冷凉潮湿天气时花期可以延长，而遇到干旱高温天气时则会缩短。不同立地的小气候条件也影响花期长短，如在树荫下、大树北面和楼房等建筑物背后生长的树木花期长，但花的质量往往受影响。

2．开花次数

原产温带和亚热带地区的绝大多数树种每年只开一次花，但也有些树种或栽培品种一年内有多次开花的习性，如月季、柽柳、佛手、柠檬、四季桂等，紫玉兰中也有多次开花的变异类型。每年开花一次的树种一年中出现第二次开花的现象，称为再度开花或二度开花，我国古代称作"重花"；常见树种有琼花、棣棠等，偶见紫藤、凌霄等再度开花。树木再度开花有两种情况：一种是花芽发育不完全或因树体营养不足，部分花芽延迟到夏初才开，这种现象常发生在某些树种的老树上。而秋季再次开花现象则属于典型的再度开花，多在春花树种中出现，如：1975 年春季物候期提早，桃树在西安 10 ～ 11 月间出现再度开花，北京的桃树、连翘也有再度开花现象；因全球二氧化碳超量排放而导致的大气温室效应，秋、冬气候的持续变暖使得树木再度开花的现象愈演愈烈，不但再度开花的树种范围在扩大，而且隆冬开花的现象也不再稀罕，如 1976 年秋季特别暖和，连翘在北京从 8 月初至 12 月初都有开花的，烟台南山公园的连翘于 11 月中旬再度开花，扬州更出现琼花在隆冬三度开花的奇观。

一般来说，树木再度开花时的繁茂程度不如第一次开花，因为有些花芽尚未分化成熟或分化不完整，导致开花不完全或形体萎缩。园林树木再度开花的现象可加以研究利用，人为促成在国庆节等重要节假日期间再度开花就是提高园林树木美化效果的一个重要手段，如：丁香，在北京于 8 月下旬至 9 月初摘去全部叶片并追施肥水，至国庆节前就可再次开花。

3．花期调控

以人为方法改变树木的开花期，称作花期调控。利用花期控制，可使某些花木在四季均衡开花，或使不同花期的花木在同一时期开放或使某些一年开花 1 次的花木变为一年 2 次或多次开放，还可使花期不遇的杂交亲本同时开花，对于提高花木育种工作效率有重要意义。我国在宋代已有开沟灌沸水用热气熏蒸的方法使花提前开放的记载，清代京师已有在腊月出售经暖室火烘早开的牡丹、梅花等，《花镜》中记载的"变花催花法"描述了当时花期调控采用的简单方法。现代花期控制技术以植物在自然条件下的花芽分化和开花习性为依据，通过调节环境条件、栽培措施或用化学物质处理等方法，达到提前或延后花期的目的。据史料记载，我国在唐代就开始尝试对牡丹花期的人工控制，但是直到1985年洛阳牡丹研究院才在室内催花方面获得突破，首次使牡丹在春节期间开放。洛阳

图 2-59　年宵牡丹

牡丹研究院 2009 年 4 月 13 日称在牡丹花期控制领域获得突破，可以精确到"天"：通过物理控制、化学控制和种苗控制技术，从室内花期控制发展到了室外田野花期控制，从保证牡丹在春节、国庆节等特定节日期间开放，到目前可以确保在全年中的任何一天开放，实现了"花开花落随人愿"（图 2-59）。

花期控制的各种措施中有起主导作用的，有起辅助作用的，应根据树木种类、品种的不同而加以选择，可同时或先后使用，并注意其他相应措施和环境条件的配合。

1）栽培手段

用摘心、修剪、摘蕾、环刻、嫁接等园艺栽培手段调节植株生长速度，对花期控制有一定的作用。剥去侧芽、侧蕾，有利主芽开花；摘除顶芽、顶蕾，有利侧芽侧蕾生长开花；环割使养分积聚，有利开花。在当年生枝条上开花的花木用修剪法控制花期，如月季夏季修剪可强迫其在高温下进入休眠状态，避免产生质次价廉的花朵；同时通过修剪也可调节其开花时间，令其在中秋、国庆开花上市。合理修剪是月季花期控制的关键，芽的异质性决定了花枝抽生的时间、现蕾的时间以及开花时间，在实际工作中要根据植株综合长势进行。

月季花枝上的芽有两种类型：枝条上部（花下 1～5 叶处），芽是尖的，发出的花枝短，约有 6～9 叶，花枝现蕾时间通常 15～18 天，花朵小；枝条中部（花下 6～9 叶处），芽为圆形，发出的花枝长，约有 13～16 叶，花枝现蕾时间通常 25 天左右，花朵大；枝条基部，芽眼是平的，活性低，发枝慢，易发徒长枝，花枝现蕾时间通常 30 天以上。因此只有了解花芽的习性，才能准确做好花期控制。一般情况下，月季从新芽萌发到开花需要 45 天左右，在实际工作中要具体情况具体分析。如地栽月季要在保证连续开花的情况下，让其在 8 月多开花、开好花，以下方法供参考：6 月 20 日左右，将全部残花和部分已盛开的花枝按 50% 比例修剪，剪到花枝中部成熟部位的圆形芽位置，其开花观赏期约为 8 月 1～15 日；在 6 月 30 日左右将全部残花和全部盛开后花枝按上述方法修剪，其开花观赏期约为 8 月 10 日～25 日；6 月 30 日以后随时修剪残花，使其自然开花。盆栽月季和切花月季计算好用花日期，提前 45 天左右进行全面枝条修剪。在修剪中还要结合

植株长势进行科学肥水管理：当植株修剪后新一代芽不萌发时，用 0.2% 尿素每 5 ～ 6 天叶面喷肥一次，可促进新芽萌发；如新枝现蕾比计划晚，用 0.2% 的磷酸二氢钾每 5 ～ 6 天叶面喷肥一次，花蕾迅速生长。

2）温度调节

对牡丹、杜鹃等花芽在初冬尚未完全分化的花木，可先移入冷库用低温强迫休眠，促进花芽分化完全，然后移入高温处催花即可达到元旦开花的目的；对花芽已经形成仍处在休眠状态的海棠、桃花等，可用提高温度来打破休眠而提早至春节开花。

梅花的自然花期一般在初冬或早春，花芽分化在 8 月基本完成，落叶后在较低的温度下生长膨大，花蕾的开放主要取决于温度，采用冷藏加温法可让盆梅在元旦、春节期间开花：选择粉皮宫粉、粉红朱砂等早花种，深秋落叶后将其移入冷室内自然休眠，提前 15 ～ 20 天移入 5 ～ 10℃ 低温室内接受直射光照射，每天向枝条上喷水 1 ～ 2 次并保持盆土略湿润，提前 10 天将室温提高到 15℃ 左右便可。待梅花含苞待放时移入室温 10℃ 即可延长花期，若此时室温太高则开花后几天即凋谢。

牡丹花芽分化一般从 6 月开始至 9 月底基本结束，重瓣、半重瓣种 9 月以后仍继续分化；催花处理首先要选择'赵粉'、'二乔'、'朱砂垒'、'似粉荷'、'锦袍红'、'洛阳红'等适当的品种，选择 4 ～ 5 年生，芽多饱满而又生长健壮的植株，在花芽分化期进行叶面追肥，选留健壮枝芽；于 7 月 15 日入冷窖在 0 ～ 2℃ 条件下冷藏，促使其提前休眠；半月后出窖放凉爽半阴处并向植株及花盆周围喷水，使植株恢复生长；芽萌动后逐渐增加光照，每隔 7 ～ 10 天施一次稀薄饼肥水或用 0.1% 磷酸二氢钾进行叶面施肥；9 月 25 日后温度保持在 22℃，9 月底即可开花。

对杜鹃等春季开花的花木，可于早春将其移入冷库延长休眠期，根据恢复生长至开花所需天数移出冷库开花，可延至 7 月 1 日、10 月 1 日开花。对月季、茉莉等喜欢温暖气候并有经常开花习性的花木，在外界气温降低而停止开花前给予提供继续生长的温度从而继续开花。

3）光照、水分调节

光照调节包括加光、遮光及光暗颠倒等不同方法：为使长日照花木在自然日照短的秋冬季开花，可在日落后人工加光 3 ～ 4h，辅以适当加温；延迟开花，如对短日照植物一品红等，在傍晚或早晨遮光数小时可提早开花，反之如人工增加光照数小时则可延迟开花。某些植物在其生长期间控制水分可促进花芽分化，如梅花在生长期适当进行水分控制形成的花芽多。某些植物在其花期控制水分能促进坐果，如金橘在花期控水能使植株秋后硕果累累，控水过程，以枝叶萎蔫喷水后 1h 内恢复为临界。

4）生长调节物质应用

赤霉素在花期控制上的效果最为显著，用 500 ～ 1000ppm 浓度涂抹牡丹的休眠芽，几天后芽就萌动；待混合芽展开后点在花蕾上，可加强花蕾生长优势，有利于开花。涂在山茶、茶梅的花蕾上可加速花蕾膨大，在 9 ～ 11 月间开花；用 500ppm 涂含笑花蕾，可使之在 9 ～ 10 月开花且能长出短的花柄。用矮壮素（CCC）浇灌，可使杜鹃提前产生花蕾早开花，可缩短三角梅开花的节间数，提前开花。

4．新品种选育

红花檵木特产于湖南与江西交界罗霄山脉海拔 100～400m 常绿阔叶林地带，由已故著名林学家叶培忠教授于 1938 年春在长沙天心公园发现并命名，其模式标本采集树是 1935 年春从浏阳大围山移植的野生植株，现树高 5m，胸径 20cm，树龄约 150 年。1999 年 10 月，中国特产之乡推荐暨宣传活动组织委员会授予浏阳市"中国红花檵木之乡"称号；湖南省林科院自 20 世纪 90 年代初起，依托湖南品种资源丰富的优势建立了国内第一个红花檵木品种基因库，利用陈俊愉教授"二元分类"理论，根据品种演化关系和园艺分类特征建立了"红花檵木分类系统检索表"，命名了 3 大类，15 个类型，41 个品种：

第一类：嫩叶红，俗称单面红，第三代红花檵木，属早期栽培类型。主要特征：叶片稍大而质厚，嫩叶淡红色，渐转为暗红色，越冬呈墨绿色。花粉红色，年花期 3 次，春花始期 2 月上旬，盛期 3 月中旬至 4 月中旬，全年开花 75～95 天。根据叶片的不同特征有长叶、圆叶、尖叶、细叶共 4 型，根据花的颜色、花瓣形态等特征划分出 9 个品种。该类品种花、叶观赏性较差，在生产中已逐渐被淘汰；但抗高温、耐寒、耐瘠薄能力强，可作为品种选育的原始材料。

第二类：透骨红，第四代红花檵木，是在第一类品种基础上利用无性育种技术选育的变异类型。主要特征：叶较小而尖，新叶紫红色，老叶正面黑绿间紫色，背面粉绿间紫红色，叶面毛被较第一类少，有光泽。花玫瑰红色，花量较少，春花始期 2 月中旬，盛期 3 月下旬至 4 月下旬，全年开花 105～130 天。根据叶片大小、分枝疏密、花期等特征划分出长叶、密枝、疏枝、细叶、斑叶、冬艳、伏地共 7 型，又根据花色、花瓣形态等特征划分出 25 个品种。该类品种花期最长，花色最艳，分枝密，易造型，可用于营造色雕、中小型灌木球。细叶紫红、细叶亮红特别适宜培育微型盆景和嫁接培育大型树桩，冬艳红型是唯一在冬季开花的品种，观赏价值很高。

第三类：双面红，俗称大叶红，第五代红花檵木，是在第二类品种基础上利用无性育种技术选育的变异类型。主要特征：叶最大，新叶紫红色，老叶正面紫黑色，背面紫红色，叶面毛被少，红亮光润，夏季红叶返青期短。花色红艳，花朵较大，花量较前二型略少。年花期 3 次，春花始期 2 月下旬，盛期 4 月上旬至 5 月上旬，全年开花 78～95 天。根据叶片大小和形状、分枝角度等特征划分出大叶、尖叶、伏地、翘叶 4 个型，又根据花色、花瓣形态等特征划分出 7 个品种。该类品种叶片大而红润，观赏价值很高，分枝适中、生长速度较快的'大叶红'、'大叶玫红'、'尖叶红'、'大叶卷瓣红'适宜培育大型色雕和灌木球。

● 楸树（*Catalpa bungei*）

又名金丝楸、梓桐等。紫葳科，梓树属。落叶大乔木，树高达 30m，胸径 60cm（图 2-60）。树皮灰褐色，浅纵裂；小枝灰绿色，无毛。叶三角状卵形，先端渐长尖。花期

4～5月，总状花序伞房状排列，顶生；花冠浅粉紫色，内有紫红色斑点。自花不孕，多花而不实；种子扁平，具长毛。原产我国，分布于东起海滨，西至甘肃，南始云南，北到长城的广大区域内，近年来辽宁、内蒙古、新疆等省区引种试栽良好。适生于年平均气温 10～15℃的环境，较耐寒，喜光。不耐积水，忌地下水位过高，稍耐盐碱。耐烟尘，抗有害气体能力强。

图 2-60　楸树

楸树风姿挺拔，花器素雅，自古就有"木王"之称，广泛栽植于皇宫庭院、胜景名园之中，如北京的故宫、北海、颐和园、大觉寺等游览胜地和名寺古刹可见百年以上的苍劲古树；对二氧化硫、氯气等有毒气体有较强的抗性，用于现代城市绿化的类型分别在叶、花、枝、果、树皮、冠形方面独具风姿：如密毛灰楸、灰楸、三裂楸、光叶楸等，或树形优美、花大色艳，作园林观赏；或叶被密毛、皮糙枝密，有利于隔声、减声、防噪、滞尘。干高冠窄，根系分布深，是理想的农林间作和农田防护树种；根深叶茂，耐寒耐旱，固土防风能力强于桑树、刺槐、柽柳、香椿、白蜡等树种，是荒山造林和铁路、公路、沟坎、河道防护的优良树种。材质优良，用途广泛，是我国珍贵的用材树种之一，居百木之首。叶、树皮、种子均可入药，有收敛止血、祛湿止痛之效；嫩叶可食，花可炒菜或提炼芳香油。明代徽州人鲍山《野菜博录》载：采花炸熟，油盐调食。或晒干、炸食、炒食皆可。北宋代文学家苏轼《格致粗谈》记："桐梓二树，花叶饲猪，立即肥大，且易养。"

● 黄花夹竹桃（*Thevetia peruviana*）

又名酒杯花。夹竹桃科，黄花夹竹桃属。常绿灌木或小乔木，树高 2～5m，有乳汁。树皮棕褐色，皮孔明显；小枝下垂，灰绿色。单叶互生，革质，无柄，条形或条状披针形，边缘稍反卷成筒或槽状。花期 5～8月，聚伞花序顶生，通常 6 花成簇，有总柄；单瓣，淡黄色；花冠漏斗状，裂片 5 枚，左旋叠合为钟状，花冠喉部具 5 枚被毛鳞片；雄蕊 5 枚，着生于花冠喉部。花萼 5 深裂，绿色。果熟期 11～2月，核果扁三角状球形，肉质，熟时浅黄色；种子淡灰色，矩圆形，两面凸起。原产于南美洲、中美洲及印度，现广泛栽植于热带及亚热带地区，我国广东、广西、福建、云南、台湾有栽培。喜高温多湿气候，喜阳，在湿润肥沃的土壤中生长良好，耐干旱性强（图 2-61）。

图 2-61　黄花夹竹桃

黄花夹竹桃枝软下垂、叶绿光亮，花色鲜黄、花期长达半年，是一种美丽的观赏花木，适于园林绿地中栽植，孤植、丛植或植为绿篱均可。乳汁、种子、花、根和茎皮均有毒，可提制药物，有强心作用；性温，味辛，主治解毒消肿。种子坚硬，可作镶嵌物。

● 笑靥花（*Spiraea prunifolia*）

又名李叶绣线菊、小叶米筛草。蔷薇科，绣线菊属。落叶灌木，株高达 3m。茎直立；小枝细长，具棱角，微生短柔毛或近于光滑。小枝外皮暗红色，有时成剥落状。叶互生，椭圆形或卵状椭圆形，叶背光滑或有细短柔毛。花期 4～5 月，3～10 朵成伞形花序，侧生于一年生枝上，无总花梗，基部具少数叶状苞片；花瓣 5，广倒卵形，白色，重瓣；花萼杯状，先端 5 裂。果期 7～8 月，蓇葖果顶端具宿存花柱。原产中国、日本及朝鲜，分布山东、江苏、浙江、江西、湖南、福建、广东、台湾等地，生于山坡及溪谷两旁、山野灌丛中。喜阳光充足，稍耐阴。忌湿涝，较耐旱，对土壤要求不严，可在

图 2-62　笑靥花

瘠薄地生长，土壤肥沃、湿润则生长更旺盛（图 2-62）。

笑靥花的花朵平展而中心微凹，形如笑靥，故名。"蔟蔟琼瑶屑，花神点缀工。似知吟兴动，满面是春风。"（宋·叶茵）晚春白花、繁密似雪，秋叶橙黄、璨然可观，可丛植于池畔、山坡、路旁、崖边作基础种植，或在草坪角隅应用。花后需进行修剪。

● 月季（*Rosa chinensis*）

又名月月红。蔷薇科，蔷薇属。野生蔷薇的栽培种，常绿或落叶灌木。树干较开张，枝直立，常具钩状皮刺；羽状小叶 3～5 枚，广卵至卵状椭圆形，表面有光泽。花期 5～11 月，常数朵簇生，单瓣，粉红色，微香。果熟期 9～11 月，卵形至球形，红色。原产我国湖北、四川、云南、湖南、江苏、广东等省，自 1789 年月月红、香水月季、中国粉、中国黄等四个月季品种经印度传入欧洲，后与欧洲蔷薇杂交选育出数以万计的现代月季花新品种，深受各国人民喜爱，故被誉为"现代月季之母"。喜温暖和阳光充足环境，较耐寒，适应性强（图 2-63、图 2-64）。

月季花姿绰约、色彩艳丽、香味浓郁，自然开花连续不断；宋代诗人徐积《长春花》从大处落笔颂咏、赞美月季："谁言造物无偏处，独遣春光住此中。叶里深藏云外碧，枝头长借日边红。曾陪桃李开时雨，仍伴梧桐落后风。费尽主人歌与酒，不教闲却买花翁。"月季最唯美的用途就是用于园林布置，饱满的花朵，妖娆的花瓣，在阳光下热烈、旖旎，在月光中沉思、闪烁："牡丹殊绝委春风，露菊萧疏怨晚丛。何似此花荣艳足，四时常放浅深红。"（宋·韩琦《东厅月季》）在历代诗人赞美月季花美气香、四时常开的诗海里，

图 2-63　月季　　　　　　　　　　　　　　　　　　图 2-64　杂交月季

颇负盛名的还有南宋诗人杨万里《腊前月季》："只到花无十日红，此花无日不春风。一尖已剥胭脂笔，四破犹包翡翠茸。别有香超桃李外，更同梅斗雪霜中。折来喜作新年看，忘却今晨是隆冬。"从另一侧面反映了月季的丰富人文蕴涵。小月季、月月红、变色月季为月季花的直接变种，模样略有不同，却有着同样的韵味。小月季的颜色更近红玫瑰，重瓣或单瓣，植株矮小多分枝，高一般不超过 25cm，叶小而窄，花也较小。月月红的美在于其紫色或深粉红色的繁复颜色，茎较纤细，常带紫红晕，小叶较薄带紫晕，花为单生，花梗细长而下垂。变色月季顾名思义其美在于颜色的变化，初开时浅黄色，继变橙红、红色，最后略呈暗色；花虽单瓣花，却在不同的时期有不同的气韵，花开后将周边点染得一如天堂霓裳。

● 红花檵木（*Loropetalum chinense* var. *rubrum*）

又名红桎木、红檵花。金缕梅科，檵木属，檵木的变种。常绿小乔木，多分枝，常成灌木状，树皮暗灰或浅灰褐色，多分枝。嫩枝红褐色，密被星状毛。叶革质互生，卵圆形或椭圆形，暗红色，两面均有星状毛。花期 3～4 月，花量盛；国庆前后再次显花，较春花为少；4～8 朵簇生于总状花梗上，呈顶生头状或短穗状花序；花瓣 4 枚，紫红色；花梗短，苞片线形。果熟期 9～10 月，蒴果木质，倒卵圆形；种子长卵形，黑色、光亮。盛产湖南，华东至华南广泛栽培；日本和美国分别在 1983 年、1989 年引种栽培，日本于1992 年选育登录了 2 个品种，美国到 1998 年选育登录了 15 个品种。喜温暖，耐寒冷；喜光，稍耐阴，但阴时叶色容易变绿。适应性强，喜温暖环境，耐寒；喜阳，稍耐半阴。耐旱，耐瘠薄，宜植于肥沃、湿润的微酸性土壤。萌芽力和发枝力强，耐修剪；树态多姿，木质柔韧，耐修剪蟠扎，也是制作树桩盆景的好材料。利用物理、化学诱变及自然变异选择相结合的无性系育种技术选育出大叶红（'DayeHong'）等 10 个新品种，2002 年获湖南省科技进步三等奖，2003 年被国家林业局审定为可在长江流域及以南地区大面积推广的

图 2-65　红花檵木

国家级优良品种（图 2-65）。

　　红花檵木枝繁叶茂、花叶俱美，四季景象变化丰富，不同株系成熟时叶色、花色各不相同，特别是开花时瑰丽奇美，极为夺目，是花、叶俱美的观赏树木，在园林应用中既可用于模纹花坛、规则式造型树，又可孤植、丛植展现其自然美：①叶色常年为红色（即叶色从新叶到成熟叶均为红色）的类型适宜用于园林绿化中的色彩处理，主要是模纹花坛中红色色块、红色线条等的处理，也可孤植、对植、群植或与其他观叶、观花植物配植，突出其红花、红叶的特色，创造视觉焦点。用扦插苗造型培养小型盆景，还可盆栽观赏用于花坛摆放、阳台和居室美化等。用白花檵木桩嫁接并造型培养中型、大型甚至超大型盆景、大型桩景，用于高档园林绿化中，也可作为花坛的焦点来布景。②红花檵木具有萌发力强、耐修剪的特点，在早春、初秋等生长季节进行轻、中度修剪，配合正常水肥管理，约1个月后即可开花且花期集中；这一方法可以促发新枝、新叶，使树姿更美观，延长叶片红色期并可促控花期，尤其适用于参加花卉展览会、交易会，能增强展览效果。叶色随季节变化（即叶色从新叶的肉红色逐渐向成熟叶的深绿色渐变）的类型适宜种于阳光充足处，以充分展示其叶色的变化美，创造季相景观，还可用于与秋色叶树种搭配，形成独特的对比效果。

● 凌霄（*Campsis grandiflora*）

　　又名倒挂金钟。紫葳科，凌霄属。落叶大藤木，茎长达 10m，有攀附强的气生根。茎皮灰褐色，呈细条状纵裂，小枝紫褐色。奇数羽状复叶对生，小叶 7～9 枚，卵形至卵状披针形。花期 5～7 月，呈疏松顶生聚伞圆锥花序；花冠漏斗状，唇形五裂，鲜红色或橘红色，形较大；萼长约花冠管之半，5 深裂几达中部，裂片三角形。果熟期 10 月，蒴果长如豆荚，种子多数、扁平。原产我国长江流域及华北一带，喜温暖湿润及排水良好之处，耐寒性一般。喜阳、也略耐阴，较耐水湿，并有一定的耐盐碱性能力。

　　凌霄生性强健、枝繁叶茂，入夏后朵朵红花缀于绿叶中次第开放，花大色艳，花期甚长，为庭园中攀缘廊架，营造庭荫的良好绿化材料（图 2-66），宋代诗人杨绘赞曰："直绕枝干凌霄去，犹有根源与地平。不道花依他树发，强攀红日斗修明。"扬州瘦西湖小金山景区用其攀缘银杏枯干形成"枯木逢春"的园林景观，令人称奇。如借以气根攀附悬崖石隙、假山墙垣，则柔条纤蔓、碧叶绛花，另喻志存高远，宋代贾昌期赞曰："披云似有凌云志，向日宁无捧日心。珍重青松好依托，直从平地起千寻。"干枝虬曲多姿，翠叶团团如盖，作盆栽桩景亦独有风姿。凌霄花寓意慈母之爱，经常与冬青、樱草组合在一起，结成花束赠送给母亲，表达热爱之情。花和根可入药，味辛酸，性微寒，有祛风凉血、破瘀行经之功。

同属种：美国凌霄（*C. radicans*），小叶 9～11 枚，背面脉间有毛。花期 7～10 月，花冠直径较凌霄小，深橙红色，内有明显的棕红色纵纹；花萼 5 裂，分裂较浅、约至 1/3，裂片向外微卷，无凸起的纵棱（图 2-67）。原产北美，耐寒性较凌霄为强。

图 2-66　凌霄　　　　　　　　　　图 2-67　美国凌霄

● 光叶子花（*Bougainvillea glabra*）

又名三角梅、九重葛。紫茉莉科，叶子花属。常绿攀缘灌木，茎长可达 10m；茎粗壮，有腋生直刺。枝条常拱形下垂，无毛。单叶互生，卵形或卵状椭圆形。花期冬、春间，常3 朵簇生于枝条顶端：各具 1 枚叶状大苞片，小花聚生其中，花梗与苞片的中脉合生；花冠管状，淡绿色，先端 5 齿裂，疏生柔毛。瘦果有 5 棱。叶状苞片有重瓣、单瓣之分，色系有紫、红、粉白、橙、黄、白和杂色等，椭圆形，纸质。原产巴西、智利、阿根廷一带，现已在我国亚热带地区广为种植。喜温暖湿润环境，适生温度 15～30℃，气温 35℃以上仍能正常生长。喜光，不耐阴；光照不足，枝叶细弱暗淡则开花少，甚至无花。忌水涝，要求富有腐殖质的肥沃土壤。直根性，主根发达，须根少，不耐移植。具有一定的抗二氧化硫功能（图 2-68）。

光叶子花古称"九重葛"，亦称"南美紫茉莉"，广州称之为"勒杜鹃"，香港则译成"宝巾花"；由于在新枝顶端通常是三朵簇生，苞片丽紫妖红形似三角形，故又名"三角梅"，是深圳市花。花形奇特，花期长久，苞片色彩丰富，艳丽悦目，"独傲红颜长不逝，春风来去总怀情"。短日照植物，于 10℃温室越冬，花期 3～7 月；欲使国庆节开花，可提前60 天进行短日照处理（8h/d）。华南及西南暖地多用于棚架或栽植攀缘山石、墙垣、廊柱，老株可用来制作树桩盆景；萌发力强，极耐修剪，常将其编织后用于花架、花柱、绿廊、拱门和墙面的装饰或修剪成多种观赏形状；如将多个品种嫁接为一体可形成五彩缤纷的一树多花现象，极富观赏性。长江流域及其以北地区多盆栽观赏，制作小型盆景等置于阳台、几案，十分雅致。

图 2-68　光叶子花

同属种：叶子花（*B. spectabilis*），枝、叶密生柔毛，苞片鲜红色。栽培种类相当多，常见的有白苞重瓣三角梅、皱叶深红三角梅、橙红色三角梅、鸳鸯三角梅、红苞三角梅、紫红重瓣三角梅、艳紫斑叶三角梅、茄色三角梅、双色三角梅、情景三角梅等。

● 铁线莲（*Clematis florida*）

毛茛科，铁线莲属。常绿或落叶木质藤本。二回三出复叶对生，小叶狭卵形至披针形。花期 6～9 月，单生于叶腋或成圆锥状花序，花开展，具长花梗；萼片 6 枚，倒卵形至匙形，花瓣状，原种白色，栽培品种有黄、紫红、蓝紫等种类；雄蕊多数，花丝宽线形，紫红色。原产我国，广东、广西、江西、湖南等省有分布。适应性强，抗寒耐旱，喜土层深厚、肥沃而排水良好的土壤；不耐阴，需给予良好的棚架。越冬前需进行修剪，除去过密或瘦弱的枝条，以利于更新复壮。

铁线莲全属约 300 种，广布于北半球温带；我国约有 108 种，各省均有分布，以西南地区较多。近百年来欧美及日本培育出许多园艺品种，花径最大可达 30cm，而且开花极其繁茂，花期可从初夏至仲秋。花色炫丽丰富：有像天空色的蓝花铁线莲，有花瓣白色边缘染淡淡紫晕的雪皇后，还有含羞的淡粉紫色铁线莲（阳光强烈处花瓣上可爱的紫红色条红会消失，淡粉红的花会褪成米色）（图 2-69）。因其出众的观赏效果及特殊的垂直绿化特点，而成为世界著名的观赏植物，享有"藤本皇后"之美誉，是垂直绿化的重要材料，可使不易装点的墙面、栅栏、棚架、露台、门廊美不胜收，亦可作切花。

同属种：①大花铁线莲（*C. patens*），又名转子莲，株高 6m。羽状复叶对生，下部叶具两对广展的小叶，上部叶 3 出或单叶；叶片卵形，叶缘锯齿状，叶背有毛，叶柄处具密集短柔毛。花期 4～6 月，花单生枝顶或排列成圆锥花序，雄蕊多数，花梗有绒毛，萼片

图 2-69　铁线莲

6 ～ 8 枚，平展、长尖而不互叠；花色丰富，主要有玫瑰红、粉红、紫色和白色等。花期长，花色多变，已经成为全国各地广泛使用的绿化植物之一。大花铁线莲为多年生木质藤本植物，是优良的垂直绿化材料。产我国华北、东北及朝鲜、日本。性喜光照，但其茎部及根部喜荫蔽，喜肥沃、排水良好的微碱性壤土，一般可耐 -20℃ 的低温。高温多雨季节应防涝，并注意遮阴。栽培时为增加着花数量，对当年生的垂直生长的新蔓应斜向或浅横向诱引。②红花铁线莲（*C. tenensis*），花冠呈筒状，桃红色。③黄花铁线莲（*C. intricata*），又名萝萝蔓。聚散花序腋生，通常具花 2 ～ 3 朵，黄色花萼 4 枚。④东方铁线莲（*C. orientalis*），草质藤本。茎纤细，有棱。叶对生，小叶有柄；一至二回羽状复叶，2 ～ 3 全裂或深裂、浅裂至不分裂，中间裂片较大、卵状披针形或线状披针形，两侧裂片较小。花期 6 ～ 7 月，圆锥状聚伞花序或单聚伞花序，多花或少至 3 朵；萼片 4 枚，黄色、淡黄色或外面带紫红色，披针形或长椭圆形；苞片叶状，全缘。蒴果扁卵形至倒卵形，宿存花柱被长柔毛，白色。分布于我国新疆，俄罗斯也有；天山北坡海拔 1000 ～ 1600m 的低山丘陵、干旱山谷的渠边常可见到，有时也生于农区的渠边或灌丛中。喜沙质土壤，根系发达，吸水能力强，抗旱能力强，其生活力旺盛。在新疆，4 月下旬返青，8 月开花，10 月中旬枯黄，生长期 180 多天。

三、四季有序，落英次第

植物的季相变化成为园林景观中最为直观和动人的景色，只要用心去体会自然的细微变化，体验诗情画意，感受时间的流淌和生命的真实，就会为自然界如此神奇和绝妙的变化所震撼和触动，正如人们经常看到的海棠花雨、丁香瓣雪、紫藤穗风、紫薇百日红等，无不叫人流连忘怀；植物的季相景观在被赋予人格化后更易为人们所认同，因此对植物季相特色的理解更大程度上是一种文化的沉淀，季相景观在大量的诗词作品中被永久地记录下来，是几千年来历代文人骚客对自然对生活最为细致入微的观察和升华。现代城市园林景观是人们感受最为直接的景致，也是唯一能使人们感受到生命变化的风景，其景观的丰富度会对人们的生活和精神产生深远的影响；强烈的植物季相变化可以形成一个国家或一个城市的标志性特征，抽象出民族或居民的性格追求，带动城市的旅游品位；樱花在日本象征着热烈、纯洁、高尚，严冬过后最先带来春天的气息；3月15日至4月15日被日本政府定为"樱花节"，置身在一片粉红花海之中顿感乐趣无穷，赏花树下真有使人飘飘若仙的感觉。

植物的季相变化是对气候的一种特殊反应，是生物适应环境的一种表现，如大多数的植物会在春季开花、秋季结实。我国四季的划分，古代以立春、立夏、立秋、立冬为四季的开始，天文学以春分、夏至、秋分、冬至为四季的开始。

春季：立春、雨水、惊蛰、春分、清明、谷雨。

夏季：立夏、小满、芒种、夏至、小暑、大暑。

秋季：立秋、处暑、白露、秋分、寒露、霜降。

冬季：立冬、小雪、大雪、冬至、小寒、大寒。

我们常说的气候，气指的是一年二十四节气，候是气中的日程。一气是十五天，每一气中含有三候，一候五天。二十四番花信，与节令对应，指从小寒到谷雨这四个月（即11月下旬至4月中旬）共有八气二十四候；每一候中都有一种花作为风信对应，昭示节令的推移与变化：11月下旬到12月上旬为小寒降临之日，小寒三候，一候梅花，二候山茶，三候水仙；大寒第一候是瑞香，第二候是兰花，第三候是山矾；立春第一候是迎春，第二候是樱桃，第三候是望春；雨水第一候是菜花，第二候是杏花，第三候是李花；惊蛰第一候是桃花，第二候是棣棠，第三候是蔷薇；春分第一候是海棠，第二候是梨花，第三候是木兰；清明第一候是桐花，第二候是麦花，第三候是柳花；最后一个节气是谷雨，第一候是牡丹，第二候是酴醾，第三候是楝花。

气候学上常以候平均气温为划分四季的标准：22℃以上为夏，低于10℃为冬，

10～20℃之间为春、秋。现在一般以3～5月为春季，6～8月为夏季，9～11月为秋季，12～2月为冬季。植物的季相景观受地方季节变化的制约，各地气候不同，故四季长短不一：如北方一年四季季节变化明显、植物的季相变化也突出，尤其是北方的春天来得迟，春季非常短暂，百花争艳，爆发似的花季，半个月之后便是浓密的绿荫了，更显出春的珍贵。而在我国南方，如广东、广西、福建和海南一带就难以感受到四季的变化，植物的季相变化也就不是十分明显了。

（一）春华烂漫，色满园（3～5月）

春季，北半球为公历3～5月。春天气候多变，乍暖还寒，由冬转春，天气渐暖，温度上升较快：2月份平均0℃等温线已由淮河推过黄河，3月份到达内蒙古南部，4月份除大兴安岭北段、阿尔泰山、天山西部及青藏高原等山地地区外，其他地区都回升到0℃以上。东北和准噶尔盆地0～6℃，黄、淮流域和塔里木盆地达12～16℃，长江以南达16～26℃。春季降水很少，除江南地区产生一个范围相当广阔的春雨区外，其他地区仍是干旱少雨。

春，是美好的季节，给万物带来生机和活力；春，是芳菲的季节，给大地带来清新和自然；春，是温暖的季节，给我们带来生命和希望："春眠不觉晓，处处闻啼鸟。夜来风雨声，花落知多少"（宋·孟浩然《春晓》）。亲近春天，感受大自然的无限生机是赏心悦目的快事："应怜屐齿印苍苔，小扣柴扉久不开。满园春色关不住，一枝红杏出墙来"（宋·叶绍翁《游园不值》）。

春天是一幅风和日丽、花香怡人的旖旎画卷："红霞烂泼猩猩血，阿母瑶池晒仙缬。晚日春风夺眼明，蜀机锦彩浑疑缬。公子亭台香触人，百花慑罹无精神。芏罗西子见应妒，风光占断年年新"（宋·王毂）。从第一枝梅花绽放到第一片樱花吐雪，乍暖还寒的初春阳光和煦、黄莺轻啼，绮户之外红肥绿瘦、魏紫姚黄，人们早已期盼花季的到来："迟迟春日弄轻柔，花径暗香流。"

杭州，冷雪过后梅更香：灵峰是西湖边最大的赏梅胜地，清朝时就有"灵峰探梅"的雅称，如今栽种有数十个品种，5000余株，尤以红梅著称，一到时令山下几成一片香海（图3-1）；孤山的早梅在冬至前绽放，晚梅则可以持续到清明前后，观花期将近三个月之久；离杭州30km的超山，因"十里梅花香雪海"被列为江南三大探梅胜地之一，现存唐、宋古梅各一株，尤为奇特的是天下梅花均5瓣，唯独超山梅花6瓣。

无锡，鼋头渚落樱烂漫：占地百亩的鼋头渚樱花林有"华东第一赏樱谷"之美称，共培植了20余种晚株樱花，松月樱、观山樱、大岛樱、一叶樱、垂直樱、御衣黄樱、染井吉野等，红粉白绿、色彩缤纷。最为知名的"长春花漪"植樱已有70多年的历史，灿若云霞的樱花在青山绿水的掩映下分外妖娆（图3-2）。

枝江，梨花带雨春来早：湖北枝江市百里洲有"万里长江第一洲"之称，以盛产沙梨闻名。春光三月，"忽如一夜春风来，千树万树梨花开。"岛上百万株梨树竞相吐蕊，玉树琼花皑皑如雪（图3-3）；农家小屋坐落其中，枝头星星点点、清幽脱俗，眼中浓抹清描、圣洁纯粹、炊烟缭绕、心境平和。晨雾中的梨花带雨，春雨后的碎玉散珠，不定还能引起多少诗意，多少万千感悟。

黔西，百里杜鹃当信物：贵州省大方、黔西两县交界处，举世罕见的原始杜鹃花林延绵 50km，总面积超过 130km²，有赤如丹砂的马缨杜鹃，洁白如雪的白花杜鹃，万山红遍的映山红以及高耸挺拔的大树杜鹃等数十种；春夏之交的 4～5 月，红、白、黄、紫竞相怒放，满眼色的辉煌，如火如荼、灿若云霞，一片花的海洋（图 3-4）。此时正值彝、苗少数民族的插花节、跳花节相继举行，少男少女把杜鹃作为定情的信物：盛装花树相辉映，人面杜鹃别样红。

图 3-1　灵峰探梅

图 3-2　长春漪樱

图 3-3　枝江梨花

图 3-4　黔西杜鹃

● **紫玉兰**（*Magnolia liliflora*）

又名望春花、木笔、辛夷。木兰科，木兰属。落叶大灌木，树高 3～4m，干皮灰白色，常丛生。小枝紫褐色，具纵阔椭圆形皮孔，浅白棕色；顶生冬芽卵形被淡灰褐色绢毛，腋芽小。叶互生，具短柄；椭圆形或倒卵状椭圆形，背面沿脉有柔毛。花期 3～4 月，单生小枝顶端，于叶前开放或近同时开放；花冠 6 裂，裂片倒卵形，外面紫红色，内面白色，有香气；花萼 3 枚，卵状披针形、绿色，通常早脱（图 3-5）。果熟期 6～7 月，长椭圆形，有时稍弯曲。生长于较温暖地区。
原分布湖北、安徽、浙江、福建一带，山东、
四川、江西、湖北、云南、陕西南部、河南
等地广泛栽培。喜温暖湿润气候，又具有
一定的耐寒性，能在 –10℃左右安全越冬；
北方栽培需选背风向阳处，幼苗越冬须加
防护。喜光，稍耐阴，幼树应注意修剪使
之通风透光，但成龄后即可自然成型。肉
质根不耐积水，适宜于在排水良好的酸性
或中性沙壤土中栽培，忌碱性土壤。喜肥，
嫁接用野生木兰或白玉兰作砧木。

图 3-5　紫玉兰

　　紫玉兰花蕾紧凑，鳞毛整齐，花初出枝头时苞长半寸而尖锐俨如笔头，因而俗称木笔；
及开则花大如莲，香气若兰，浑似粉妆玉琢、优雅飘逸，紫苞红焰、秀丽高雅，是一种极
为优良的早春观花树种。"木末芙蓉花，山中发红萼。涧户寂无人，纷纷开且落。"盛唐诗
人王维的《辛夷坞》既是写辛夷这一奇美之花在寂静的山谷自开自落、孤芳自赏的闲适和
平和，同时也是诗人所向往的生活方式和理想归宿。宋初文学家徐铉亦赞之："今岁游山
已恨迟，山中仍喜见辛夷。簪缨且免全为累，桃李犹堪别作期。"河南省鲁山县鸡冢乡花
园沟村有一株被称为"辛夷王"的古树，据省林业厅专家测算树龄当在千年以上：树高
20 余米，胸围 3.3m，树冠约 150m^2，一般年景每年可产 200 多公斤的辛夷，能卖 3000 元
左右。花园沟现有辛夷 20 多万株，其中树龄在 300 年以上的有 30 多株；初春季节，漫山
遍野都是辛夷花，花开香满沟，醉倒游览人。树皮（木兰皮）、花（木兰花）有散风寒的
功效，又是一种名贵的香料和化工原料，产于河南及湖北者质量最佳。根含木兰花碱，用
于治鼻炎，降血压。

　　同属种：①武当玉兰（*M. sprengeri*），枝梗粗壮，皮孔红棕色。苞片外表面密被淡黄
色茸毛，花被片 10～15 枚，内外轮颜色无显著差异。②夜香木兰（*M. coco*），常绿灌木
或小乔木。

● 红花木莲（*Manglietia insignis*）

　　木兰科，木莲属。常绿乔木，树高达 30m，树皮平滑、灰色；小枝灰褐色，有明显的
托叶环状纹和皮孔，幼枝被锈色或黄褐色柔毛，后变无毛。叶革质，倒披针形或长圆状椭
圆形，叶背面苍绿色，中脉具柔毛，托叶痕为叶柄长的 1/3～1/4。花期 5～6 月，单生枝顶，
有清香。花被片 9～12 枚：外轮 3 枚倒卵状长圆形，黄绿色，腹面带红色；中内轮淡红
或黄白色，倒卵状匙形（图 3-6）。果熟期 8～9 月，聚合果卵状长圆形，成熟时深紫红色；
种子有肉质红色外种皮，果熟后蓇葖沿背缝开裂，种子悬挂于白色丝状珠柄上，招引鸟类
啄食。分布区属中亚热带，向南可伸至南亚热带和北热带，大多零星混杂在常绿阔叶林或
常绿落叶阔叶混交林中，在云南常与鹿角栲（*Castanopsis lamontii*）、亮叶含笑（*M.fulgens*）、

图 3-6　红花木莲

木莲（*M. fordiana*）、木瓜红（*Rhododendron macrocarpum*）、瑞丽山龙眼（*Helicia shweliensis*）等混生成林；气候温凉湿润，雨量充沛，日照较少，云雾多，湿度大；年平均温度约 13℃，年降水量 1500mm 以上；黄壤或黄棕壤，pH4.5 ～ 6.0；适应性强，能耐 -16℃ 低温。

红花木莲为木莲属稀有种，国家二级保护植物，树形优美，叶色浓绿，花色艳丽芳香。花有两大特色：一是含苞待放时，颜色最为艳丽美观；二是花色随气温而变，气温越低颜色越红，气温升高颜色则淡。深红色果实悬挂枝头，是秋天一大景观。

同属种：木莲（*M. fordiana*），常绿乔木，树高达 20m。树皮呈灰色，极为平滑；叶厚革质，背面苍绿色或有白粉。花白色，果实熟透时呈深红色。分布于长江中下游地区，为亚热带常绿阔叶林中常见的树种。喜欢温暖湿润的气候和深厚肥沃的酸性土，不耐酷暑，在干旱炎热之地生长不良；有一定的耐寒性，在 -6.8 ～ -7.6℃ 绝对低温下顶部略有枯萎。幼年时耐阴，长成后喜光。主根发达但侧根少，初期生长比较缓慢，3 年后生长较快。木莲树干通直高大，枝叶浓密，树姿优美，花大芳香，果实鲜红，是优良花、果园林树种。木质优良，是建筑、家具的优选用材。树皮和果可以入药，能医治便秘和干咳。

- **海棠（*Malus spectabilis*）**

又名解语花。蔷薇科，苹果属。落叶小乔木，树高可达 8m。枝冠广卵形，树皮光滑，小枝红褐色，老枝赤褐色。叶互生，椭圆形至长椭圆形，缘紧贴细锯齿，背面有短条毛，叶柄细长。花期 4 ～ 5 月，伞形总状花序 4 ～ 6 朵簇生，蕾期甚为红艳，开放后呈淡粉红色，单瓣或重瓣，花瓣 5 枚，椭圆形或倒卵形，基部具短爪（图 3-7）。果熟期 8 ～ 9 月，近球形，基部不凹陷，黄色，果味苦。原产我国，华北、华东尤为习见。喜光，不耐阴，耐寒。耐干旱，忌水湿，在北方干燥地带生长良好；对盐碱土有一定适应能力，也适于沙滩地栽培。

常见栽培变种：①重瓣粉海棠（var. *riversii*）：叶较宽而大；花重瓣，较大，粉红色，为北京庭院常见的观赏佳品。②重瓣白海棠（var *schelle*）：花白色，重瓣，为盆景树中之佳品。

海棠花开似锦，芳香袭人，入秋后金

图 3-7　海棠

果满树，灿若珠玑，自古以来是雅俗共赏的名花佳果，素有"国艳"之誉，一代大文豪苏东坡也为之倾倒："东风袅袅泛崇光，香雾空蒙月转廊。只恐夜深花睡去，故烧高烛照红妆。"因此雅号"解语花"。宋代诗人刘子翚："幽姿淑态弄春晴，梅借风流柳借轻。几经夜雨香犹在，染尽胭脂画不成。"形容海棠集梅、柳优点于一身，雨后清香犹存，花艳难以描绘，似娴静的淑女而妩媚动人，难怪唐明皇妙喻酒醉朦胧之中的杨贵妃："岂妃子醉，直海棠春睡耳。"海棠类植物在全世界共有 35 种，分布于北温带；我国有 25 种，除华南地区外均有分布。明代《群芳谱》载："海棠有四品[1]，皆木本。"尤适于庭院栽种，多植于门庭、点缀亭廊、丛林边缘、水滨池畔等，也是制作盆景的材料；有的海棠果实可供食用、药用，花含蜜汁是很好的蜜源植物，切枝可供瓶插及其他装饰之用。对二氧化硫有较强的抗性，适用于城市街道绿地和矿区绿化。嫁接繁殖，砧木一般为海棠果或山荆子。

同属种：①西府海棠（*M. micromalus*），又名小果海棠，山荆子（*M. baccata*）与海棠的杂交种。落叶灌木或小乔木，树高可达 7m，无枝刺；树皮片状脱落后痕迹显著，老皮平滑，具稀疏皮孔。小枝紫红色，幼时被淡黄色绒毛。叶片长椭圆形，叶质硬，表面有光泽；叶柄细长，被黄白色绒毛；托叶膜质，椭圆状披针形。花期 4～5月，伞形总状花序，有花 4～7 朵簇生于短枝端，花梗细长；花重瓣，倒卵形，淡红色，有芳香（图 3-8）。果熟期 8～9月，梨果球形，具长果梗，红色，萼洼、梗洼均下陷，味甜酸。原产我国北部，各地有栽培。喜光，也耐半阴。适应性强，耐寒、耐旱；对土壤要求不严，一般在排水良好之地均能栽培，但忌低洼、盐碱地。萌芽力强，可以整枝。西府海棠树姿峭立，花色艳丽，未开时花蕾红艳似胭脂点点，开后则渐变粉红有如晓天明霞，是

图 3-8　西府海棠

同属中既香且艳的上品。花红，果美，不论孤植、列植、丛植均极美观，最宜植于水滨及小庭一隅；以浓绿针叶树为背景则其色彩尤觉夺目，若列植为花篱蔚为壮观。郭稹海棠诗中"朱栏明媚照黄塘，芳树交加枕短墙"，就是最生动形象的写照，北京故宫御花园、颐和园和天坛等皇家园林中多植之。果实称为海棠果，酸甜可口，味形皆似山楂，可鲜食或制作蜜饯；栽培品种很多，果实形状、大小、颜色和成熟期均有差别，有热花红、冷花红、铁花红、紫海棠、红海棠、老海红、八棱海棠等名称；嫁接通常采用野海棠或山荆子作砧木，根插宜在 2～3 月进行，分株和压条容易成活。②垂丝海棠（*M. halliana*），落叶乔木，树高可达 8m。树冠疏散，树皮灰褐色且光滑；幼枝紫褐色，有疏生短柔毛。叶互生，卵形

---

1 指西府海棠、垂丝海棠、木瓜海棠、贴梗海棠。

或椭圆形，叶柄及中脉常带紫红色。花期 3 ~ 4 月，伞形总状花序着花 4 ~ 7 朵，多为半重瓣，花梗细长且下垂，未开时红色，开后渐变为粉红色。果熟期 9 ~ 10 月，梨果倒卵形，黄绿色，稍带紫。产我国华东、西南地区，尤以四川最多，现全国南北各地均有栽培。耐寒性不强。栽培变种有重瓣垂丝海棠（var. *parkmanii*）和白花垂丝海棠（var. *spontanaea*）。垂丝海棠树姿婆娑，花梗细长，花蕾嫣红，向上生长，开放时则下垂，花好似抹上一层粉脂，宜植于小径两旁或孤植、丛植于草坪上，最宜植于水边，犹如佳人照碧池；另外还可制桩景。果实红黄相间，玲珑可爱，主要用于观赏，也可食用。

● 榆叶梅（*Prunus triloba*）

又名鸾枝、小桃红。蔷薇科，李属。落叶灌木或小乔木，株高约 2m，主干红褐色，树皮剥裂。小枝细，无毛或幼时稍有柔毛。单叶互生，椭圆形至倒卵形。花期 3 ~ 4 月，花单生叶腋或 2 朵并生，花梗短；初开多为深红，渐渐变为粉红色，最后变为粉白色（图 3-9）。果熟期 5 ~ 6 月，球形，红色。原产我国，主要分布在黑龙江、吉林、辽宁、内蒙古、河北、秦岭南北以及甘肃、西藏东南部，山东、江西、江苏和浙江等也有少量分布。耐寒，在 -35℃ 的条件下能安全越冬。喜光，稍耐阴；耐旱力强，不耐水涝。对土壤要求不严，以中性至微碱性而肥沃土壤为佳；有较强的抗盐碱能力，抗病力较强。栽培品种极为丰富，嫁接多用 1 ~ 2 年生的山杏、山桃或榆叶梅实生苗作砧木。

图 3-9　榆叶梅

榆叶梅叶似榆，花如梅，春光明媚，秀色无限，北方园林中大量应用："长恨北地无梅花，老榆遭枝绽年华。敢向天下首艳美，冰雪塞外春色夸。"又花团锦簇，欣欣向荣："南媛北嫁契由衷，喜煞田家榆树公。美艳村居足众愿，随人指点小桃红。"宜植于公园绿地或庭园中的墙角、池畔等，植于常绿树前或配植于山石处亦能产生良好的观赏效果；若与连翘搭配种植，盛花时红黄相映更显春意盎然。

● 紫叶李（*Prunus cerasifera* f. *atropurpurea*）

又名红叶李。蔷薇科，李属，樱桃李的栽培种。落叶小乔木，树高达 8m。多年生主干深黑色，小枝光滑，红褐色。单叶互生，卵形，两面均为紫红色。花期 3 ~ 4 月，常单生或 2 ~ 3 朵簇生，浅粉白色花或浅粉红色，先叶开放（图 3-10）。果熟期 6 ~ 7 月，果实近球形，黄绿色有紫色晕。原产亚洲西南部，我国华北及其以南地区广为种植。喜温暖、湿润的环境，耐寒性较强。喜阳，在荫蔽条件下叶色不鲜艳。对土壤适应性强，有一定的耐湿性，喜肥沃、湿润的中性或偏酸性沙砾土，黏质土亦能生长。根系较浅，萌生力较强。

一般采用嫁接繁殖，用桃、李、梅、山桃作砧木。

紫叶李早春浅粉白（或红）色小花缀满枝头，叶常年紫红，宜栽植在草坪角隅、广场等处，丛植观赏效果佳，列植可用于分车道绿岛，滞尘、吸污能力强。

杂交种：紫叶矮樱（*Pcerasifera* f.*atropurpurea*×*P. cistena* 'Pissardii'），紫叶李和矮樱的杂交种。20世纪90年代从美国引进，南、北方栽培试验都表现良好。落叶灌木或小乔木，株高2m左右。枝条幼时紫褐色，当年生枝条木质部红色，老枝有皮孔。单叶互生，紫红色或深紫红色，长卵形或卵状椭圆形。花期4～5月，花单生，淡粉红色或白色，微香（图3-11）。喜温暖湿润气候，耐寒能力较强，在辽宁、吉林南部小气候好的建筑物朝南处均可露地越冬。喜光，在半阴条件下叶色仍能保持紫红。土壤适应性强，在排水良好的沙土、砂壤土或轻质黏土上生长良好。萌蘖力强，耐强修剪，为制作绿篱、色带、色球等的上选之材。嫁接砧木一般采用山杏、山桃，以杏砧最好，有较强的抗病虫能力。紫叶矮樱冠形紧凑，叶色红艳，花量繁茂、亮丽别致，是近年来推广使用的优良观花色叶树种，在美国常用作街道、公园、庭院景观树种栽植。叶色艳丽，株形优美，孤植、丛植的观赏效果都很理想，尤以片植景观效果显著，在园林造景中用作高位色带效果最佳。盆栽应用，可制成中型和微型盆景。

西府海棠和垂丝海棠的主要区别：①西府海棠的花梗短，多为绿色；垂丝海棠花梗相对较长，呈紫红色。②西府海棠的花多朝上直立盛开，垂丝海棠花则朝下垂挂。③西府海棠花苞颜色初如唇红鲜艳，花开后则颜色渐淡；垂丝海棠花开后相对颜色更红。

图 3-10　紫叶李

图 3-11　紫叶矮樱

● **紫荆**（*Cercis chinensis*）

又名满条红、紫株。云实科，紫荆属。落叶灌木或小乔木，树干直立丛生，株高3～5m，老树皮有纵裂。单叶互生，近圆形，顶端急尖。花期4月，叶前开放，4～10朵簇生于老枝或成总状花序；花冠玫瑰红色，两侧对称，上面3枚花瓣较小；花萼阔钟状，5齿裂（图3-12）。果熟期10月，荚果条形、扁平。原产我国，湖北西部、辽宁南部、河北、陕西、河南、甘肃、广东、云南、四川等省都有分布。喜暖热湿润气候，有一定的耐寒性。喜光，

图 3-12　紫荆

喜肥沃、排水良好的土壤，不耐淹。萌蘖性强，耐修剪。

紫荆树干挺直丛生，花形似蝶，早春盛开时成团簇状紧贴枝干，不仅枝条上能着花，而且老干上也能开花，给人以繁花似锦的感觉；夏秋季节则绿叶婆娑，满目苍翠，光影相互掩映，颇为动人；冬季落叶后则枝干筋骨毕露，苍劲之感跃然眼前，是观花、叶、干俱佳的园林花木，适合栽种于庭院、公园、广场、草坪、街头游园、道路绿化带等处，宜与常绿树种配植为前景或植于白粉墙之前或岩石旁等浅色物体前面。早春时节，紫荆闻春而绽，艳丽的花朵密密层层地缀满了整个枝条，满树嫣红；玫瑰色的花形如一群翩飞的蝴蝶，那风中摇曳的心形绿叶如同跳动的心脏。紫荆春愁，感慨万千，那一簇簇紧紧相拥的花朵饱含满腔深情，成为遥远故园亲情的代表植物，牵动着诗人们思念的心弦："杂英纷已积，含芳独暮春；还如故园树，忽忆故园人。"（宋·韦应物）落英缤纷，那一地的紫色花瓣让游子心头再次涌上思归、怀念故里的感情："风吹紫荆树，色与春庭暮。花落辞故枝，风回返无处。骨肉恩书重，漂泊难相遇。犹有泪成河，经天复东注。"（唐·杜甫）

● 连翘（*Forsythia suspensa*）

又名一串金、连壳、落翘等。木樨科，连翘属。落叶灌木，株高 1～2m。枝条基部丛生，拱形下垂，棕色、棕褐色或淡黄褐色；小枝梢四棱形、土褐色，节间中空，节部具实心髓。单叶对生卵形或椭圆状卵形；叶表面呈深绿色、背面呈淡黄绿色；或羽状三出复叶，顶端小叶较大，其余两小叶较小。花期 3 月，先叶开放；常 4 朵着生于叶腋，金黄色，花冠筒内有橘红色条纹；花萼 4 裂，裂片与花冠管近等长，边缘具睫毛（图 3-13）。果卵圆形，先端有短喙；10 月成熟，表面黄棕色或红棕色，自尖端开裂。种子多数，黄绿色或棕色，细长，一侧有翅，气味微香、苦。全世界有 11 种，大多源自我国，有些源自朝鲜和日本，源自于欧洲南部的只有 1 种。一般散生和丛状分布于海拔 250～2200m 天然

图 3-13　连翘

次生林区的林间空地、林缘荒地以及山间荒坡上，在海拔 900～1300m 可形成自然群落，900m 以下或 1300m 以上易形成混生群落。山西、陕西、河南、山东、河北、安徽西部、湖北、四川等地均有栽培，以山西、陕西、河南产量最多。喜温暖湿润环境，适宜生长温度为 20～25℃；耐寒力强，经过实生苗低温锻炼及驯化的可耐受 -30℃的低温，完全能够在高寒地区安全越冬并开花结果。喜阳光充足，耐旱，怕水渍。对土壤要求不严，可在棕壤土、褐土、潮土中生长，不耐盐碱；适生范围广，在干旱阳坡或有土的石缝可生长，甚至在基岩或紫色沙页岩的风化母质上都能繁殖生长。

连翘早春先叶开花，满枝金黄，艳丽可爱，适宜于宅旁、亭阶、墙隅、篱下与路边配置；枝条更替快，萌生枝长出新枝后逐渐向外侧弯斜，也宜于溪边、池畔、岩石、假山下栽种；萌发力强，耐修剪，丛高和枝展幅度基本维持在一个水平上，可作花篱或护堤栽植。花期长，是很好的蜜源植物；花色长久不褪，是一种资源丰富的食用色素源；籽油营养丰富，油味芳香，对促进山区经济发展具有重要现实意义。枝条的连年生长不强，萌生枝以及萌生枝上发出的短枝随树龄的增加均逐年减少，并且由斜向生长转为水平生长；主根不明显，侧根较粗长，广泛伸展于主根周围，有较强的吸收和固土能力，是国家推荐的退耕还林优良生态树种和黄土高原防治水土流失的最佳经济植物。茎、叶、根、果实均可入药，有抗菌、强心、利尿、镇吐等药理作用，为双黄连口服液、清热解毒口服液、银翘解毒冲剂等中药制剂的主要原料；叶具有清除自由基和抗氧化作用，可作为纯天然的预防和治疗由活性氧引起的各种疾病（如衰老心脑血管、高血脂、老年性痴呆症等）药物及新型天然食品抗氧化剂。

连翘和迎春在我国北方广泛栽培，两者虽有很多相似之处，但区别也很明显：①迎春小枝四棱状，绿色，细长呈拱形生长；而连翘小枝圆形、浅褐色，茎内中空，常下垂。②迎春花冠顶端 6 裂或成复瓣，连翘花冠 6 裂。③连翘植株较高，叶片要比迎春花大。

同属种：金钟花（F. viridissima），又名细叶连翘、黄金条、迎春条。株高 1～2m，枝条直立；小枝近四棱形，微弯拱，淡紫绿色，髓呈薄片状。花期 3～4 月，1～3 朵腋生，花冠 4 裂，狭长圆形，反卷；花萼裂片卵形，长为花冠筒的一半（图 3-14）。果熟期 7～8 月，蒴果卵圆形，顶端喙状。

图 3-14　金钟花

江苏、福建、湖北、四川等地有分布，多生长在海拔 500～1000m 处。耐热、耐寒，在温暖湿润的背风面阳处生长良好，在黄河以南地区夏季不需遮阴，冬季无需入室。喜光照，又耐半阴。耐旱，耐湿，对土壤要求不严，于冬春开沟施 1 次有机肥即可，以促进花芽膨大与开花。

● 棣棠（*Kerria japonica*）

又名黄棣棠、棣棠花。蔷薇科，棣棠花属，仅 1 种。落叶丛生灌木，株高 1.5m，小枝绿色，有纵棱。单叶互生，卵形或卵状披针形，边缘具重锯齿，有托叶。花期 3 ～ 4 月，单生于侧枝顶端，花瓣 5 枚，金黄色；萼片卵状三角形或椭圆形，花柱与雄蕊等长（图 3-15）。果熟期 8 月，瘦果扁球形，褐黑色。原产我国河南、陕西、甘肃、湖南、四川、云南等省，日本也有分布。喜温暖湿润和半阴环境，耐寒性较差，对土壤要求不严，以肥沃、疏松的沙壤土生长最好。根蘖萌发力强，能自然更新植株；可春季硬枝扦插，梅雨季嫩枝扦插。栽培品种有：重瓣棣棠（'Pleniflora'），别名蜂棠花，花瓣重重长得像个小球，在古代被认为是最有观赏价值的品种之一，不结实，分株繁殖（图 3-16）。

图 3-15　棣棠　　　　　　　　　　　　　　　　图 3-16　重瓣棣棠

棣棠花色金黄，柔枝垂绿，植株从春末到初夏缀以金英。"绿罗摇曳郁梅英，袅袅柔条鞯鞯金。荣萼有光倾日近，仙姿无语击春深。盛传覆弟承华喻，别纪遗恩荠木阴。晚圃甚花堪并驾，周诗明写友于心。"（宋·董嗣杲《棣棠花》）适宜栽植花境、花篱或建筑物周围作基础种植材料，墙际、坡地、路隅、草坪丛植或成片配置，与水石配合花影照水尤觉宜人。"乍晴芳草竞怀新，谁种幽花隔路尘。绿地缕金罗作带，为谁开放不惜春。"（南宋·范成大《道傍棣棠花》）宜 2 ～ 3 年更新一次老枝，以促进新枝萌发多开。

● 杜鹃花（*Rhododendron simsii*）

又名映山红、山石榴。杜鹃花科，杜鹃花属。落叶灌木，株高 1 ～ 2m；幼枝轮生，有短柔毛。单叶互生，叶柄短，被毛；叶纸质，卵圆形，常 3 枚轮生枝顶，故又名三叶杜鹃。花期 4 ～ 6 月，常 2 ～ 6 朵簇生枝顶，花梗直立，有硬毛；花冠蔷薇色，鲜红或深红色，花冠裂片有红紫色点（图 3-17）。为优良的花篱树种，宜丛植或片植。产长江流域、珠江流域各省区，东至台湾，西至四川、云南。杜鹃花属多数种产于海拔 1000 ～ 1400m 地区的高山、低丘，喜凉爽、湿润气候，不耐寒；喜半阴，恶酷热干燥，夏秋应有落叶乔木或荫棚遮挡烈日并经常以水喷洒地面。喜酸性土，要求富含腐殖质、疏松、湿润及pH5.5～6.5酸性土壤；部分种及园艺品种的适应性较强，在pH7～8土壤也能生长，但在黏重或通透性差的土壤上生长不良。

图 3-17　杜鹃花　　　　　　　　　　　图 3-18　大树杜鹃

杜鹃花属种类繁多，形态各异，素有"木本花卉之王"的美称：有大乔木（树高可达20m以上，图3-18），也有小灌木（株高仅10～20cm），主干直立或呈匍匐状，枝条互生或轮生，落叶类叶小，常绿类叶硕；体态风姿有的枝叶扶疏，有的千枝百干，有的郁郁葱葱、俊秀挺拔，有的曲若虬龙、苍劲古雅。在云南海拔2800～4000m的崇山峻岭、雪山草甸和高山冰湖边，杜鹃灌丛如织锦般平铺在大地上，在4000～4500m处还可见到匍匐状贴地生长的类型；在腾冲县高黎贡山西坡，继1919年英国采集家傅利斯意外发现大树杜鹃（树高25m，胸径达87cm，树龄达280年。标本现陈列在伦敦大英博物馆），1981年2月我国科学家又在原址发现胸径1m以上的大树杜鹃12株，其中最大的1株高25m，周径3m，树龄在500年以上，为世界已知的杜鹃花王：花序径达25cm，由20～24朵长6～8cm，口径6cm的花朵组成，水红色。抽梢一般在春秋二季，以春梢为主，冬季有短暂的休眠期，以后随温度上升花芽逐渐膨大。花期依气候和栽培条件而异：低山暖热地带多在2～3月开放，中山温凉地带多在4～6月开放，高山冷凉地带多在7～8月开放。一般露地栽培在3～5月开花，温室栽培1～2月即可开花。隐芽受刺激后极易萌发，可借此控制树形，复壮树体：一般在5月前进行修剪，所发新梢当年均能形成花蕾，过晚则影响开花；立秋前后萌发的新梢尚能木质化，若形成新梢太晚冬季易受冻害。

同属种：云锦杜鹃（*R.fortunei*），常绿灌木，树高3～4m。枝粗壮，淡绿色，光滑无毛。叶厚革质，长椭圆形，簇生枝顶。花期5月，呈顶生伞形总状花序，有花6～12朵，花冠7裂，大而芳香，淡玫瑰红色。产浙江、江西、湖南、安徽等地，喜温湿气候，喜半阴，耐阳。喜酸性土，忌水湿。宜作花篱或模纹篱栽植，块状观赏效果奇佳。

● 麻叶绣线菊（*Spiraea cantoniensis*）

蔷薇科，绣线菊属。落叶灌木，枝细长而拱形下弯，叶长椭圆形至披针形（图 3-19）。花期 5～6 月，半球状伞形花序，生于新枝端，花小，白色。

原产我国东部及南部，日本也有分布。喜光，喜温暖气候及湿润土壤，尚耐寒。

麻叶绣线菊多作花篱应用，亦可丛植于路边、崖旁、池畔、山坡或草地角隅处。

变种：重瓣麻叶绣球（var. *lanceata*），叶披针形，花重瓣。

同属种：日本绣线菊（*S. japonica*），落叶直立灌木，小枝光滑或幼时有细毛，叶卵形至卵状长椭圆形。花期 6～7 月，花粉红色，雄蕊较花瓣长；复伞花序，生于当年生枝端。原产日本，我国华东各地

图 3-19　麻叶绣线菊

有栽培。喜光，稍耐阴，耐寒，耐旱。长势强健，花序大而美丽，多作花篱应用或于花坛、花境及草地角隅处丛植，构成夏日佳景。变种：红花绣线菊（var. *fortunei*），产华东、华中及西南，树高 2m。叶椭圆状披针形，表面较皱，背面灰白色，无毛。花粉红至深红色。

（二）夏色璀璨，绿中彩（6～8 月）

夏季，在北半球为 6～8 月，主要特征是高温多雨。除青藏高原外，全国普遍高温：广大地区 7 月气温在 20～28℃，淮河流域以南一般在 28～30℃；吐鲁番盆地极端最高气温达 49℃，青藏高原在 10℃ 以下。夏季风来自热带海洋，是全国大部分地区降水量最多的季节：在长江以南到南岭以北的地区以及新疆西北部山地占全年降水量的 40% 以下，华北、东北大于 60%，青藏高原大部分在 70% 以上。在宜昌以东、北纬 26°～34° 之间是梅雨区，一般在 6 月中旬至 7 月上旬，前后持续近 1 个月，阴雨连绵并时常夹有暴雨和雷雨，总降水量可达 300mm。台风对我国东南和南部沿海地区影响较大，平均每年登陆 9.2 次，多集中在 7～9 月；登陆次数最多的是广东、台湾、福建三省，占我国台风登陆总数的 88%，其中又以广东省为最多，约占全国台风登陆总数的 40%。

北宋苏舜钦《夏意》："别院深深夏簟清，石榴开遍透帘明。树阴满地日当午，梦觉流莺时一声。"打开了一道夏意景象的门。晚唐代名将高骈《山亭夏日》："绿树阴浓夏日长，楼台倒影入池塘，水晶帘动微风起，满架蔷薇一院香。"又推开了一扇夏日景观的窗。

● 合欢（*Albizia julibrissin*）

又名绒花树、夜合花。含羞草科，合欢属。落叶乔木，树高 4～15m，树冠伞形；树皮褐灰色，小枝褐绿色，具棱，皮孔黄灰色。二回羽状复叶，羽片 4～12 对，小叶 10～30 对，长圆形至线形，镰刀状两侧极偏斜，夜间闭合。花期 6～7 月，伞房头状花序，腋生或顶生，

花丝粉红色（图3-20）。果期9～11月，荚果线形，扁平，幼时有毛。分布自伊朗至中国、日本，我国黄河以南地区多有分布，多生于低山丘陵及平原。性喜光，好生于温暖湿润的环境，较耐寒。对土壤要求不严，耐干旱瘠薄，怕积水，在砂质土壤上生长较好。种子可榨油；树皮及花能药用，有安神、活血、止痛之效。

图3-20　合欢

合欢红花如簇，秀雅别致，花丝如绒缨，极其秀美，是优良的观花树种，配植于溪边、池畔最相适宜；嵇康《养生论》载"合欢免忿，萱草忘忧。"种植在庭院中，安五脏和心态，可使身心愉悦。雄蕊花丝如缕，半白半红，故有"马缨花"、"绒花"之称，绯红一片似含羞少女的红唇，又如腼腆新娘脸上的红晕，令人悦目心动，烦怒顿消："三春过了，看庭西两树，参差花影。妙手仙姝织锦绣，细品恍惚如梦。脉脉抽丹，纤纤铺翠，风韵由天定。堪称英秀，为何尝遍清冷。最爱朵朵团团，叶间枝上，曳曳因风动。缕缕朝随红日展，燃尽朱颜谁省。可叹风流，终成憔悴，无限凄凉境。有情明月，夜阑还照香径。"（念奴娇·合欢花）合欢树冠开张、覆荫如盖，速生，对氯化氢、二氧化硫抗性强，宜作庭荫树、行道树。

清代园艺学家陈淏子《花镜》载："合欢，树似梧桐，枝甚柔弱。叶类槐荚，细而繁。每夜，枝必互相交结，来朝一遇风吹，即自解散，了不牵缀，故称夜合，又名合昏。五月开红白花，瓣上多有丝茸。"合欢叶柄基部细胞会因光合作用强弱以及温度高低的变化吸水或放水，细胞因此膨胀或收缩，使其白昼展开，黑夜闭合，故得名"夜合花"。有一个动人的传说：相传虞舜南巡仓梧而死，其妃娥皇、女英遍寻湘江终未寻见，二妃终日恸哭，泪尽滴血，血尽而死，逐为其神。后来，她们的精灵与虞舜的精灵"合二为一"，变成了合欢树，昼开夜合，相亲相爱。自此，人们常以合欢表示忠贞不渝的爱情："虞舜南巡去不归，二妃相誓死江湄。空留万古得魂在，结作双葩合一枝。"（宋·韦庄）江湄波涛、千年万载，合欢繁衍、几多春秋，是夫妻好合的象征："夜合枝头别有春，坐含风露入清晨，任他明月能想照，敛尽芳心不向人。"

● 金合欢（*Acacia farnesiana*）

含羞草科，金合欢属。常绿小乔木或灌木，树高 2 ～ 4m；树皮粗糙，有明显的小皮孔。二回羽状复叶，羽片 4 ～ 8 对，小叶通常 10 ～ 20 对，线状长圆形，叶轴被灰色长柔毛，有腺体，托叶针刺状。花期 9 月，头状花序 1 或 2 ～ 4 个簇生于叶腋，总花梗被毛，苞片位于总花梗的顶端或近顶端；花萼筒状，5 齿裂；花瓣联合呈管状，先端 5 裂，裂片细长而弯曲，黄色，微香，味淡；花丝细长（图 3-21）。果期 7 月，荚果膨胀近圆柱状，褐色，无毛；种子多粒，褐色，卵形。原产热带美洲，为澳大利亚的国花；现广布于热带地区，1645 年由荷兰人引入我国台湾，现浙江南部、福建、广东、海南、广西、云南、四川（西南部）和重庆等地归化栽培。性喜温暖和阳光照射的环境，要求土壤疏松肥沃，腐殖质含量高，湿润透气的沙质微酸性土壤，对二氧化硫、氯气等有毒气体有较强的抗性。

全世界的金合欢约有 1000 多种，澳洲就囊括了约 800 种，其中一半生长在西澳；早期殖民者在澳洲开垦处女地时，都是用金合欢作为相邻农地的界线；在澳大利亚，街道、庭院、广场、建筑物的周围到处都有金合欢栽成的行道树或绿篱，每年 9 月盛花时香飘四方，现为澳大利亚的国树（国花）。生活在澳洲的原住民把金合欢的种子作为食物，在土著人的商店里还买得到用金合欢制成的蜜；根和荚可为黑色染料，花可制香水。

同属种：①黑荆树（*A. decurrens*），别名澳洲金合欢，常绿乔木，小枝灰绿色、有棱。花淡黄或白色，荚果长圆形，密被绒毛。原产澳大利亚，耐旱抗霜。②银荆树（*A. dealbata*），别名银叶金合欢、鱼骨松，常绿攀缘藤本，枝散生，具倒刺。花白色或淡黄色，芳香；荚果带状。原产澳大利亚，我国云南、广西、福建等地有栽培。③刺叶金合欢（*A. aramata*），株高约 1m，叶状枝常绿，顶部呈刺状。春季开花，花序呈圆球状。

● 银合欢（*Leucaena leucocephala*）

又称白合欢。含羞草科，银合欢属。常绿灌木或小乔木，株高 3 ～ 5m。二回羽状复叶，叶轴长。头状花序 1 ～ 2 个腋生，小花白色，约 200 余朵密生成球状。荚果扁平，舌状，革质，内含褐色发亮的种子 12 ～ 25 粒（图 3-22）。原产中美洲，广泛分布于热带、亚热带地区；在我国分布于华北、华东、华南、西南及陕西、甘肃等省低海拔地区，生于溪沟

图 3-21　金合欢

图 3-22　银合欢

边、路旁和山坡上。喜光，稍耐阴，不耐盐渍。适于年降水量900～2600mm，年平均温度19～23℃，最低月平均温度7～17℃的低海拔地区。适碱性土壤区域，耐瘠薄，要求高度专性的根瘤菌。根系深，抗旱能力非常强，为荒山绿化的先锋树种，是最优秀的水土保持的植物之一。

银合欢姿态飘逸，花繁叶茂，用于路边绿化及园林景观；尤其与红花合欢进行配植，花开季节红白相间，更是一道优美的风景线。在园林中适宜孤植或丛栽，不论是门前屋旁，还是岩际水边，均可栽作观花树或提供绿荫。嫩枝叶富含蛋白质，是优良饲料；在菲律宾或泰国用叶子作沙律，或用种子炒干后作咖啡的替代品饮用；但种子、老枝叶均含有毒的含羞草素，利用不当对畜禽有害。

- **栾树**（*Koelreuteria panicunata*）

无患子科，栾树属。落叶乔木。树高达15m，树冠近圆形，树皮灰褐色，细纵裂，小枝皮孔明显，无顶芽（图3-23）。二回奇数羽状复叶，小叶7～15枚，卵形或卵状椭圆形。花期7～8月，顶生圆锥花序宽而疏散，花小金黄色。果熟期9～11月，蒴果三角状卵形，由三瓣片合成，呈膨大气囊状，成熟时褐色，内包有黑色小球形种子。原产于我国北部及中部，自然分布在黄河流域和长江流域下游，日本、朝鲜也有分布。喜光，稍耐阴；适生于石灰性土壤，稍耐湿。春季发芽较晚，秋季落叶早，年生长期较短；萌生力强，具较强的抗烟尘能力。

栾树树形扭曲美观，是一种良好的花果景观树种：夏初开黄色小花，满树金黄，花谢时落花如雨，英语称"金雨树"（Goldenrain tree）；花落后结出一串串皮质

图3-23 栾树

蒴果如同灯笼，因此也被称为"灯笼树"。树叶和白布一起煮会染成黑色，俗语也称为"乌叶子树"；花可以作为黄色染料。

栽培变种：秋花栾树（'September'），主产我国北部，是华北平原及低山常见乡土树种，朝鲜、日本也有分布。叶片多呈一回复叶，每个小叶片较大，8～9月开花，易与栾树区分。枝叶繁茂，晚秋叶黄，是北京理想的观赏庭荫树及行道树，也可作为水土保持及荒山造林树种。

- **女贞**（*Ligustrum lucidum*）

又名冬青。木樨科，女贞属。常绿乔木，树冠卵形，树高一般6m，可达15m，常呈灌木状（图3-24）。树皮灰绿色，平滑不开裂。单叶对生，卵形，深绿色；革质而脆，无毛，有光泽。花期6～7月，花小，芳香，乳白至牙黄色，密集成顶生大型圆锥花序。果

熟期 10 ～ 11 月，核果蓝黑色，被白粉（图 3-25）。原产于我国，广泛分布于长江流域及以南地区，华北、西北地区也有栽培。喜光，稍耐阴；喜温暖湿润环境，能耐 -12℃ 低温。深根性树种，须根发达，适生于微酸性至微碱性湿润土壤。耐水湿，但不耐瘠薄，以砂质壤土或黏质壤土栽培为宜，在红、黄壤土中也能生长。对大气污染的抗性较强：抗二氧化硫能力强，1kg 干叶中含硫 4 ～ 7g 而不受害，在离污染源 50m 内有受害表现，但能生长，100m 以外则无受害症状；对氯气抗性亦强，1kg 干叶中含氯 6 ～ 10g，未出现受害症状；抗氟化氢能力强，距污染源 100m 即能正常生长；在水泥厂距污染源 200 ～ 300m 处测定，叶片吸滞粉尘能力 6g/m²。对剧毒的汞蒸气反应相当敏感，叶、茎、花冠、花梗和幼蕾一旦受熏便会变成棕色或黑色，严重时会掉叶掉蕾。播种繁殖育苗容易，可作为砧木嫁接繁殖桂花、丁香。

图 3-24　女贞

图 3-25　女真（果）

女贞树干直立或二、三干同出，树形整齐、四季婆娑，夏花繁盛、色泽淡雅，为温带地区不可多得的常绿阔叶景观树种，可于庭院孤植或丛植。枝干扶疏、枝叶茂密，易成活，耐粗放管理，是园林绿化中应用较多的乡土树种，被广泛用作城郊公路两侧的行道树；生长速率快，萌芽率高，耐修剪，易成型，亦可作树墙高篱使用，隐蔽效果颇佳。女贞果实经冬不落，鸟儿常以之维持生命，故花语为生命。相传在秦汉时期，临安府（今杭州）一员外膝下只一女，年方二八，工及琴棋书画，品貌端庄、窈窕动人，员外视若掌上明珠，将其许配给县令为妻，以光宗耀祖。哪知此女与府中教书先生私订终身，又瞧不起那些纨绔子弟，到出嫁之日便含恨一头撞死在闺房之中，表明自己非教书先生不嫁之志；教书先生闻听小姐殉情，如晴天霹雳，忧郁成疾，茶饭不思，不过几日便形如枯槁，须发变白。因其"负霜葱翠，振柯凌风，而贞女慕其名，或树之于云堂，或植之于阶庭"，故名女贞。叶可治疗口腔炎、咽喉炎；用蒸馏法提取的冬青油常作为甜食和牙膏的添加剂，具有收敛、利尿、兴奋等功效，很容易被皮肤吸收而用来治疗肌肉疼痛。果实入药称女贞子，其性凉，味甘苦，可滋补肝肾，明目，乌发，固齿。

自然变种：红果女贞，分布于罗霄山脉 1500m 高寒地区，株高 5 ～ 7m，嫩枝及花梗紫红色，叶椭圆形，淡紫红色。花期 5 月，顶生圆锥花序；果期 8 月，果长椭圆形，假浆果核果状鲜红色，延至 10 月不落。能耐 -20 ～ -22℃ 低温，在北京小气候良好的地区完全可以露地栽培，在 pH8 ～ 9 的偏碱性土壤生长正常。红果女贞树姿优美，终年翠绿，春花清香芬芳，沁人心脾，秋果红艳，宛如春花，尤其适合风景秀丽的江南地区，绿叶红果能招来鸟语阵阵，平添几分诱人的景色。耐寒，耐热，其价值可与 1978 年在浏阳发现的红榉木媲美。

同属种：日本女贞（*L. japonicum*），常绿灌木，株高 3 ～ 6m，小枝皮孔明显。叶中脉及叶缘常带红色，平展有光泽。花期 6 ～ 7 月，顶生大型圆锥花序，白色。原产日本，耐寒力较女贞强。

● 锦带花（*Weigela florida*）

又名五色海棠。忍冬科，锦带花属。落叶灌木，株高 3m，幼枝有柔毛。叶对生，叶片椭圆形或卵状椭圆形，具短柄，表面脉上有毛，背面尤密。花期 5 ～ 6 月，1 ～ 4 朵组成聚伞花序生于小枝顶端或叶腋，花冠漏斗状钟形，玫瑰红色，里面较淡（图 3-26）。果熟期 10 月，蒴果柱状，种子细小。原产我国长江流域及其以北的广大地区，日本、朝鲜等也有。生于海拔 800 ～ 1200m 湿润沟谷，喜光，耐阴，耐寒，对土壤要求不严，能耐瘠薄土壤，怕水涝。萌芽力强，生长迅速，分株、扦插或压条繁殖。近百年来经杂交育种，选出百余园艺类型和品种，

图 3-26　锦带花

常见于栽培的有：①美丽锦带花，花浅粉色，叶较小。②白花锦带花，花近白色，有微香。③花叶锦带花，株丛紧密，株高 1.5 ～ 2m，叶缘乳黄色或白色；花色由白逐渐变为粉红色，整个植株呈现白、红两色花，在花叶衬托下格外绚丽多彩。④紫叶锦带花，叶带紫晕，花紫粉色。⑤红王子锦带花，株高 1 ～ 2m，枝条开展成拱形，嫩枝淡红色，叶色整个生长季为金黄色；花期 4 ～ 10 月，胭脂红色，艳丽悦目。⑥毛叶锦带花，叶两面都有柔毛，花萼裂片交款，基部合生，多毛；花冠狭钟形，中部以下突然变细，外面有毛；花期 4 ～ 5 月，3 ～ 5 朵着生于侧生小短枝上，玫瑰红或粉红色、喉部黄色。

锦带花枝长、花茂，灿如锦带。"天女风梭织露机，碧丝地上茜栾枝，何曾系住春畈脚。只解萦长客恨眉，小树微芳也得诗"（宋·杨万里）。形容锦带花似仙女以风梭露机织出的锦带，枝条细长柔弱，缀满红花，尽管花美却留不住春光，只留得像镶嵌在玉带上宝石般的花朵供人欣赏。花期正值春花凋零，夏花不多之际，花朵密集，花色艳丽，花期可长达 1 个多月，故为东北、华北地区重要的晚春观花灌木之一："妍红棠棣妆，弱绿蔷薇枝。小风一再来，飘飘随舞衣。吴下妖芳槛，峡中满荒陂。佳人堕空谷，皎皎白驹诗"（宋·范成大）。宜庭院墙隅、湖畔群植，也可在树丛林缘作花篱、丛植配植，点缀于假

山、坡地。对氯化氢抗性强，是良好的抗污染树种。

同属种：海仙花（*W. coraeensis*），又名文官花，株高达 3m。树皮灰色，幼枝具 4 棱。叶宽椭圆形或倒卵形，先端骤尖，具细钝锯齿。花期 5～6 月，花初开白色，渐淡红或带黄白，后变深红带紫色。产于华东地区，耐寒，喜光，耐阴，怕水涝，对氯化氢等有毒气体抗性强。花红似火，适于湖畔、绿树丛中地被群植，或用于庭园角隅作花篱栽植效果亦佳。

● 木槿（*Hibiscus syriacus*）

又名面花、佛叠花、篱障花、朝开暮落花。锦葵科，木槿属。落叶灌木或小乔木。株高 3～6m，茎直立，多分枝；树皮灰棕色，幼枝被毛、后渐脱落。单叶互生，在短枝上也有 2～3 枚簇生者；叶卵形或菱状卵形，有明显的三条主脉，而常 3 裂，托叶早落。花期 6～9 月，花单生叶腋，单瓣或重瓣，淡紫、白、红等色，基部一般深红色（图 3-27）。果熟期 9～11 月，蒴果长椭圆形，种子三角状卵形。原产于中国、印度、叙利亚，现世界各地均有栽培。生长适温 15～28℃，南北各地都有栽培。喜阳光也能耐半阴，在华北和西北大部分地区都能露地越冬，对土壤要求不严，中性至微酸性土壤都可以，较耐瘠薄，耐半荫蔽，能在黏重或碱性土壤中生长，唯忌干旱，生长期需适时适量浇水，经常保持土壤湿润。

图 3-27　木槿（单瓣、重瓣）

木槿花朝发暮落，日日不绝，人称有"日新之德"，受到历代诗人的赞扬。三千年前的《诗经》中就将木槿花比作美女来歌咏了。唐代大诗人李白《咏槿》："园花笑芳年，池草艳春色。犹不如槿花，婵娟玉阶侧。"庭院布置及墙边、水滨种植均相适宜。木槿花期长达 4 个月，通常作为花篱单植、列植或作其他灌木的背景，湖南、湖北一带盛行槿篱，开花的篱障别具风格；苏州农村中也常以槿篱作围墙年年编织，坚固美观。对二氧化硫、氯气等有害气体具有很强的抗性，北方常在公路两旁成片成排种植，有增强景观、滞尘洁净作用，也是美化工厂的良好材料。木槿花在国外也受到赞赏，如斐济有木槿花节，节日期间人们戴上各种各样的假面具，漂亮的姑娘则坐在竞选木槿花皇后的彩车上巡游，当晚宣布竞选结果，欢乐达到高潮。木槿花可凉拌、炒制、做汤，细滑可口，味道清香，能润燥，除湿热，是一种天然保健食品：在福建汀州一带，以木槿花拌面然后再下油锅制而成的"面花"珍馐，色、香、味俱全；安徽徽州有名的木槿豆腐汤，豆腐鲜嫩、花香可口。福建省上杭县于 2000 年开始从事食用花卉引种示范，木槿亩产鲜花 1500kg，净产值超万元人民币。

常见变种：①白花重瓣木槿，重瓣，白色花瓣上有紫红色的细线条和小斑点。韩国国花。②紫红重瓣木槿，花瓣紫红色或带白色，重瓣。③斑叶木槿，叶片生有白斑，花紫色，重瓣。

● 柽柳（*Tamarix chinensis*）

又名三春柳、观音柳、红柳。柽柳科，柽柳属。落叶灌木或小乔木，树高 2～5m。老枝深紫色或紫红色，小枝圆柱形，柔弱、扩展而下垂，红褐色或淡棕色。叶互生无柄，披针形，鳞片状，浅蓝绿色；覆瓦状紧密排列，平贴于枝或稍开张，见叶不见枝；花期 5～9月，总状花序集生于当年生枝顶，花序柄短或近无柄，花瓣 5 枚，淡褐色或粉红色（图 3-28、图 3-29）。果熟期 6～10 月，蒴果圆锥形，熟时 3 裂，通常不结实，种子先端有丛毛。我国产柽柳近 20 种，主要分布于西北荒漠、半荒漠地区，以新疆、青海、甘肃三省区最多，生于山野湿润砂碱地及河岸冲积地。喜光，不耐庇荫，耐寒、耐旱又耐水湿。叶能分泌盐分，有降低土壤含盐量的效能。树体生长较快，萌蘖性强，寿命较长。

图 3-28　柽柳

图 3-29　红花柽柳

柽柳花期很长，从 5～9 月不断抽生新的花序，三起三落，绵延不绝，故有"三春柳"之名。春天的嫩枝和绿叶是治疗风湿病顽症的良药，高原百姓又亲切地称之"观音柳"和"菩萨树"。枝条细柔、姿态婆娑，开花如红蓼、淡雅俏丽，适于就水滨、池畔、桥头、河岸、堤防植之。在庭院中可作绿篱用，街道公路之沿河流者列则淡烟疏树，绿荫垂条，别具风格。深根性，可以吸到深层 30 多米的地下水，是最能适应干旱沙漠生活的树种之一；抗风蚀和风沙，枝条被流沙埋住后能顽强地从沙包中探出头来继续生长，是防风固沙的优良树种之一。耐瘠薄，耐盐碱，能在含盐碱 0.5% ～ 1% 的盐碱地上生长，是盐碱干旱地区公路绿化、生态恢复等建设的优良树种。

● 夹竹桃（*Nerium indicum*）

又名柳叶桃、半年红。夹竹桃科，夹竹桃属。常绿大灌木，株高达 5 ～ 6m。茎直立，光滑，为典型三权分枝。叶 3 枚轮生，在枝条下部 2 叶对生；革质，线状披针形，中脉显著，全缘。花期 5 ～ 10 月，聚伞花序顶生，花冠红色或白色，有香气，单瓣；副花冠鳞片状，端撕裂。果熟期 12 ～ 1 月，蓇葖果矩圆形，种子顶端具黄褐色种毛。原产印度及伊朗，现广植于热带及亚热带地区；15 世纪传入我国，长江以南地区均可露地栽培。喜温暖湿润气候，不耐寒。喜光，对土壤适应性强。性强健，耐烟尘，对二氧化硫、氟化氢、氯气等有害气体有较强抵抗作用。

栽培变种：重瓣夹竹桃（var. *plenum*），花重瓣。

夹竹桃叶片如柳似竹，夏日花茂灼灼，是庭园栽培的观赏佳木（图 3-30 ～图 3-32）。枝叶浓绿，管理粗放，萌蘖性强，是街头、绿带、工矿等生长条件较差处难得的景观树种。据测定其叶片的吸硫量是正常值的 7 倍以上。即使全身落满了灰尘仍能旺盛生长，被人们

图 3-30　夹竹桃（绿篱栽培）

图 3-31　夹竹桃（灌木状栽培）

图 3-32　夹竹桃（乔木状栽培）

称为"环保卫士"。夹竹桃味苦、性寒、有毒，属于强心类中药，主要功能为强心利尿，祛痰定喘，镇痛祛瘀。其茎、叶、花朵都有毒：叶及茎皮有剧毒，可提制强心剂，也可制杀虫剂；新鲜茎皮的毒性比叶强，花的毒性较弱，鱼塘牧场边不宜栽种。茎叶分泌出的乳白色汁液含有一种叫夹竹桃苷的有毒物质，误食会中毒。

● 黄蝉（*Allemanda neriifolia*）

夹竹桃科，黄蝉属。常绿灌木，株直立，高约2m；枝灰色轮生，具乳汁。叶3～4枚轮生，卵状披针形，全缘。花期5～8月，聚伞花序顶生，花冠基部膨大呈漏斗状，柠檬黄色，喉部具红褐色网纹（图3-33）。蒴果球形，褐色具长刺。原产美国南部及巴西，我国华南各省及台湾常见栽培。喜温暖湿润和阳光充足的环境，不耐寒，长江以北多行盆栽；要求肥沃、排水良好的土壤。花、叶均供观赏，适于园林种植或盆栽观赏。唯植株有毒，应予注意。

图3-33　黄蝉

黄花夹竹桃、黄蝉二者形态形似，常被混淆。主要区别如下：①叶：黄蝉3～5枚轮生，椭圆形或卵状长圆形；黄花夹竹桃互生，线状披针形。②花：黄蝉花冠橙黄色，喉部具红褐色网纹，花期5～8月；黄花夹竹桃花冠淡黄色具香味，花期5～12月。③果实：黄蝉为蒴果，球形具长刺；黄花夹竹桃为核果，扁三角状球形。

同属种：软枝黄蝉（*A. cathartica*），枝条柔软、弯曲，藤状茎长达4m。栽培品种：①矮生软枝黄蝉（'Grandifolra'），矮生，茎长约10cm。②紫茎软枝黄蝉（'Nobilis'），小枝紫色，被毛，鲜黄色花冠裂片基部有白色斑点。③条纹软枝黄蝉（'Schottii'），幼枝与叶柄微被毛，花甚大，喉部深黄色有条纹。

图3-34　迎夏

● 迎夏（*Jasminum floridum*）

又名黄素馨。木樨科，素馨（茉莉）属。半常绿小灌木，枝直立或平展，幼枝光滑有棱。奇数羽状复叶互生，小叶常3或5枚。花期5～6月，聚伞花序顶生，花冠黄色，细高脚杯状（图3-34）。主要分布在华北地区及辽宁、陕西、山东等省。喜温暖湿润的向阳之地，耐半阴，较耐寒。多用扦插、压条、分株繁殖。迎夏和迎春的株形、花色相似，主要区别为：①迎春为三出复叶，对生；花期2～3月，花单生于上一年生枝条的叶腋间。②迎夏为奇数羽状复叶，互生；花期5～6月，花为顶生聚伞花序。

迎夏植株铺散，枝条长垂，枝茂花繁，宜栽植于路旁、山坡，特别适用于宾馆、大厦顶棚布置，或作花篱、开花地被栽植，春末夏初观赏效果极佳：轻轻叠起春的衣裳，依依惜别春的柔肠，将春雨、春风及无限春光——收藏心底，笑迎夏天的奔放。

● **蔷薇（*Rosa multiflora*）**

又名白残花。蔷薇科，蔷薇属。落叶小灌木，茎长，有皮刺，偃伏或攀缘。奇数羽状复叶互生，小叶5～11枚，倒卵形至椭圆形，托叶下有刺。花期5～6月，花多朵密集成圆锥状伞房花序，花瓣5枚，先端微凹，白色或略带粉晕，具芳香。重瓣栽培品种有红、白、粉、黄、紫、黑等色，以红色居多，黄色为上品。果熟期10～11月，近球形，萼脱落，褐红色。产我国华北、华东、华中、华南及西南，朝鲜、日本也有分布，喜生于路旁、田边或丘陵地的灌木丛中。性强健，喜光，耐寒，对土壤要求不严，在黏重土中也可正常生长。

栽培变种：①粉团蔷薇（var. *cathayensis*），小叶较大，通常5～7枚。花较大，数

图3-35 十姐妹

朵或多朵成平顶伞房花序，单瓣，粉红至玫瑰红色。果实较小，红色，少或无种子。②十姐妹（var. *platyphylla*），小叶较大，蔓性更强。花重瓣，深红色，常6～7朵成扁伞房花序（图3-35）。③荷花蔷薇（var. *carnea*），小叶通常5～9枚，花重瓣，粉红色，多朵成簇。

蔷薇疏条纤枝，横斜披展，叶茂花繁，色香四溢，自古就是佳花名卉："低树诎胜叶，轻香增自通。发萼初攒此，余采尚

霏红。新花对白日，故蕊逐行风。参差不俱曜，谁肯盼微丛？"（南北朝·谢朓）在园林绿化中多适用于花架、长廊、粉墙、门侧、围墙旁、假山石壁的攀附，垂直绿化或作境界防护花篱："百丈蔷薇枝，缭绕成洞房。蜜叶翠帷重，浓花红锦张。张著玉局棋，遣此朱夏长。香云落衣袂，一月留余香。"（明·顾磷）一幅青蔓缭绕、姹紫嫣红的画面，是良好的晚春观花树种。基础种植、河坡悬垂也颇有野趣："当户程蔷薇，枝叶太葳蕤。不摇香已乱，无风花自飞。春闺不能静，开匣对明妃。曲池浮采采，斜岸列依依。或闻好音度，时见衔泥归。且对清筋湛，其余任是非。"（南北朝·江洪）"芳菲移自越一台，最以蔷薇好并栽。稼艳尽怜胜彩绘，嘉名谁赠作玫瑰。春成锦绣吹折同，天染琼瑶日照开。为报朱衣早邀客，莫教零落委苍苔。"（宋·徐夤《司直巡官司无绪移到玫瑰花》）嫁接亲和力很强，为各类观赏月季的砧木。

同属种：光叶蔷薇（*R. wichuraiana*），又名多花蔷薇、野蔷薇。半常绿藤状灌木，株

高 3～5m。枝条细长平卧，节上易生根；小枝红褐色、圆柱形；散生硬钩刺、常带紫红色。小叶 7～9 枚，广卵形至倒卵形，表面暗绿，有光泽；顶生小叶柄长、侧面小叶柄短，总叶柄有小皮刺和稀疏腺毛；托叶大部贴生于叶柄，离生部分披针形。花期 5～7 月，数朵成圆锥状伞房花序，单瓣花白色，倒卵形，芳香；花柱合生成束，外被柔毛，伸出，比雄蕊稍长。果熟期 10～11 月，球形或近球形，有稀疏腺毛，紫黑褐色，有光泽；果梗有较密腺毛，萼片最后脱落。原产山东、江苏、广东、广西、台湾等省，日本、朝鲜也有，是地面覆盖的好材料，又是杂交育种的原始材料。光叶蔷薇 1893 年传入美国，经与杂种香水月季等杂交育成若干品种，均为藤本，叶常绿而有光泽，花小，多为单瓣，有各种色彩，能连续开花，抗性特强，如：花旗藤（'American pillar'），开玫瑰粉色而具白心的单瓣花，花大繁茂，生长健壮，是布置花架、花门、花柱的好材料。

● 金丝桃（*Hypericum monogynum*）

金丝桃科，金丝桃属。半常绿灌木，株高 60～80cm。分枝极稠密，小枝对生，红褐色。单叶无柄，对生，椭圆状披针形，叶钝尖，全缘，正面绿色，背面粉绿色。花期 6～9 月，花冠状似桃花，5 瓣，雄蕊花丝多而细长，金黄色，故名金丝桃（图 3-36）。我国原产，主要分布河北、河南、湖北、湖南、江苏、江西、四川、广东等地。不太耐寒，北方须选小气候条件较好的环境种植。喜光又耐阴，喜肥沃湿润的沙质壤土。

图 3-36　金丝桃

金丝桃植株低矮开展，花叶秀丽，姿态潇洒，发枝能力极强，覆盖效果好，是理想的地被树种。入冬后对地上部分进行更新修剪，第二年生长更加茂盛。适于草地、林缘、疏林下丛植，亦可作花篱应用。

同属种：①多花金丝桃（*H. polyphyllum*），原产小亚细亚，现欧美、日本均有栽培。栽培容易，管理粗放，其老枝接触土壤可节节生根，借枝条的延伸和种子的自播迅速扩大覆盖面积。上海地区种植的多花金丝桃是 1976 年从葡萄牙引进的一种多年生草本植物，匍匐生长，株高 50cm。老枝稍木质化，紫红至紫褐色；椭圆形叶交互对生，叶面密布粉绿色透明油腺点，叶缘和叶背有黑色腺点。花期 7～8 月，聚伞花序密集顶生，花黄色，花瓣端有黑色腺点。枝叶较金丝桃茂密，基本常绿，入冬多数叶片转变为紫红色，十分艳丽，是一种理想的地被植物；亦可用作花坛、花境的镶边材料，点缀假山更显雅致。②金丝梅（*H. patulum*），外形很像金丝桃，主要区别：小枝有棱，花丝短于花瓣，叶更接近于宽椭卵形，枝更开张。

● **栀子花**（*Gardenia jasminoides*）

又名木丹、越桃、玉荷花。茜草科，栀子花属。常绿灌木或小乔木，干灰色，小枝绿色，有垢状毛。叶对生或 3 枚轮生，倒卵形状长椭圆形，革质而有光泽。花期 5 ～ 7 月，花单生枝顶或叶腋，有短梗；花冠高脚蝶状，6 裂；肉质，具浓香；回旋排列，未开时卷曲。花蕾白中透碧，花开时呈白色，有香气，花落之前变为黄色（图 3-37）。果熟期 10 月，卵形，有六角棱。产我国长江流域及南部。喜温暖湿润气候，淮河以北地区不能露地越冬，需盆栽入室。喜光，亦耐阴，忌烈日曝晒，在庇荫条件下叶色较好，开花稍差。要求肥沃、疏松、排水良好的酸性土壤，当 pH ＞ 6.5 时叶片易发黄并逐渐脱落。

栽培变型大花栀子（f. *grandiflora*），叶大，花大，重瓣，具浓香。

栀子花为湖南省岳阳市市花，叶色亮绿，四季常青，夏日花香，洁白素雅，为良好的绿化、美化、香化树种，多用作花篱，适用于庭院阶前、池畔和路旁配置；又有一定耐阴能力，亦可配置作下木树种栽植。抗二氧化硫能力较强，新叶萌发快而旺盛，萌蘖和生根能力均强，宜作工厂绿篱。根、叶、果实均可入药，花可以用来熏茶和提取香料，果实可制黄色染料，木材坚硬细致为雕刻良材。

图 3-37　栀子花

图 3-38　六月雪

● **六月雪**（*Serissa joponica*）

又名满天星。茜草科，六月雪属。常绿或半常绿矮小灌木，株高不足 1m。枝条纤细，嫩枝有微毛；老茎褐色，有明显的皱纹。叶对生或成簇生小枝上，长椭圆形或长椭圆披针状（图 3-38）。花期 6 ～ 7 月，花单生或数朵簇生，白色带红晕或淡粉紫色，密生在小枝的顶端，有单瓣、重瓣两种，重瓣者非常白；花冠漏斗状，有柔毛，白色略带红晕；花萼绿色，上有裂齿，质地坚硬。原产我国，主要分布于江苏、浙江、江西、广东、台湾等省，日本也有分布。喜温暖气候，不耐严寒，冬季温室越冬需要在 0℃ 以上；在华南为常绿，西南为半常绿。性喜阳光，也较耐阴，多生于林下、灌丛中、溪边。对土壤要求不严，喜淡薄肥料，耐旱力强。

六月雪成株多分枝，夏日小白花繁密异常，远看银装素裹，犹如六月飘雪，雅洁可爱，故名六月雪；近看犹如漫天星斗，故又名满天星。"片片随风整复斜，飘来老鬓觉添华。江山不夜月千里，天地无私玉万家。远岸来春飞柳絮，前村破晓玉梅花。羔羊金帐应粗俗，自掏冰泉煮石茶。"（元·黄庚）南方园林中常露地栽植于林冠下；北方多盆栽观赏，在室内越冬。树形纤巧、玲珑素雅，为制作树桩盆景的优良树种；干老枝虬，根系发达，常自然纵曲，盘根错节，适宜于作悬根处理，大有逸致。萌芽力、分蘖性较强，亦可用作境界、绿篱或观花篱种植。

● 硬骨凌霄（*Tecomaria capensis*）

又名南非凌霄。紫葳科，硬骨凌霄属。常绿半藤状或近直立灌木。枝绿褐色，扁圆形，髓部松软，表面有瘤状凸起，节部膨大，嫩枝呈拱形生长。奇数羽状复叶对生，总叶柄较长；小叶5～9枚，质薄，无光泽，卵圆形。花期7～11月，顶生总状花序具总梗，花萼长钟状，先端5裂；花冠长漏斗形，略弯曲，5瓣裂，上唇凹入，橙红至砖红色，不甚鲜艳（图3-39）。蒴果扁线形，多不结实。原产南非西南部，20世纪初引入我国，华南和西南各地多有栽培，长江流域及其以北地区多行盆栽。喜温暖，生长适温22～30℃；冬季温度不可低于8℃，在北方均作温室花卉栽培。喜充足阳光，不耐阴；要求疏松肥沃而湿润的土壤，

图3-39　硬骨凌霄

不耐干旱，切忌积水。栽培品种，黄花硬骨凌霄（'Aurea'），又名金天使，株高1～2m，盆栽约30cm。花冠黄色，黄河流域有栽培。

硬骨凌霄枝叶四季常绿，花姿优雅，夏、秋开花不绝，适合庭植或盆栽，宜作棚架、花门遮阴材料，也可攀缘假山、石壁、墙垣及枯木。

（三）秋风送爽，花缤纷（9～11月）

秋季，北半球为公历9～11月，秋高气爽，是天高云淡、风和日丽的天气。气温由暖变冷与春季成相反方向变化，10月份的等温线分布基本上与4月份相似。大兴安岭、天山以及青藏高原地区月平均气温在0℃以下，华北地区月平均气温6～16℃，淮河、秦岭以南，南岭以北地区16～22℃，华南在22～24℃之间。降水量较少，除东南沿海、青藏高原东侧、秦岭以南及川黔地区占全年降水量的30%以上外，全国其余大部分地区在15%～20%之间。

"兰叶春葳蕤，桂华秋皎洁。欣欣此生意，自尔为佳节。谁知林栖者，闻风坐相悦。草木有本心，何求美人折。"（宋·张九龄《感遇》）农历八月，古称桂月，是赏桂的最佳时期，又是赏月的最佳月份。桂花和中秋的明月，自古就和我国人民的文化生活联系在一

起。许多诗人吟诗填词来描绘它，颂扬它，甚至把它加以神化，嫦娥奔月、吴刚伐桂等月宫系列神话，月中的宫殿，宫中的仙境，已成为历代脍炙人口的美谈，桂树竟成了"仙树"。宋代韩子苍赞颂："月中有客曾分种，世上无花敢斗香。"《吕氏春秋》盛赞："物之美者，招摇之桂。"唐代文人引种桂花十分普遍，吟桂蔚然成风：唐相李德裕在20年间收集了大量花木，其中有剡溪之红桂、钟山之月桂、曲阿之山桂、永嘉之紫桂、剡中之真红桂，先后引种到洛阳郊外的别墅所在地；初唐著名诗人宋之问《灵隐寺》中有"桂子月中落，天香云外飘"的著名诗句，故后人亦称桂花为"天香"。宋代女诗人朱淑真《秋夜牵情》有："弹压西风擅众芳，十分秋色为谁忙。一枝淡贮书窗下，人与花心各自香。"清代张云敖《品桂》曰："西湖八月足清游，何处香通鼻观幽？满觉陇旁金粟遍，天风吹堕万山秋。"

● 桂花（*Osmanthus fragrans*）

又名木樨、岩桂、九里香、金粟。木樨科，木樨属。常绿灌木至小乔木，树高3～15m，冠卵圆形。树皮粗糙，灰褐色或灰白色。单叶对生，革质，椭圆形；幼树或萌芽枝之叶疏生锯齿，大树之叶全缘。花期9～10月，3～5朵簇生叶腋或顶生聚伞花序，花冠分裂至基，有乳白、黄、橙红等色，香气极浓。果期翌年3～4月，核果紫黑色，俗称桂子。原产我国喜马拉雅山东段，印度、尼泊尔、柬埔寨也有分布。现广泛栽培于长江流域各省区，比较集中的产区为江苏苏州、湖北咸宁、浙江杭州、广西桂林、四川新乡等处，淮河流域至黄河下游以南各地普遍地栽，淮河以北地区露地越冬有困难，一般采用盆栽。喜光，亦能耐阴，在全光照下其枝叶生长茂盛，开花繁密，在阴处生长枝叶稀疏，花少；强日照和荫蔽对其生长不利，一般要求每天6～8h光照。喜温暖湿润的气候和通风良好的环境，最适生长气温是15～28℃，7月平均气温24～28℃，1月平均气温0℃以上；能耐最低气温-13℃；要求年降水量1000mm左右，特别是开花期需要水分较多，若遇到干旱会影响开花。喜肥，喜排水良好的砂质土壤。抗氯气、二氧化硫，还具吸收汞蒸气，吸滞粉尘的能力。分枝性强且分枝点低，因此常呈灌木状；幼年期密植或修剪，则可形成明显主干。

桂花叶茂而常绿，树龄长久，秋花甜香四溢，是我国特产的观赏花木和芳香树，为我国传统十大名花之一。宋代吕声之《桂花》赞曰："独占三秋压众芳，何夸橘绿与橙黄。自从分下月中秋，果若飘来天际香。"常作庭荫树、园景树和行道树栽培。对氯气、二氧化硫、氟化氢等有害气体都有一定的抗性，还有较强的吸滞粉尘的能力，常被用于城市及工矿区绿化。古式庭园常与亭、台、楼、阁等建筑小品及山、石相配，把玉兰、海棠、牡丹、桂花四种传统名花同植庭前，以取玉、堂、富、贵之谐音；对植称"双桂当庭"或"双桂留芳"，喻吉祥之意。桂花自1771年经广州、印度传入英国，皇家邱园于1789年开始栽培，以后欧洲一些国家相继引种。现今欧美许多国家以及东南亚各国都普遍栽培，成为重要的香花植物。

桂花别名很多：因其叶脉如圭而称"桂"，纹理如犀又叫木樨；以其清雅高洁、香飘四溢，被称为"仙树"、"花中月老"；花开时节香气具有清浓两兼的特点，清可荡涤、浓可致远，因此有"九里香"的美称。汉晋后开始与月亮联系在一起，"月宫仙桂"的神话给世人以无穷的遐想："月待圆时花正好，花将残后月还亏，须知天上人间物，同禀清秋在一时。"在长期的历史发展进程中形成了深厚的文化内涵和鲜明的民族特色，是崇高、贞洁、荣誉、友好和吉祥的象征，仕途得志、飞黄腾达者谓之"折桂"。

图 3-40　金桂

图 3-41　丹桂

栽培变种：①金桂（var. *thunbergii*），生长势较强，叶片较厚，花柠檬黄至金黄色，香味较淡（图3-40），有'大花金桂'、'大叶黄'、'潢川金桂'、'晚金桂'、'圆叶金桂'等品种。②银桂（var. *latifalius*），长势中等，叶片较薄，花色乳白或淡黄色，花朵茂密、香味甜郁，有'籽银桂'（结籽）、'九龙桂'、'早银桂'、'晚银桂'、'白洁'等品种。③丹桂（var. *aurantiacus*），生长势强、枝干粗壮、叶片厚、叶表粗糙、叶色墨绿，花色橙红，香味浓郁（图3-41），有'大花丹桂'、'齿丹桂'、'朱砂丹桂'、'宽叶红'等品种。各地可以根据不同的需要，选择不同的种或品种：如以采花为目的宜选用花繁而密的丰产型，有开花、落花整齐的'潢川金桂'、'金桂'、'籽银桂'、'大花丹桂'、'橙红丹桂'等。以观花闻香为目的，宜选用'大花丹桂'、'籽丹桂'、'朱砂丹桂'、'大花金桂'、'圆瓣金桂'等。作灌木、盆栽、盆景宜选用'日香桂'、'大叶佛顶珠'、'月月桂'、'四季桂'、'九龙桂'、'柳叶桂'等，用作乔木或作庭园主景宜选'大叶黄银桂'、'金桂'、'大叶丹桂'、'大丹金桂'、'橙红丹桂'。

● 木芙蓉（*Hibiscus mutabilis*）

又名芙蓉花、拒霜花。锦葵科，木槿属。落叶灌木或小乔木，株高仅1m；丛生，枝干密生星状毛。在较冷地区，秋末枯萎，来年由宿根再发枝芽；而冬季气温较高之处，则高可及7～8m，且有径达20cm者。叶互生，广卵形、掌状3～5浅裂，裂片呈三角形，两面有星状绒毛。花期9～11月，单生于枝端叶腋，花朵大，有白色或初为淡红后变深红以及大红重瓣、白重瓣、半白半桃红重瓣和红白间者（图3-42）。果熟期10～11月，蒴果扁球形。原产我国。喜温暖、湿润环境，有一定的耐寒性。喜阳光充足，稍耐半阴。对土壤要求不严，瘠薄土地亦可生长。忌干旱，耐水湿。

图 3-42　木芙蓉

　　木芙蓉"千林扫作一番黄，只有芙蓉独自芳"，是一种优良的晚秋观花树种。花期长，花盛艳，其花瓣内的花青素浓度因光照强度而起变化，故一天内花色也深浅不同：清晨开放时为白色，中午为浅红色，至下午时为深红色。自古以来多在庭园栽植，可孤植、丛植于墙边、路旁、厅前等处，植于坡地、林缘、建筑前或作花篱；特别宜于配植水滨，开花时波光花影，相映益妍，故有"照水芙蓉"之称："有美不自蔽，安能守孤根。盈盈湘西岸，秋至风露繁。丽影别寒水，秾芳委前轩。芰荷谅难杂，反此生高原。"（唐·柳宗元）距今九百年的后蜀国君孟昶，为讨皇妃花蕊夫人欢心，竟然颁诏在成都城头尽种芙蓉，广政十二年告成，秋间盛开，蔚若锦绣，红艳数十里，携花蕊夫人登城观赏慨之："群臣言自古以蜀为锦城，今日观之，真锦城也。"姹紫嫣红、灿若云阵的木芙蓉所形成的空间序列与丰富景观层次，形态的生动，色彩的丰富和生机的蓬勃都极具审美价值，成都别号蓉城自此而始。千年后，木芙蓉被选定为成都市市花。

● 扶桑（*Hibiscus rosa-sinensis*）

　　又名朱槿、佛桑、大红花。锦葵科，木槿属。常绿灌木或小乔木，茎直立而多分枝，株高一般不足 1m，最高可达 6m。叶互生，阔卵形至狭卵形，形似桑叶。花期全年，夏秋最盛，花大，有下垂或直上之柄，单生于上部叶腋间；单瓣者漏斗形瓣，重瓣者非漏斗形，色呈红、粉红、黄、青、白等（图 3-43）。原种产我国南部，为热带气候型树种。喜温暖湿润气候，华南多露地栽培；不耐寒霜，长江流域及其以北地区温室栽培需 12 ～ 15℃。强阳性植物，不耐阴，宜在阳光充足、通风的场所生长。土壤适应范围较广，但以富含有机质，pH6.5 ～ 7 的微酸性壤土生长最好。彩叶变种：花叶扶桑（var. *variegata*），叶面色彩有白、红、黄、绿等斑纹变化（图 3-44）。

图 3-43　扶桑

图 3-44　花叶扶桑

扶桑为我国名花，早在先秦的《山海经》中就有记载"汤谷上有扶桑"，西晋文学家、植物学家嵇含《南方草木》则记载"其花如木槿而颜色深红，称之为朱槿"，"深红色，花五出"等。明代李时珍《本草纲目·木三·扶桑》："扶桑产南方，乃木槿别种。其枝柯柔弱，叶深绿，微涩如桑。其花有红黄白三色，红者尤贵，呼为朱槿。"花期终年不绝，"扶桑花，粤中处处有之，叶似桑而略小，有大红、浅红、黄三色，大者开泛如芍药，朝开暮落，落已复开，自三月至十月不绝"（清·吴震方《岭南杂记》）。花硕美艳、花量繁多，宋代蔡襄《耕园驿佛桑花》："溪馆初寒似早春，寒花相倚媚行人。可怜万木调零尽，独见繁枝烂漫新。清艳衣沾云表露，幽香时过辙中尘。名园不肯争颜色，灼灼夭桃野水滨。"为亚热带地区优良的观花树种；马来西亚和巴拿马的国花，美国夏威夷的州花，我国广西南宁和云南玉溪的市花。耐修剪，发枝力强，露地多作彩色花篱或地被栽植；盆栽适用于客厅和入口处摆设，是布置节日会场及家庭居室的优良选择。民间喜用"朱槿"，因"扶桑"和"扶丧"谐音。

● 复羽叶栾树（*Koelreuteria bipinnata*）

无患子科，栾树属。落叶乔木，树高达20m。二回羽状复叶，羽片5～11对，小叶5～15枚，卵状披针形或椭圆状卵形，缘有锯齿。花期7～9月，顶生圆锥花序，花小，金黄色。果熟期9～10月，蒴果三角状卵形，膨大气囊状，成熟时橘红色（图3-45）。分布于我国中南、西南部，多生于海拔300～1900m干旱山地疏林中，云南高原常见。喜光，稍耐阴，耐寒性不强；对土壤pH值要求不严，适生于石灰性土壤，稍耐湿。萌生力强，具较强抗烟尘能力。

复羽叶栾树树形宽广，夏秋之交，花靓果艳，观赏效果绝佳，宜作庭荫、行道、景观树栽培。寿命较长，不耐修剪。

栽培变种：黄山栾树（var. *integrifolia*），又名全缘叶栾树，小叶7～11枚，小枝密生皮孔。花果期8～10月。长江流域各省较常见，多生于丘陵、山麓及谷地杂木林中。假二枝分枝习性没有栾树明显，较易培养良好的树形。夏秋之季，黄花满树，红果累累，可植为行道树或庭荫树（图3-46）。因其速生性(当年播种苗可长至80～100cm，3～5年开花结果)、抗烟尘及三季观景的特点，正迅速发展成为长江流域的风景林树种。

同属种：台湾栾树（*K. elegans*），我国

图3-45　复羽叶栾树

台湾省特有植物，分布于台湾中、北部低海拔阔叶树林中。落叶乔木，树高达 10m。秋季开花，花冠黄色，蒴果粉红至赤褐色（图 3-47）。喜温暖至高温，生长适温 18～30℃，喜光，生性强健；耐旱、抗风，生长快。

图 3-46　黄山栾树

图 3-47　台湾栾树

● 红鸡蛋花（*Plumeria rubra*）

夹竹桃科，鸡蛋花属。落叶灌木或小乔木。树高 5～8m，主干常有些扭曲歪斜，分枝肉质肥厚具丰富乳汁，嫩枝稍带紫晕，分杈有长有短似鹿角。叶互生，厚纸质，矩圆形或矩圆状椭圆形，稀疏地聚集于枝的上部。花期 8～9 月，聚伞花序顶生，花冠鲜红色，5 裂，裂片狭倒卵形，覆瓦状向左覆盖（图 3-48）。果熟期 10～12 月，蓇葖果双生，条状披针形，紫红色；种子矩圆形，扁平，顶端具矩圆形膜质翅。原产墨西哥南部，我国南部有栽培，但数量较少。强阳性树种，日照越充足，生长越繁茂，花多而香。喜湿热气候，广东、广西、云南、福建等省区冬季易落叶；5℃以下易冻死，长江以北只能盆植入室越冬，保持室温 10～15℃。耐干旱，喜生于石灰岩石地。鸡蛋花属约有 7 种，树皮富含有毒的白色液汁，误食或碰触会产生中毒现象，可用来外敷医治疥疮、红肿等症；花清香优雅，可提取香精供制造高级化妆品、香皂和食品添加剂之用，极具商业开发潜力。花、树皮药用，有清热、下痢、解毒、润肺、止咳定喘之效。

图 3-48　红鸡蛋花

栽培品种：鸡蛋花（'Acutifolia'），又名蛋黄花、缅栀子。花蕾淡红色，花瓣边乳白色，心金黄色，似鸡蛋白包着蛋黄，故名蛋黄花。1778年以前我国史籍已有栽培记载，现广植于热带地区，在云南南部山中有逸为野生者，在温带种植一般不会结籽，扦插易成活。鸡蛋花树形美观，茎多分枝，冬季落叶后留下的半圆形叶痕颇像缀有美丽斑点的鹿角，又称"鹿角树"，是热带地区开花最美丽的多肉植物，园林布置、庭院观赏的重要小乔木树种。花开时节，端庄高雅，香气浓郁，沁人肺腑，花瓣轮叠而生，特像孩子们手折的纸风车，又好似鹿角上扎花结彩，落叶后光秃的树干弯曲自然，其状甚美。在我国西双版纳以及东南亚一些国家被佛教寺院定为"五树六花"之一而被广泛栽植，故又名"庙树"或"塔树"；在老挝被定为国花而备受尊崇，夏威夷人喜欢串成花环作为佩戴的装饰品。在我国不仅是广东省肇庆市的市花，更是热情的西双版纳傣族招待宾客最好的特色菜，也是广东著名的凉茶"五花茶"之一：将花从树上摘下即可用滚水泡之，也可用干花熏制冲泡，饮之清香；性凉、味甘淡，具有润肺解毒、清热祛湿的功效。

- **美蕊花**（*Calliandra haematocephala*）

又名朱缨花、苏里南合欢、绒球花。含羞草科，朱缨花属。常绿小乔木或呈灌木状丛生。小枝灰白色，密被褐色小皮孔。二回羽状复叶，羽片1对，小叶5～10对，斜披针形；叶柄及羽片轴被柔毛。花期8～12月，头状花序单生或数枝簇生于叶腋间，花冠呈圆球形，花丝深红色，极多数（图3-49）。原产南美洲，台湾、广东、厦门、云南有栽培。性喜高温，不耐寒，在北回归线以南均可安全越冬；冬季休眠期会落叶或半落叶，注意保暖、避风，不低于15℃环境可使落叶减少。喜阳光充足，不耐阴，耐干旱，也耐水湿，以地势高且排水良好的沙质土壤生长最旺盛，耐剪，易移植。

美蕊花花形奇特诱人，花色鲜艳夺目，叶片宛如羽片，夜合晨开，翠绿可爱，可在庭园、校园、公园单植、列植、群植，添景美化，开花诱蝶。南方冬季园景清淡，美蕊花却满树烂漫花球，不愧为寒冬丽花，适于大型盆栽或深大花槽栽植、修剪整形。

（一）

（二）

图3-49　美蕊花

● **假连翘**（*Duranta repens*）

又名番仔刺、篱笆树、花墙刺、甘露花。马鞭草科，假连翘属。常绿灌木，株高 1.5 ～ 3m。枝条常下垂，有刺或无刺，嫩枝有毛。叶对生，稀为轮生，卵状椭圆形或倒卵形，有柔毛。花期 7 ～ 9 月，总状花序顶生或腋生，通常排成圆锥状着生在中轴一侧；花萼管状，有毛。花冠高脚碟状，先端 5 裂，裂片平展，蓝紫色或白色（图 3-50）。果熟期 9 ～ 10 月，核果肉质，卵形，成串包于扩大的宿萼内，成熟后黄色，有光泽。原产墨西哥、巴西和印度洋群岛，我国南方广泛栽培。喜温暖湿润气候，生长适温 18 ～ 28℃，天气暖和可终年开花；抗寒力较低，遇 5 ～ 6℃ 长期低温或短期霜冻，植株受寒害；华南北部以至华中、华北的广大地区均只宜盆栽，室温不低于 8℃ 防寒越冬。喜光，耐半阴。对土壤的适应性较强，沙质土、黏重土、酸性土或钙质土均宜。较喜肥，贫瘠地生长不良；耐水湿，不耐干旱。萌发力强，耐修剪，繁殖可于春季 3 ～ 4 月压条或休眠期分株。

图 3-50　假连翘

假连翘树姿柔展，生长旺盛，花期夏、秋、冬三季，边开花边结果，且花期长，花量多，盛开时芬芳四溢，令人赏心悦目；入秋果实如串串金珠，十分逗人喜爱。适宜于盆栽布置厅堂、会场或作吊盆观果，也可应用于公园、庭院中作丛植观赏，或作花篱、色块栽培，是极佳的观花观果植物。根系发达，主根、侧根、须根可在土层中密集成网状，吸收和保水能力强；侧根粗而长，须根多而密，可牵拉和固着土壤，防止土块滑移；萌发力强，树冠盖度增加较快，具有良好的水土保持作用。

（四）冬姿绰约，雪中情（12 ～ 2 月）

冬季，北半球为公历 12 ～ 2 月；我国习惯指立冬到立春的 3 个月时间，古人以农历十月为孟冬，十一月为仲冬、十二月为季冬，并将三个月份合称"三冬"，用以代指冬季。冬季是全年最冷的季节，1 月又是冬季最冷的月份，全国有 2/3 以上国土平均气温在 0℃以下。1 月中的 0℃ 等温线，大致通过淮河、秦岭一直向西延伸到青藏高原的东南边缘，然后穿过横断山脉到达西藏的林芝、德让宗，这条线以北地区江河一般都冰冻。东北、西北以及大部分青藏高原 1 月平均气温在 -10℃ 以下，其中大兴安岭、小兴安岭、阿尔泰山及藏北高原在 -20℃ 以下，大兴安岭以北在 -30℃ 以下；"北极村"漠河镇极端最低气

温达 -52.3℃。在 0℃ 等温线以南地区江河无冰冻期，只有飘雪现象，南岭以南地区都在10℃ 以上，台湾、海南岛南端及南海诸岛都在 20℃ 以上。

总之，我国冬季气温分布的规律是自南向北，随着纬度的增高逐渐降低，南北气温相差极大，达 50℃ 以上；平均每向北增加 1 个纬度，气温递降 1.5℃。冬季蒙方高气压形成，同时海洋上出现了低气压，造成了冷空气向东向海流动的形势，因此在秋冬之交、冬季和冬春之交，我国常受到寒潮袭击，大致分三条路线进入我国：西路，由新疆东进，经河西走廊，沿青藏高原东侧南下，使西南、江南广大地区产生明显降温和大范围的阴雨天气；中路，由蒙古人民共和国进入我国，经河套、华北直抵长江中下游地区，有时可越过南岭到达珠江流域，长江以北是大风降温天气，长江以南是雨雪天气；东路，源地在西伯利亚东北部或鄂霍次克海，有时经东北南下，越渤海，过华北平原直达两湖盆地，有时经日本海、朝鲜半岛、黄海南下，影响我国东南沿海地区，引起较长时间的阴雨风雪天气。冬季降水不多，我国普遍干旱少雨，只有长江中下游和江南地区形成一条较为稳定的降水带。

● 蜡梅（*Chimonanthus praecox*）

又名腊梅。蜡梅科，蜡梅属。落叶灌木，暖地半常绿；树高达 3m，小枝近方形。叶半革质，卵状披针形，表面粗糙，背面光滑无毛。花单生，花被外轮蜡质黄色，中轮带紫色条纹，具浓香，远在叶前（自初冬至早春）开放（图3-51）。原产我国中西部湖北、陕西等省，长城以南各地庭园中广泛栽培。性耐寒，喜光，略耐阴。耐干旱、忌水湿，在黏性土及碱地上生长不良。耐修剪，发枝力强，寿命可达百年以上。

（一）

（二）

图 3-51　蜡梅

蜡梅花开寒月早春，雅致清高，花香芳馥，耐人寻味："刚条簇簇冻蝇封，劲叶将零傲此冬。磬口种奇英可嚼，檀心香烈蒂初镕。根依阳地春风透，瓶倚晴窗日气浓。一样黄昏疏影处，悬知水月不相容。"（宋·董嗣杲《蜡梅花》）因其独特的风姿、奇异的韵味，加之象征吉祥富贵，备受青睐，为冬季观花佳品："造物无穷巧，寒芳品更殊。花腴真类假，枝瘦嫩犹枯。帝子明黄表，宫人隐绛襦。若论风韵别，桃李亦为奴。"（宋·蔡沈《蜡梅》）既可孤植点缀构成小景，也可群植、片植形成大型景观，更可培育成苍干虬枝、巧夺天工的盆景。古人常用作贴鬓花黄："画楼人醉烛高烧，滴在寒枝蜡未消。蕊撒打莺金弹滑，花悬驱雀彩铃摇。歌儿戏拍供檀板，妆女轻裁贴翠翘。酒揭黄封诗嚼淡，时匀乳蜜过山腰。"（宋·程炎子《蜡梅》）如今是春节切（花）枝的上乘材料，在香港市场非常走俏。蜡梅油的价格和黄金等同，而用蜡梅花提炼的天然香精更是黄金价格的5倍。河南大学赵天榜先生在《中国蜡梅》中载4个品种群，12个品种型，165个品种。花色既有纯黄、金黄、淡黄、墨黄、紫黄等黄色系统，也有银白、淡白、雪白、黄白等白色类型，花蕊亦有红、紫、洁白等。在花期、花形、花香及生长习性等方面也各有特点。蜡梅优良品种的繁殖以嫁接为主；实生苗或根蘖苗称为"九英梅"或"狗牙梅"，野生性状强、观赏性不高，在选择时应加以注意。

栽培变种：①馨口蜡梅（var. *grandiflora*），叶大，花亦大；外轮花被片淡黄色，内轮花被片有浓红紫色边缘与条纹。②素心蜡梅（var. *concolor*），花被片纯黄，内部不染紫色条纹。③小花蜡梅（var. *parviflorus*），花特小，径约0.9cm，外轮花被片黄白色，内轮有浓紫色条纹。河南"鄢陵蜡梅冠天下"，代表名种即为"素心蜡梅"，其花芯洁白，浓香馥郁。

同属种：亮叶蜡梅（*C. nitens*），又名山蜡梅，常绿灌木，株高1.5～2.5m。叶革质，椭圆状披针形，先端窄细长渐尖或尾尖状，具浓郁香味；叶面粗糙有光泽，背面有白粉。花期10月至翌年1月，单生叶腋，花被片20～24枚，窄尖、淡黄色。产于湖北宜昌及广西等地，杭州、上海、南京、扬州等地有栽培。喜湿润环境，喜光，亦耐阴，根系发达，萌蘖力强。亮叶蜡梅枝叶繁茂，四季常绿，叶片革质光亮，分布于江浙等地，花色金黄且全株具诱人芳香，生长适应性良好，是优美的常绿观赏灌木及秋季观花植物。

图3-52　山茶花

● **山茶**（*Camellia japonica*）

又名茶花。山茶科，山茶属。常绿小乔木或灌木，树高达10～15m。枝条黄褐色，小枝呈绿色或绿紫色至紫色、紫褐色。单叶互生，叶柄粗短；革质，卵形或椭圆形，正面深绿色，有明显光泽（图3-52）。花期2～3月，单生或2～3朵着生于枝梢顶端或叶腋间，花梗极短或不明显，单瓣、半重瓣或重瓣，多为大红色；花瓣近圆形，顶端微凹，5～7枚，呈1～2轮覆瓦状排列；萼密被短毛，边缘膜质。蒴果圆形，秋末成熟，果大皮厚，内含1～2粒以上种子，淡褐色或黑褐色，近球形或相互挤压成多边形，种皮角质坚硬，子叶肥厚，富含油质；外壳木质化，成熟后自然从背缝开裂，散出种子。产于中国和日本，我国东部及中部多栽培。喜温暖气候，生长适温为18～25℃，始花温度为2℃。略耐寒，一般品种能耐-10℃的低温；耐暑热，浙江红花油茶在江西庐山遭-16.8℃极端低温而来春正常开放。喜半阴的散射光照，忌烈日，超过36℃生长受抑制。喜空气湿度大，忌干燥，宜在年降水量1200mm以上的地区生长。喜肥沃湿润而排水良好的中性和微酸性土壤(pH5～7)，具有很强的吸收二氧化碳能力，对二氧化硫、硫化氢、氯气、氟化氢和烟雾等有害气体都有很强的抗性，对海潮风也有一定的抗性。一年有2次枝梢抽生，第一次为春梢，于3～4月开始，夏梢7～9月抽生。

山茶花姿丰盈、端庄高雅，花色美，花期长（早花种11月开放，晚花种3月间开放，有的能陆续开放5～6个月），为我国传统十大名花。"东园三日雨兼风，桃李飘零扫地空。惟有山茶偏耐久，绿丛又放数枝红。"（宋·陆游《山茶花》）古人曾谓茶花有十绝：花美，寿长，气魄大，肤雅，姿美，根奇，叶茂，性坚，颜荣，宜赏。既具"独能深月占春风"的傲梅风骨，又有"深夺晓霞"的凌牡丹之鲜艳，在唐、宋两朝达到了登峰造极之境："山茶相对阿谁栽，细雨无人我独来。说似与君君不会，灿红如火雪中开。"（宋·苏轼《邵伯梵行寺山茶》）17世纪引入欧洲后，更获得"世界名花"的美名，现有优良变种、变型及园艺品种3000个以上。

栽培变种：①白山茶（var. *alba*），花白色（图3-53）。②白洋茶（var. *alba-plena*），花白色，重瓣（图3-54）。③红山茶（var. *ancmoniflora*），花红色，花形似牡丹，有5枚大花瓣，雄蕊有变成狭小花瓣者(图3-55)。④紫山茶（var. *lilifolia*），花紫色，叶呈狭披针形。⑤玫瑰山茶（var. *magnoliaflora*），花玫瑰色，近于重瓣。⑥重瓣花山茶（var. *polypetala*），花白色而有红纹，重瓣；枝密

图3-53　白山茶

图3-54　白洋茶

图3-55　红山茶

生，叶圆形。⑦鱼尾山茶（var. *trifita*），花红色，单瓣或半重瓣；叶端3裂如鱼尾状，又常有斑纹，为观赏珍品。

同属种：①南山茶（*C. semiserrata*），又名云南山茶花。常绿大灌木至乔木，树高可达15m。树皮灰褐色，小枝棕褐色；叶椭圆状卵形，表面深绿而无光泽，背面淡绿色。花期很长，在原产地早花种自12月下旬始开，晚花种能一直开到4月上旬。花芽大都着生于近枝梢部，花2～3朵着生于叶腋，形大，无梗；花瓣15～20枚，内瓣倒卵形，外瓣阔倒卵形或圆形，缘常波状，花色自淡红至深紫；萼片形大，内方数枚呈花瓣状。子房密被丝状绒毛；蒴果扁球状，表面有毛。原产我国云南，江苏、浙江、广东等省有栽培，北方各省多盆栽。喜温暖湿润气候，生长季适温18℃，越冬温度-5℃以上；耐寒性比山茶弱，如果气温降至0℃则花蕾会受冻而逐渐枯落，但枝条可经受-12℃的低温而不死亡。对土壤的酸碱性反应比山茶更为敏感，可在pH3～6的范围内正常生长，以pH5左右最佳。南山茶是我国云南特产并享有国际盛名的观花树种之一，生长缓慢，寿命很长。花朵繁密似锦，极美艳，可谓一树万苞，妍丽可人。②油茶（*C. oleifera*），常绿小乔木，树冠扁球形。幼枝有毛。叶革质，椭圆形或近倒卵形，近缘有锯齿，表面鲜绿色。侧脉不明显。花期9～11月，花白色，顶生，无柄，子房密被白色丝状绒毛。果期翌年10月，蒴果木质，球形，熟时开裂。产于我国长江以南各省区，分布广泛。喜温暖湿润气候，亦耐干寒。暖地阳性树种，幼株耐阴。喜肥沃的酸性土壤，在强酸性的红壤中也能适应。深根性，萌蘖力强。油茶枝叶茂密，繁花洁白，结果累累，兼具观赏与经济价值。适于在树丛、林缘配植，也适于丘陵、山地、沟边、路旁绿化，保持水土。油茶也是茶花育种的原始材料。③金花茶（*C. nitidissima*），常绿小乔木，树高2～6m，叶薄革质，长圆形，缘具骨质小锯齿或细锯齿，两面光滑，有时有毛。花瓣7～8枚，多可达17枚，金黄色至淡黄色，具蜡质光泽（图3-56）；蒴果扁球形或近球形。共24种，5个变种，其中五室金花茶（*C. aurea*）和小黄花茶（*C. luteoflora*）产越南北部；簇蕊金花茶（*C. fascicularis*）产我国云南河口，余皆分布于广西南部和西南部的亚热带南缘和热带北缘地区，分布海拔高度50～650m，其中以120～350m较常见，常绿灌木或小乔木，喜阴，怕直射光。喜暖湿气候，适宜生长温度18～23℃，冬季可耐0℃短暂低温；部分耐寒种如平果金花茶（*C. pingguoensis*）能忍受-10℃的低温。金花茶及其变种防城金花茶、小果金花茶较耐水湿，而小瓣金花茶(*C. parvipetala*)、薄叶金花茶（*C. hrysanthoides*）较耐干旱。土壤适应性分为两类：一类为石灰岩山地发育的土质，微酸性至微碱性反应（pH6.5～7.5）；另类为砂页岩、花岗岩发育成的红、黄壤土，呈酸性反应（pH4.5～5.5）。金花茶为世界珍稀树种，观赏、药用价值极高，值得大力引种、推广。用油茶为砧嫁接繁殖，2～4年即可现蕾开花，并能明显增强接穗抗寒、抗旱性能，增加分枝，改善冠形。④茶梅（*C. sasanpua*），又名小茶梅、海红。常绿灌木或小乔木，树高可达12m，树冠球形或扁圆形。树皮灰白色，嫩枝有粗毛，芽鳞表面有倒生柔毛。单叶互生，椭圆形至长圆卵形，先端短尖，边缘有细锯齿；革质，叶面具光泽，中脉上略有毛。花期11月至翌年1月，花形兼具茶花和梅花的特点，白色或红色，略芳香（图3-57）。蒴果球形，稍被毛。亚热带适生树种，主要产于江苏、浙江、福建、

图 3-56　金花茶　　　　　　　　　　　　　　　　图 3-57　茶梅

广东等沿江及南方各省。性喜阴湿，强烈阳光会灼伤其叶和芽，导致叶卷脱落，但又需要有适当的光照才能开花繁茂鲜艳，以半阴半阳最为适宜。喜温暖湿润气候，适生于肥沃疏松、排水良好的酸性砂质土壤中，碱性土和黏土不适宜种植。

● 瑞香（*Daphne odora*）

又名千里香、山梦花等，古称露甲。瑞香科，瑞香属。常绿小灌木，株高 1.5～2m，树冠近球形，枝细长，光滑无毛。单叶互生，长椭圆形，全缘，深绿、质厚，有光泽。花期 2～3 月，头状花序有总梗，簇生于枝顶端；花被筒状，上端四裂，白色，紫色或黄色，具浓香。原产我国，性喜温暖，畏寒冷，霜降后移入室内向阳处，维持 8℃以上的室温。喜阴，惧烈日，夏季要遮阴，避雨淋和大风；喜疏松肥沃、排水良好的酸性土壤（pH6～6.5），忌用碱性土。

瑞香树姿优美，枝干婆娑，花繁馨香，寓意祥瑞，是我国传统名花；古代诗词中颇多赞咏之词："真是花中瑞，本朝名始闻。"（宋・王十朋）其花虽小，却锦簇成团、香味浓郁，有"夺花香"、"花贼"之称呼，观赏以早春二月开花期为佳，长达 40 天左右。最适合种于林间空地、林缘道旁、山坡台地及假山阴面，常采用与落叶乔木、灌木混植的办法，若散植于岩石间则风趣益增。日本的庭院中也十分喜爱使用瑞香，多将它修剪为球形，种于松柏之前供点缀之用。枝干丛生，萌发力较强，花后须进行整枝。春秋两季都可进行移植，但以春季开花期或梅雨期移植为宜；成年树不耐移植，移植时务必尽量多带宿土，还要加以重剪。常见栽培品种有：白花瑞香、红花瑞香、紫花瑞香、黄花瑞香，以及毛瑞香（花白色，花被外侧密被灰黄色绢状柔毛）、蔷薇瑞香（花瓣内白外浅红）、凹叶瑞香（叶缘反卷，先端钝而有小凹缺）等。金边瑞香，叶缘金黄色，花蕾红色，开后白色，素有"牡丹花国色天香，瑞香花金边最良"之说（图 3-58）。

● 结香（*Edgeworthia chrysantha*）

又名打结花、黄瑞香。瑞香科，结香属。落叶灌木，株高 1～2m，枝条疏生，粗壮而

图 3-58　金边瑞香

图 3-59　结香

柔软，通常三杈状分枝，小枝棕红色，被黄色绢状长柔毛。叶互生，常簇生枝顶，长椭圆形，全缘，秋末落叶后留下凸起叶痕。花期 2～3 月，先叶开放；花被圆筒形、先端四齿裂，黄色，浓香，40～50 朵聚成下垂的假头状花序，总柄粗短，生于枝顶或近顶部，状如蜂窝（图 3-59）。核果卵形。原产我国，分布于长江以南各省及河南、陕西和西南等地。性喜温暖气候，但亦能耐 -10～-20℃以内的低温，只是花期要推迟至 3～4 月；冬季低于 -20℃的地方，只宜盆植作温室栽培。喜半阴，也耐日晒。根肉质，怕水湿；以排水良好的肥沃壤土生长较好，忌栽碱地。移植宜在冬、春季进行，可裸根移植。成年结香应修剪老枝，以保持树形的丰满。

结香因其枝条柔软可以打结，花朵有香气，故名。姿态清逸，花多成簇，芳香四溢，适宜孤植、列植、丛植于庭前、道旁、墙隅、草坪中，或点缀于假山岩石旁，可曲枝造型；还被称作"梦树"，可以解梦：梦后清早起来，在没人看见的时候去把树枝打个结，如果是好梦就可以实现，是噩梦就可以化解；而花，自然就成了"梦花"。此外，结香还有驱虫、抑制白蚁的独特作用，其根、茎、花可供药用，有舒筋活血、消肿止痛之功效。

● 迎春花（*Jasminum nudiflorum*）

又名金腰带、黄素馨。木樨科，素馨（茉莉）属。落叶灌木，枝条细长，呈拱形下垂生长，可达 2m 以上。老枝灰褐色，侧枝绿色、四棱形。三出复叶对生，小叶卵状椭圆形，表面光滑。花期 2～3 月，先叶开放，花单生上年生枝条的叶腋，鲜黄色，有绿色苞片，花冠高脚杯状，顶端 6 裂或成复瓣，具清香（图 3-60）。原产我国云南，中部和北部各省也有分布。要求温暖而湿润的气候，略耐寒，在北京及其以南地区均可露地越冬；北京以北只能盆植，于 -5℃时移入低温室（5～10℃）越冬。喜光，稍耐阴。怕涝，喜疏松肥沃和排水良好的沙质土，在碱性土中生长不良。根部萌发力强，繁殖较易。

迎春花密缀枝头，经月不凋，是重要的晚冬、早春花木，与梅花、水仙、山茶合称"雪中四友"，可布置花坛，点缀庭院。唐代诗人白居易咏之："金英翠萼带春寒，黄色花中有几般。凭君与向游人道，莫作蔓菁花眼看。"迎春花不仅驱散了寒冬的寂寥，而且秀气典

图 3-60　迎春（左 -1 月，右 -3 月）

雅，先百花迎春却从不炫耀，历来是文人咏物寄情的钟爱花木，宋代诗人韩琦更赞之："覆栏纤弱绿条长，带雪冲寒折嫩黄。迎得春来非自足，百花千卉黄芬芳。"在早春和梅雨季节，选取姿态较好的老枝进行扦插，成活后稍加绑扎修剪就可成为颇有古意的小盆景；春节前后连盆移入温室，室温保持 15℃左右，约 15 天就可见花。叶入药，消肿解毒，治肿痛恶疮、跌打损伤；花能解热利尿，治发热头痛、小便热痛。

四、赏形观色，营养保健

果木，指果实美味或色泽鲜艳、形状奇特、经久耐看的树种："甜于糖蜜软于酥，阆苑山头拥万株。叶底深藏红玳瑁，枝边低缀碧珊瑚。"（宋·陈尧叟《果实》）其中，色果类：红色者如枣、石榴、枸杞、冬青、枸骨、桶子、洒金珊瑚等，黄色者如银杏、杏、枇杷、柚、金柑等，紫黑色者如女贞、鼠李、刺楸、刺五加等，呈白色者如芫花、雪果等。此外，且由于光泽、透明度等的不同又有许多细微的变化。果实大小有别、形态各异（图4-1），有大如篮球的椰子、柚子和榴莲等，甚至有体积60cm×40cm、重达20kg的木菠萝（菠萝蜜），也有小如米粒、果量多且挂果期长的丰果类树种，如楝树、无患子、南天竹、火棘、枸骨等；果形奇特的异形果类树种，有枫杨、国槐、皂荚、玉兰、秤锤树、火炬树、君迁子、罗汉松等。在选用绿地观果树种时，最好选择果实不易脱落且浆汁较少的，以便长期观赏。

a. 荔枝

b. 榴莲

c. 释迦（番荔枝）

d. 杨桃

图4-1　果形、果色

（一）脆蜜酥爽，营保健

果木的食用价值是人类最早开发的成果之一，近年来人们根据水果栽培历史和开发利用程度，习惯将其分为三代：第一代水果是指人工选育栽培的传统水果，主要种类有梨、桃、葡萄、苹果、柑橘等。第二代水果是指近几十年来人工开发栽培的野生山果，主要种类有猕猴桃、山楂、冬枣等。第三代水果是指尚未被广泛开发利用的野生山果，主要种类有山葡萄、沙棘、刺梨、酸枣、黑桃、黑莓、桑葚、野蔷薇等。近几年来国际市场对第三代水果需求是越来越大，已成为21世纪果品开发的一种趋势，其中某些既可当花，又可当果且具有养神、养颜或补锌、补硒、补钙、防癌、减肥等独特保健功能的果品更受到市场的热捧，人称"香花"、"艳果"、"美实"，成为生态绿地景观建植中的优良果木选择。值得注意的是，虽然多种树木的果实是人类的食品、佳肴，但也不是多多益善，如：柑橘果实营养丰富，色香味兼优，既可鲜食，又可加工成以果汁为主的各种加工制品，新鲜果肉中含有的丰富维生素C能提高机体的免疫力，还能降低患心血管疾病、肥胖症和糖尿病的概率。但每天别超过3个，吃多了反而对口腔、牙齿有害；叶红质摄入过多也导致血中含量骤增并大量积存在皮肤内，使手掌、手指、足掌、鼻唇沟及鼻孔边缘等皮下脂肪丰富部位的皮肤发黄。

● 木瓜（*Chaenomeles sinensis*）

又名木瓜海棠、光皮木瓜、木梨。蔷薇科，木瓜属。落叶小乔木，树高达7m，树皮片状脱落，痕迹显著（图4-2（*a*））。无枝刺，但短小枝常成棘状；小枝圆柱形、紫红色，幼时被淡黄色绒毛。叶革质，椭圆形或椭圆状长圆形，表面无毛；幼时沿叶脉被稀疏柔毛，背面幼时密被黄白色绒毛。叶柄粗壮，被黄白色绒毛，上面两侧具棒状腺体；托叶膜质，椭圆状披针形，先端渐尖、边缘具腺齿，沿叶脉被柔毛。花期4月，单生于短枝端；花梗粗短，无毛；花瓣倒卵形，淡红色。果熟期9～10月，长椭圆体形具短梗，深黄色，有光泽（图4-2（*b*））；果肉木质，味微酸、涩，有芳香。原产我国，山东、河南、陕西、安徽、

（*a*）植株 （*b*）果

图4-2　木瓜海棠

江苏、湖北、四川、浙江、江西、广东、广西等省区都有栽培。喜温暖，有一定的耐寒性，北京地区在良好小气候环境条件下可露地越冬。要求土壤排水良好，不耐湿和盐碱。

木瓜海棠树形优美，春可赏花，秋可观果，斑驳的干皮犹如迷彩服般鲜艳夺目，孤植、丛植或片植均相适宜。苏州拙政园有百年古树，霄木冲天；南京情侣园有百株片林，实为胜景。枝形奇特，也是制作传统盆景的上好材料。果药用，有驱风、顺气、舒筋、止痛的功效，并能解酒去痰、煨食止痢。

同属种：贴梗海棠（*Ch. speciosa*），又名铁角海棠、皱皮木瓜。落叶灌木，株高达2m。枝干丛生，有刺；小枝平滑，无毛。叶卵形或椭圆形，表面有光泽。花期3～5月，3～5朵簇生，猩红色、朱红色、橘红色、粉红色或白色，花梗短粗或近无梗。果熟期8～9月，卵形至球形、几无梗，黄色或黄绿色，芳香。原产我国西南地区，缅甸有分布；陕西、甘南、河南、山东、安徽、江苏、浙江、江西、湖南、湖北、广东等省均有栽培。贴梗海棠花色红黄杂糅，相映成趣，是良好的庭园观花、观果树木，可孤植、丛植或作绿篱材料。

● 山楂（*Crataegus pinnatifida*）

又名山里红、胭脂果。蔷薇科，山楂属。落叶小乔木，树皮暗灰色，有浅黄色皮孔；小枝紫褐色，老枝灰褐色，枝密生，有细刺，幼枝有柔毛。单叶互生或于短枝上簇生，三角状卵形至棱状卵形，两侧各有3～5羽状深裂片，基部1对裂片分裂较深，边缘有不规则锐锯齿。花期5～6月，伞房花序，花白色，后期变粉红色，萼筒外有长柔毛。果期7～10月，梨果近球形，熟后深红色，表面具淡色小斑点，顶端凹陷，有花萼残迹（图4-3）；质硬，果肉薄，味微酸涩。我国河北、北京、辽宁、河南、山东、山西、江苏、云南、广西等地都有栽培。浅根性树种，主根不发达，但生长能力强，在瘠薄山地也能生长。

图4-3　山楂

山楂树适应能力强，容易栽培，树冠整齐，枝叶繁茂，病虫危害少，花果鲜美可爱，因而也是田旁、宅园绿化的良好观赏树种。美国人民对山楂花与玫瑰花都非常偏爱，以玫瑰为国花，以山楂树为国树。山楂含山楂酸等多种有机酸，并含解脂酶，有重要的药用价值，自古以来就成为健脾开胃、消食化滞、活血化痰的良药，如常见的开胃健脾药有"山楂丸"、"焦三仙"等。老年人常吃山楂制品能增强食欲，改善睡眠，保持骨和血中钙的恒定，预防动脉粥样硬化，使人延年益寿，故被视为"长寿食品"。山楂加糯米制成山楂粥，能开胃消食、化滞消积，适于食积腹胀、消化不良患者食用；鲜山楂1kg加桃仁100g，蜂蜜250g制成山楂桃仁露，能活血化滞、健胃消食，适用于心血管病患者长期服用；山楂60g加荸荠300g，再加白糖等可制成雪红汤，能强心降压、清肝化滞，适于高血压、动脉硬化和冠心病患者食用；山楂250g加丹参500g，枸杞子250g，再加蜂蜜、冰糖等制成养肝消淤蜜，能补心血，清肝热，适于肝炎患者恢复期饮用。

- **花红**（*Malus asiatica*）

又名林檎、沙果。蔷薇科，苹果属。落叶小乔木，树高4～6m。分枝较密，常上伸如灌木状，小枝疏生有绒毛。单叶互生，卵形或椭圆形，顶端骤尖，边缘有极细锯齿，幼叶密生白毛。花期4～5月。伞形总状花序，花蕾时红色，开后色褪而带红晕，花梗、花萼均有茸毛。果期8～9月，梨果扁球形，果顶凹而有竖起的残存萼片，果底深陷，果面黄色，染浓红色，黄色散生点（图4-4）。普遍分布于黄河和长江流

图4-4　花红

域一带，生长于海拔50～1300m的地区，常生长在山坡向阳处、平地和山谷梯田边，生食味似苹果，变种颇多，是我国的特有植物。

果实可制果干、果丹皮或酿果酒；性甘温，能消食化滞、散淤止痛、涩精、止泻；根水煎服具有驱虫、杀虫的作用，可治蛔虫等所致疾病；叶鲜用或晒干用，皆具有泻火明目、杀虫解毒的作用。可治疗眼目青盲、翳膜遮眼及小儿疥疮。

- **枸橼**（*Citrus medica*）

又名香圆。芸香科，柑橘属。常绿小乔木，树高4～6m。茎枝光滑无毛，无短刺。叶互生，革质，具腺点，叶片长椭圆形，两端渐尖，叶柄具阔翼。花期4～5月，花单生或簇生，芳香；花瓣5枚，白色，表面有明显的脉纹。果期10～11月，柑果圆形，成熟时橙黄色，表面特别粗糙（图4-5），果汁无色，味酸苦。原产我国南方，分布于江苏、浙江、江西、安徽、湖北、四川等地。喜温暖，较耐寒，越冬期最低温度1～5℃。宜避风向阳、通风良好的环境，疏松、肥沃、湿润的砂质壤土。

香圆既是名贵的冬季观果盆栽，又是芳香宜人的盆栽香花，是室内装饰的佳品；也适宜种在窗前、屋旁、水池边、草坪中及林缘等处，饶有风趣。果可作饮料，花、果、叶能提取芳香油，果皮可入药，有下气除痰的功能。

栽培变种：佛手（var. *sarcodactylis*），又名五指橘、佛手柑。常绿小乔木或灌木，树高约1m，最高可达3～4m；枝梢有棱角，嫩枝带紫红色，有粗硬的短棘刺。菌根数量较多，腐烂断根后不易恢复。单叶互生，革质，长椭圆形或倒卵状长圆形，先端钝，边缘有浅波状钝锯齿；叶柄短，无翼叶，无关节。花期4～9月，1年可开3～4次，以夏季最盛；圆锥花序或腋生花束，花萼杯状，5浅裂；花瓣5枚，上部白色，基部紫红色。果熟期11～12月，柑果橙黄色，表面粗糙，卵形或长圆形，基部圆，先端分裂如拳状称拳佛手，

张开如指者叫开佛手（图 4-6），极为芳香，果肉淡黄色，几乎完全退化。原产于我国华南、东南热带地区，长江以南地区常见栽培。喜温暖，生长期适温 20 ～ 25℃，安全越冬温度 5 ～ 15℃，长期低于 0℃即显冻害。喜阳光、不耐阴，畏烈日，小苗尤怕强烈阳光。喜排水良好、肥沃湿润的酸性砂质壤土，开花结果初期不宜浇水过多；入秋后气温下降，浇水应相对减少；冬季进入休眠期，只要保持盆土湿润即可。开花、结果初期，为防止落花掉果，不宜浇水过多。

佛手叶色苍翠，四季常青，花朵成簇，香气袭人，果实形态奇特，妙趣横生，古代乡土诗人雪樵赞曰："苍烟罥丘壑，绿橘种百手；黄柑大佳丽，伸指或握拳；清香扑我鼻，直欲吐龙涎。"果实成熟后橙黄有奇香，在树上挂果时间可长达 3 ～ 4 个月之久。"果实金黄花浓郁，多福多寿两相宜；观果花卉唯有它，独占鳌头人欢喜。"为著名的叶、花、果兼赏型南方园林佳木，多栽培于庭院或果园，也是春节期间的优良盆栽果木，主产于福建、广东、四川、浙江等省，其中以浙江金华佛手最为著名，被称为"果中之仙品，世上之奇卉"。除有极高的观赏价值外，营养保健功能亦非常显著：花与果实均可食用，可作佛手花粥、佛手笋尖、佛手炖猪肠等；果皮和叶含有芳香油，为调香原料和良好的美容护肤品；果实可加工成蜜饯、沏茶、泡酒；全株皆能入药，有理气化痰、舒肝和胃、解酒之功效。

图 4-5　枸橼

图 4-6　佛手

- **无花果（*Ficus carica*）**

又名天生子、文仙果、密果、奶浆果等。桑科，榕属。落叶乔木或灌木，树高达 12m，干皮灰褐色，平滑或不规则纵裂，有乳汁。小枝粗壮，托叶包被幼芽，托叶脱落后在枝上留有极为明显的环状托叶痕。单叶互生，厚纸质，阔卵形，掌状 3 ～ 5 深裂，边缘有波状齿，上面粗糙，下面有短毛。花期 4 ～ 5 月，肉质花序托有短梗，单生于叶腋；因花小且藏于花托内，又名隐花果（图 4-7）。6 ～ 10 月均可成花结果，隐花果倒卵形，绿黄色至黑紫色。原产阿拉伯南部，后传入叙利亚、土耳其等地，目前地中海沿岸诸国栽培最盛。西汉时引入我国，史籍称"阿驿"，维吾尔语称"安吉尔"，现以长江流域和华北沿海地带栽植较多，北京以南的内陆地区仅见有零星栽培。喜温暖湿润的海洋性气候，在华

北内陆地区如遇 -12℃ 低温新梢即易发生冻害，-20℃时地上部分可能死亡。喜光，耐旱、不耐涝。根系发达，对土壤要求不严，在典型的灰壤土、多石灰的沙质土、潮湿的亚热带酸性红壤以及冲积性黏壤土上都能正常生长，在盐碱地上也能良好地生长结果。

　　无花果是人类最早栽培的果树树种之一，已有近 5000 年的栽培历史，在地中海沿岸国家的古老传说中被称为"圣果"，作祭祀用；叶片硕大、果实奇特，夏秋果实累累，是优良的庭院绿化和经济树种。耐烟尘，少病虫害，具有抗多种有毒气体的特性，可用于厂矿景观绿化；抗盐碱能力强，是沿海滩涂盐碱地开发先锋树种。无花果的果实可食率高达 92% 以上，皮薄无核，肉质松软，风味甘甜，具有很高的营养价值和药用价值，除了有帮助消化，治咽喉痛，防治神经痛和润滑皮肤的美容作用，最重要的是抗癌功效得到了世界各国的公认，被誉为"21 世纪人类健康的守护神"，有望成为我国乃至世界第一保健水果。

图 4-7　无花果

● **刺梨（*Rosa roxburghii*）**

　　又名缫丝花、木梨子。蔷薇科，蔷薇属。落叶灌木，株高约1m。多分枝，遍体具短刺，成对生于叶之基部。单数羽状复叶互生，着生于两刺之间；小叶通常 7～11 枚，对生，长倒卵形至椭圆形，无柄；托叶线形，大部连于叶柄上。花期 4～6 月，花两性，单生于小枝顶端，淡红色，有香气；花瓣5枚，广倒卵形，顶端凹入；花萼5枚，基部连合成筒状围包雌蕊，上端膨大为花盘，表面密被细长刺针。果熟期8～9月，果实扁球形，被有密刺，成熟时为黄色，有时带红晕；果肉脆，成熟后有浓芳香味。果皮上密生小肉刺，俗称之为"刺梨"（图4-8）。内含多数骨质瘦果，卵圆形，先端具束毛。是云贵高原特有的野生资源，以贵州为主产，云南次之。

图 4-8　刺梨

刺梨树体不高，分枝密，绿化覆盖效果好；花形多，花量大，花期长，果实碧绿晶莹，成熟时有特殊香味，是一种很好的观赏花卉和绿篱植物，可供园林、绿地群植和列植，也是栽植绿篱、刺篱和花篱的上好选择。刺梨是第三代天然野果，滋补健身的营养珍果：成熟的果实肉质肥厚、味酸甜，富含 20 多种氨基酸，10 余种对人体有益的微量元素，维生素 C 含量是柑橘的 50 倍，猕猴桃的 10 倍，是当前水果中最高的，被称为"维生素 C 之王"；特别是富含的超氧化物歧化酶（SOD）是国际公认具有抗衰、防癌作用的活性物质，还具有抗病毒、抗辐射的作用，是加工果汁、果酱、果酒、果脯、糖果、糕点等保健食品的上等原料。刺梨的药用价值很高，花、叶果、籽有健胃、消食、滋补、止泻的功效，在心血管、消化系统和各种肿瘤疾病防治方面应用十分广泛。

● 越橘（*Vaccinium vitis-idaea*）

又名红果越橘。杜鹃花科，越橘属。常绿匍匐性矮小灌木，株高约 10cm。地上茎直立，具白柔毛，小枝细，灰褐色。单叶互生，革质，椭圆形或倒卵形，叶缘有细毛，上部具微波状锯齿。花期 6～7 月，两性花腋生或顶生，单生或 4～8 朵成短总状花序，花冠钟状，裂片 4，广卵形，白色或淡红色。果熟期 8 月，浆果球形，直径 0.5～2cm，熟时橘红或深红色；内含多数种子，果顶常有宿萼。原产北美，广泛分布在北半球高山地区。性耐寒，喜生湿润而又富含有机质的酸性土壤，在自然界常见于亚寒带针叶林中。

图 4-9　蓝莓

越橘花、果及秋叶均美，可作地被观赏树种栽培。越橘属约有 130 种以上，栽培历史较短，驯化研究最早（1908 年），始于美国，其中蓝果越橘（*V. chunii*，俗称蓝莓，图 4-9）在世界范围内栽培面积最大。我国约有 20 余种，广泛分布于东北及西南山区，从 20 世纪 80 年代开始对越橘进行引种驯化栽培。越橘含有花色苷、果胶、单宁、熊果苷、维生素 C 和维生素 B 等多种成分，主要功效可以防止血管破裂，也被誉为毛细血管的修理工，保护眼睛，防癌变，对慢性乙肝也有改善作用等。

● 枸杞（*Lycium chinensis*）

茄科，枸杞属。落叶大灌木，株高 3～5m（图 4-10）。枝细长，1～2m，柔弱，有针状棘刺，常弯曲下垂或拱形匍匐；单叶互生或丛生于短枝上，卵形至倒卵状披针形。花期长，5～10 月不断开花，花数朵簇生叶腋，花梗细；花冠漏斗状，5 裂，筒部稍宽，淡紫色。花后 1 个月果熟，浆果卵形或长椭圆形卵形，深红或橘红色，微有光泽，顶端有小凸起状的花柱痕，基部有白色的果柄痕。果皮柔韧、皱缩，果肉柔润而有黏性，味甜而微酸；种子类肾形扁而翘，浅黄色或棕黄色（图 4-11）。分布于华北、西北等地，野生和栽培均有，生于沟岸及山坡或灌溉地埂和水渠边等处。性强健，较耐寒。喜光，稍耐阴。耐旱，不耐水湿，喜在排水良好的沙质壤土上生长。嫩叶可入菜，果实入药，以粒大，色红，肉厚，质柔润，籽少，味甜者为佳。

图 4-10　枸杞　　　　　　　　　　　图 4-11　大果枸杞

枸杞枝叶繁茂，景观迷人，紫花夏堇，果若珊瑚，是庭院花果佳木，多植于池畔、岸边、径旁、林下、悬崖、山隙；"棘如枸之刺，茎如杞之条"，故兼得名，为沿海重盐碱地区优良景观绿化树种。树龄可达百年以上，老株常作树桩盆景，苍劲雅致。《本草纲目》载："春采枸杞叶，名天精草；夏采花，名长生草；秋采子，名枸杞子；冬采根，名地骨皮。"有降低血糖，抗动脉粥样硬化功效。

同属种：宁夏枸杞（*L. barbarum*），株高 2～3m，栽培者茎粗 15～20cm；分枝较密，披散，略斜上升或弓曲，有纵棱纹。花期 6～8 月，常 2～6 朵簇生于短枝上，花梗长；花萼钟状，通常 2 中裂；花冠粉红色或紫堇色，具暗紫色条纹。果期 7～10 月，浆果类纺锤形，略扁，红色或橘红色，果皮肉质，多汁液。宁夏特产，已有 500 多年的栽培历史，主要分布在乌兰察布、阴南丘陵、鄂尔多斯、贺兰山、东阿拉善、西阿拉善、龙首山，色艳，粒大，皮薄，肉厚，籽少，甘甜，自古享誉中外，具有很高的医药价值和保健功能；是唯一用宁夏区域名称命名的地道珍贵中药材，唯一被载入新中国药典的枸杞品种，国家医药管理局定为全国唯一的药用枸杞产地，全国十大药材生产基地之一。

● **猕猴桃**（*Actinidia chinensis*）

又名藤梨、羊桃、奇异果。猕猴桃科，猕猴桃属。落叶木质大藤本，茎长达20m，枝褐色，有柔毛，髓白色，层片状。单叶互生，纸质，近圆形或宽倒卵形，顶端钝圆或微凹，表面有疏毛，背面密生灰白色星状绒毛。雌雄异株，花期5～6月，单生或数朵生于叶腋，花瓣5～6枚，有短爪，黄色或白色；萼片5枚，有柔毛。果熟期8～10月，浆果圆形或长圆形，密被黄棕色长柔毛，具10条纵线（图4-12）；果肉亮绿色，种子棕黑色。

猕猴桃缠绕攀缘，果形奇特，多用于门廊、棚架栽植或山石攀缘，远在两千五百余年前的《诗经·桧风》中就有："隰有苌楚，猗傩其枝。"（桧在今河南新郑、密县、荥阳一带）。李时珍《本草纲目》载："其形如梨，其色如桃，而猕猴喜食，故有诸名。"果实质地柔软，营养丰富，每100g果肉含维生素比柑橘高近9倍；鲜果酸甜适度、清香爽口，有时被描述为草莓、香蕉、凤梨三者的混合，称之为"超级水果"。每100g新鲜果肉含维生素C比苹果高出20～80倍，比柑橘则高5～10倍，此外，特别是皮和果肉接触部分还含有良好的可溶性膳食纤维，有1/3是果胶，可降低血中胆固醇浓度，预防心血管疾病。猕猴桃又名奇异果，英文名kiwi fruit，在北美常称其为"kiwi"，很多人以为是新西兰特产，其实新西兰从中国引种猕猴桃只不过1个世纪的事情：1904年，新西兰一位名叫伊莎贝尔的女校长到我国湖北宜昌看望她的姐姐并把猕猴桃种子带回，后经当地知名的园艺专家亚历山大培植出新西兰第一株奇异果树。如今，新西兰出产的绿色奇异果已经风行全世界，营销、研发和价格方面的影响力也是世界第一。

猕猴桃属植物主要原产我国，西南部是本属的分布中心，已先后发现57个种，42个变种和6个变型，耐寒种有软枣猕猴桃、狗枣猕猴桃等，喜温种有中华猕猴桃和美味猕猴桃等，耐高温多湿种有阔叶猕猴桃和毛花猕猴桃等。可供食用的只有中华猕猴桃、狗枣猕猴桃和软枣猕猴桃3种，广泛分布于长江流域，北纬23°～24°的亚热带山区，喜温暖湿润、阳光充足、土壤适宜、排水良好的环境；萌芽期怕晚霜和大风，生长期怕旱、怕涝，成熟期怕霜冻和降雪。

图4-12　猕猴桃

图4-13　毛花猕猴桃（雌花）

同属种：毛花猕猴桃（*A. eriantha*），幼枝、叶柄、花序和萼片密被乳白色或淡黄色直展的绒毛或交织压紧的绵毛（图4-13）。皮孔大小不等；髓白色，片状。单叶互生；叶柄粗短，叶片厚纸质，卵形至阔卵形，先端短渐尖，边缘具硬尖小齿，下面密被乳白色或淡污黄色星状绒毛。花期5～6月，聚伞花序，1～3朵；花单性，雌雄异株或单性花与两性花共存；萼片2～3枚、淡绿色，花瓣5枚、淡红色。果熟期8～9月，浆果柱状卵球形，密被乳白色不脱落的绒毛，宿存萼片反折。

（二）赤橙黄绿，倩态姿

园林应用中，人们最喜欢色彩鲜艳、果实累累的环境："一年好景君须记，正是橙黄橘绿时。"（宋·苏轼）果实成熟时表现出的颜色，常见的有红色、黄色、黑色和紫色：由于叶绿素的分解，果实细胞内原有的类胡萝卜素和黄酮等色素物质绝对量和相对量增加，使果实呈现出黄色、橙色；由叶中合成的色素原输送到果实，在光照、温度和充足氧气的共同作用下经氧化酶的作用而产生青素苷，果实呈现出红色、紫色等鲜艳色彩。温度对果实品质、色泽及成熟期有直接影响，在日照强度大，温差大的高海拔山地、高原，一般情况下的果实性状比在平原地区表现好，果实含糖量高，色鲜、品质佳。色彩艳丽的累累果实富含丰盛、美满、收获的寓意，能给人带来特殊的美感和享受；而不同色彩的果实也能给人以不同的感受，如火棘、山楂、石楠、荚蒾、四照花等果色鲜艳，栾树的果实犹如一串串彩色小灯笼挂在树梢，金银木、冬青、南天竹晶莹红透的果实可一直挂树留存到白雪皑皑的冬季，在园林绿化中起到锦上添花的奇特效果，有很高的观赏价值。

● 杜梨（*Pyrus betulaefolia*）

又名野梨、灰梨、海棠梨。蔷薇科，梨属。落叶乔木，树高达10m。树冠开展，枝常有刺，小枝嫩时密被绒毛，紫褐色。冬芽卵形，外被灰白色绒毛；叶菱状卵形或长圆形，缘有粗尖齿，幼时具灰白色绒毛，老时仅背面有毛。花期4月，伞房花序，有花10～15朵；花瓣5枚，白色，宽卵形，萼片5枚，披针形，花梗、萼筒外密被绒毛。果期8～9月，果实近球形，褐色有浅色斑点，果梗被毛（图4-14）。分布于东北、华北和西北，生于海拔50～1800m的平原或山坡，长江中下游流域及东北南部均有栽培。喜光，稍耐阴，耐寒，耐干旱瘠薄，耐水湿。适生性强，对土壤要求不严，在土壤含盐量0.4%，pH8.5条件下生长旺盛。深根性，寿命长，抗病虫害能力强。

杜梨树形优美，春花洁白，生长较慢，寿命长，宜盐碱、干旱地区庭园种植，可丛植、列植于草坪边缘、路边。深根性树种，生性强健，对水肥要求也不严，是华北、西北防护林及沙荒造林树种。耐寒，

图4-14　杜梨

结果期早，通常作北方栽培梨的砧木；木材致密可做各种器物，树皮含鞣质可提制栲胶并入药。

● 枳（*Poncirus trifoliata*）

又名枸橘、唐橘。芸香科，枳属。落叶灌木或小乔木，树高达 7m。茎无毛；分枝多，小枝稍扁有棱角，茎枝具腋生棘刺，粗长而基部略扁。叶互生，三出复叶，小叶倒卵形或

椭圆形，近革质，具半透明油腺点。花期 4～5 月，单生或成对生于二年生枝条叶腋，常先叶开放，白色有香气；花瓣 5 枚、倒卵状匙形，萼片 5 枚、卵状三角形。果熟期 7～10 月，柑果球形，具很多油腺，熟时橙黄色，密被短柔毛，有香气，柄粗短，宿存于枝上（图 4-15）。原产于我国中部，现黄河流域以南地区广泛栽培。性喜光，光照不足易生长衰退，枝叶稀疏；喜温暖湿润气候，也颇耐寒，能抗 -20～-28℃ 的极端低温，但幼苗需

图 4-15　枸橘

用稻草绑扎防寒，北方小气候良好处可露地栽培。喜微酸性土壤，不耐碱。生长速度中等，发枝力强，耐修剪。喜湿润环境，但怕积水，夏季应及时做好排水工作，以防水大烂根；根系较浅，遇高温缺水易导致叶片干枯。

枳枝条色绿而多尖刺，在园林中多作防护绿篱；春天叶前开白花，秋天黄果，兼有观赏功能，与山石配置甚佳。实生苗常作柑橘类的耐寒砧木。枸橘之名始见于《纲目》："枸橘处处有之。树、叶并与橘同，但干多刺，三月开白花，青蕊不香，结实大如弹丸，形如枳实而壳薄，不香，人家多收种为藩篱，抑或收小实，伪充枳实及青橘皮售之，不可不辨。"果入药，味辛、苦，性平，能理气健胃、通便利尿。

● 阔叶十大功劳（*Mahonia bealei*）

又名土黄连、八角刺、黄天竹。小檗科，十大功劳属。常绿灌木，株高 2～4m，根、茎断面黄色，味苦。奇数羽状复叶互生，小叶 9～15 枚，卵形至卵状椭圆形，叶缘反卷，每侧有大刺齿 2～7 枚，表面绿色有光泽，背面有白粉，坚硬革质；侧生小叶基部歪斜，叶柄基部扁宽抱茎。花期 7～10 月，总状花序直立，丛生于枝顶；苞片小，密生；萼片 3 轮，9 枚，花瓣 6 枚，淡黄色，有香气。果熟期 10～11 月，浆果卵圆形，蓝黑色，有白粉，气微，味苦（图 4-16）。原产于我国陕西、河南、安徽、浙江、江西、福建、湖北、四川、贵州、广东等省，多生于海拔 1000m 以下山坡及灌丛中，山谷、林下阴湿处。喜温暖湿润，有一定的耐寒能力；适应性强，尤耐阴湿。

阔叶十大功劳叶形、株形奇特，花黄果蓝，用于园林绿化点缀显得既别致又富有特色。

叶革质有光泽，边缘刺状锯齿，可作刺篱。花期长，有香气，宜在花篱或在疏林下栽植，也可在庭园角隅、山石、湖畔孤植或丛植。萌蘖性强，耐修剪，选择粗大的植株进行截干促萌，可形成根、叶、花、果兼美的树桩盆景。

图 4-16　阔叶十大功劳

同属种：狭叶十大功劳（*M. fortunei*），常绿小灌木，在本属中最矮；枝干形似南天竹，茎具抱茎叶鞘。奇数羽状复叶，小叶5～9枚，狭披针形，平滑无毛，革质而有光泽；叶缘有针刺状锯齿6～13对，入秋叶片转红。花期8～10月，顶生总状花序4～8簇生，花黄色，有香气。果熟期12月，浆果卵形，蓝黑色，微被白粉。喜温暖气候及肥沃、湿润、排水良好之土壤，耐寒性不强。耐阴，优良的阴生地被覆盖篱树种，多用于庭园角隅或林缘。

- **无患子**（***Sapindus mukorossi***）

又名圆皂角、菩提子。无患子科，无患子属。落叶或常绿乔木，树高达25m（图4-19）；枝开展，小枝无毛，密生多数皮孔；冬芽腋生，外有鳞片2对。偶数羽状复叶互生，革质，无托叶，小叶柄极短；小叶8～12枚，广披针形或椭圆形，先端长尖，左右不等。花期6～7月，圆锥花序顶生及侧生；花杂性，小形，无柄，总轴及分枝均被淡黄褐色细毛，花盘杯状；花冠淡绿色，5瓣，卵形至卵状披针形，有短爪。果期9～10月，核果球形，熟时黄色或棕黄色；种子球形，坚硬，黑色（图4-17）。原产我国长江流域以南各地以及中南半岛各地，印度和日本有栽培。喜光，稍耐阴，可耐-10℃低温。深根性，抗风力强，耐干旱。对土壤要求不严，萌芽力强，生长快，寿命长，对二氧化碳及二氧化硫抗性很强，是工业城市生态绿化的首选树种。

无患子枝叶广展，绿荫稠密，金秋十月，果实累累，叶色橙黄，是优良的观叶、观果树种，三五成丛作庭荫树栽植，或孤植为园景树栽植，均相适宜（图4-18）。果实蕴含天然净菌素，具有抑菌、去屑、防脱、美白去斑、滋润皮肤的作用，自古以来就是中华民族传统的天然洗护珍果；无患子中的阿魏酸是科学界公认的美容因子，能改善皮肤质量，使其细腻、光泽，富有弹性；果酸能帮助皮肤去除堆积在外层的老化角质，加速皮肤更新；水溶性物质茶多酚，能清除面部的油脂，收敛毛孔，能消毒、灭菌，减少日光中紫外线辐射对皮肤的损伤等。在台湾，无患子洗护用品的使用已很流行；在印度、美国，已被开发

图 4-17　无患子（果）

图 4-18　无患子（秋叶）

利用到日常生活和医疗上。中广网福州2009年9月6日消息：发展林业生物柴油已被列入国家"十一五"林业发展规划，无患子能源林基地建设规划已通过专家评审，计划五年内在福建投资建设100万亩生物能源林基地，每年将可提供生物柴油超过20万t，可实现年产值250亿元以上。

● **喜树**（*Camptotheca acuminata*）

又名旱莲木、千张树、南京梧桐等。蓝果树科，喜树属。国家二级重点保护野生植物（国务院 1999 年 8 月 4 日批准），落叶乔木，树高达 30m。树干通直，树皮灰色纵裂，1 年生小枝被灰色柔毛。叶椭圆状卵形，先端渐尖，叶脉密；叶柄红色，有疏毛。花期 7 月，

图 4-19　喜树

花杂性，同株，头状花序近球形，常数个组成总状复花序，顶生的花序具雌花，腋生的花序具雄花（图 4-19）；苞片 3 枚，三角状卵形；花萼杯状，5 浅裂；花瓣 5 枚，淡绿色，早落。果熟期 11 月，坚果披针形，两边有翅，顶端具宿存的花盘，着生于近球形的头状果序上；种子干缩成细条状，味苦。本属仅 1 种，为我国特产，广泛分布于长江、川南等地区海拔 1000m 以下较潮湿处。喜温暖湿润气候，不耐干燥寒冷，多生长于山脚的沟谷坡地。喜肥水，不耐干旱瘠薄，在石灰岩风化土及冲积土生长良好。深根性，对土壤性质要求不严，在微酸性至微碱性土中均能生长，抗二氧化硫能力强。

喜树姿形雄伟，树冠丰满；花清雅，果奇特，是优良的行道树种，亦适于作庭荫树或营造风景林。药用价值高，果实、根、树皮、树枝、叶均可入药，主要含有抗肿瘤作用的生物碱，具有抗癌、清热杀虫的功能。

● 秤锤树（*Sinojackia xylocarpa*）

又名捷克木。野茉莉科，秤锤树属。落叶小乔木或灌木，树高 3 ～ 7m；枝直立而稍斜展，冬芽密被深褐色星状毛。单叶互生，椭圆形，边缘有细锯齿，叶柄短。花期 4 ～ 5 月，聚伞花序腋生，3 ～ 5 朵组成总状花序，生于侧枝顶端；花白色，花梗长，顶有关节。果熟期 10 ～ 11 月，坚果木质，下垂，宽圆锥形，具钝或尖的圆锥状喙，有白色斑纹，熟时栗褐色，密被淡褐色皮孔

图 4-20　秤锤树

（图 4-20）。原产我国，分布局限于南京市幕府山、燕子矶、老山及镇江市宝华山，生于海拔 300 ～ 400m 丘陵山地。主要的伴生树种有麻栎（*Quercus acutissima*）、黄连木（*Pistacia chinensis*）、白鹃梅（*Exochorda racemosa*）等。具有较强的抗寒性，能忍受 –16℃ 的短暂极端低温，江苏、浙江、湖北、山东等地有栽培。性喜光，幼苗、幼树不耐庇荫。不耐干旱瘠薄，忌水淹。

秤锤树是由我国著名植物学家胡先骕教授于 1928 年发表的中国特有植物树种，也是我国植物学家发表的第一个新属，模式标本为世界著名的蕨类植物分类专家秦仁昌先生于 1927 年在南京幕府山采集；自然分布区十分狭窄，国家二级保护濒危树种。枝叶浓密，色泽苍翠，初夏白花灿烂，高雅脱俗；落叶后，宿存下垂果实，宛如秤锤满树，颇具野趣，为优良的观花观果树木。适合于山坡、林缘和窗前栽植。园林中可群植于山坡，与湖石或常绿树配植，尤觉适宜，也可盆栽制作盆景赏玩。

● 梓树（*Catalpa ovata*）

又名水桐。紫葳科，梓树属。落叶乔木，树高 15 ～ 20m。树冠倒卵形或椭圆形，树皮褐色或黄灰色、纵裂或有薄片剥落，嫩枝和叶柄被毛并有黏质。叶对生或轮生，广卵形或圆形，叶上端常有 3 ～ 5 小裂，叶背基部脉腋具 3 ～ 6 紫色腺斑。花期 5 ～ 6 月，圆锥花序顶生，花冠淡黄色或黄白色，内有紫色斑点和 2 黄色条纹，花萼绿色或紫色。果熟期 8 ～ 9 月，蒴果细长如豇豆，经久不落，种子扁平，两端生有丝状毛丛（图 4-21）。原产我国，分布于东北、华北及长江流域。喜光，稍耐阴；适生于温带地区，耐寒，在暖热气候下生长不良。深根性，喜肥沃湿润土壤，不耐干旱和瘠薄；能耐轻盐碱土，抗污染性较强。

梓树树体端正，冠幅开展，速生树种，叶大荫浓，春夏黄花满树，秋冬荚果悬挂，可作行道树、庭荫树以及工厂绿化树种。嫩叶可食，根皮或树皮（名梓白皮）药用能清热、解毒、杀虫，种子入药为利尿剂；木材可做家具。

同属种：黄金树（*C. speciosa*），落叶乔木，树高达 15m。树皮灰色，厚鳞片状开裂。叶对生，广卵形至卵状椭圆形，背面被白色柔毛。花期 5 ～ 6 月，圆锥花序顶生，花冠

白色，形稍歪斜。果熟期9月，蒴果长条状，成熟时2瓣裂；种子长圆形，两端有长毛（图4-22）。原产美国中部，我国广为栽培，树冠开展，宜作行道树、庭荫树。

图4-21　梓树

图4-22　黄金树

- **青榨槭**（*Acer davidii*）

槭树科，槭树属。落叶乔木，树高8～12m。成龄树树皮似青蛙皮绿色，纵向配有墨绿色条纹；1～2年生枝条银白色，小枝呈竹节状。单叶对生，卵形或卵圆形，上部3～5

图4-23　青榨槭

浅裂，缘有钝尖二重锯齿。花杂性，异株，花期5月，总状花序顶生，下垂，有小花10～20朵，花瓣带绿色。果熟期9月，小坚果卵圆形，双翅呈水平展开（图4-23）。产华北、华东、华南、西南各省区，长江流域一带常见分布在海拔1000m以上的山地溪谷间或杂木林中。喜温凉湿润气候，较耐阴；耐寒，能抵抗-30～-35℃的低温。耐瘠薄，适宜酸性土或中性土。主根、侧根发达，萌芽性强。

青榨槭树态苍劲挺拔，花序艳丽美观，蛙绿色的树皮似竹而独具一格，更有秋叶紫红，挂果如飞蛾，是城市园林、风景区等造景的优美观赏树种。优美的树形、绿色的树皮、银白色枝条与繁茂的叶片，性状组合巧妙而完美，培育主干型或丛株型、多株墩状绿化效果极佳，亦可植为庭荫树、行道树。

● 胡颓子（*Elaeagnus pungens*）

又名甜棒槌、雀儿酥、羊奶子。胡颓子科，胡颓子属。常绿大型灌木，株高可达 4m，侧枝稠密并向外围扩展，小枝褐锈色，有刺，被有很厚的银白色鳞片。叶互生，革质，椭圆形，边缘微波状，上面绿色，有光泽，下面银白色、被褐色鳞片。花期 10 ～ 11 月，1 ～ 4 朵簇生于叶腋，银白色，下垂，被鳞片，花被筒圆筒形或漏斗形，先端 4 裂。果期翌年 5 月成熟，红褐色，味甜可食（图 4-24）。原产我国，长江以南各省均有分布，生长在山坡上的疏林下面及阴湿山谷中。喜温暖气候，生长适温 24 ～ 34℃，耐高温酷暑；稍耐寒，在华北南部可露地越冬，能忍耐 -8℃左右的绝对低温。喜光，耐半阴。土壤适应性强，在中性、酸性和石灰质土壤上均能生长，耐干旱贫瘠，亦耐水涝。耐盐碱，抗空气污染。

胡颓子叶背银色，奇特秀丽，花吐芬芳，形美色艳，红果下垂似小红灯笼缀满枝头，十分雅致，宜配花丛或林缘；枝条交错，也可修剪成球形或作为绿篱种植。根、叶、果实均供药用。

图 4-24　胡颓子

● 山麻杆（*Alchornea davidi*）

又名桂圆树。大戟科，山麻杆属。落叶小灌木，株高 1 ～ 2m。幼枝密被茸毛，老枝栗褐色，光滑。单叶互生，阔卵形至扁圆形，脉间有腺点 1 对，上面绿色，有疏短毛，下面带紫色，被密毛，网脉明显；叶柄被柔毛，与叶片接合处有刺毛状腺体。花单性，雌雄同株，无花瓣。花期 4 ～ 5 月，雄花密集成侧生的短筒状穗状花序，萼 3 ～ 4 裂，裂片卵圆形，镊合状，背凸；雌花疏生成总状花序，萼 4 裂，外面密被短柔毛。果期 6 ～ 8 月，蒴果扁球形，微 3 裂，花柱宿存；种子浅褐色，有乳头状凸起（图 4-25）。分布于河南、陕西、江苏、安徽、浙江、湖北、湖南、广西、四川、贵州、云南，生于海拔 100 ～ 800m 的低山区河谷两岸及向阳山坡、路旁的灌木丛中。

山麻杆春季嫩叶鲜红，如染胭脂，蒴果清亮，形态奇异，是重要的春季观叶、秋季观果树种之一，可孤植或丛植于庭前院内或路边林旁。

图4-25　山麻杆　　　　　　　　　　图4-26　卫矛

● 卫矛（*Euonymus alatus*）

又名鬼箭羽、四棱树。卫矛科，卫矛属。落叶灌木，株高达3m。小枝四棱形，棱上具2～4条扁条状木栓翅。叶对生，倒卵状长椭圆形，叶柄极短或近无柄。花期6～7月，花淡绿色，4数，3～9朵成聚伞花序，花盘肥厚方形。蒴果4深裂，裂瓣长卵形，棕色带紫；种子紫棕色，具橘红色假种皮，9～10月成熟（图4-26）。原产我国北部至长江中下游各省，朝鲜、日本也有分布。性喜光，对气候适应性很强，能耐干旱和寒冷，在中性、酸性及石灰性土壤均能生长。

卫矛早春初发嫩叶及秋叶皆为紫红色，且在落叶后有紫色小果悬垂枝间，为优良的叶、果兼赏型绿篱树种，亦可植于水边、草坪边缘作园景树用。枝上的木栓翅为活血破淤药材。

同属种：胶东卫矛（*E. kiautschovicus*），又名攀缘卫矛。直立或蔓性半常绿灌木，株高3～8m。叶片近革质，边缘有粗锯齿。花期8～9月，聚伞花序2歧分枝，花淡绿色，4数。果熟期9～10月，蒴果扁球形，粉红色，4纵裂，有浅沟；种子具橘红色的假种皮。分布于山东、安徽、江西、湖北等省，生于山谷、林中多岩石处；宜兴、南京、云台山区有生长。性喜光，喜温暖，耐寒，抗旱；适应性强，对土壤要求不严，极耐修剪整形，是营建大型广场绿地、绿篱、绿球、绿床、模纹造型等的优良常绿树种，又因抗烟吸尘，对多种有毒气体抗性强，是污染区的理想绿化树种。

● 扶芳藤（*Euonymus fortunei*）

又名岩青藤、爬行卫矛。卫矛科，卫矛属。常绿或半常绿灌木，匍匐或攀缘，长可达10m；小枝近四棱形，密生瘤状凸起和细小气生根。叶对生，革质，卵形或广椭圆形，亮绿色，具短柄。花期5～6月，聚伞花序腋生，花瓣4枚，黄白色，近圆形。果熟期9～10月，蒴果球形，淡橙色，种子外被橘红色假种皮（图4-27）。分布于黄河、长江流域及西南地区，生于林缘或攀缘于树上、岩壁上。喜温暖，较耐寒，江淮地区可露地越冬。喜阴凉湿润的气候，不喜阳光直射，在雨量充沛，云雾多，土壤和空气湿度大的条件下生长健壮，要求含腐殖质多而肥沃的砂质壤土为宜。

扶芳藤生长旺盛，萌芽力强，是庭院中常见地面覆盖植物，金秋果裂，橘红色假种皮分外醒目，点缀墙角、山石、老树等都极为出色，是掩盖墙面、坛缘、山石岩面或攀缘于树干的垂直绿化树种；因其成形快，易繁殖，管理粗放，防火性好，更成为河流道路的护坡、护路新宠。整形制成盆景，茎干虬曲，苍劲古雅，置于居室书桌、几架上，具有很高的观赏性。

栽培品种：金边扶芳藤（'Emerald Gold'），叶似小舌状，缘具黄色斑带，秋季泛粉红色。银边扶芳藤（'Emerald Gaiety'），叶薄革质，缘为白色斑带（图4-28）。花叶扶芳藤（'Variegatus'），叶有白、黄或粉色缘带，多用于墙面攀缘装饰。

栽培变种：小叶扶芳藤（var. *radicans*），茎长可达10m；叶革质，较小而厚，背面叶脉不如原种明显。春夏季新梢金黄色，是我国北方珍稀的冬季彩色植物，优良的园林地被和垂直绿化材料。

果实、种子

秋叶

图 4-27　扶芳藤

银边扶芳藤

金星扶芳藤

图 4-28　彩叶扶芳藤

五、四时不绝，满目琳琅

果熟期的长短因树种和品种而不同，榆树和柳树等的果熟期最短，桑、杏次之；松属树种的果熟期要跨年度，因第一年春季传粉时球花还很小，第二年春才能受精，种子发育成熟需要2个完整生长季。果熟期的长短还受自然条件的影响，高温干燥时果熟期缩短，山地或排水好的立地条件下栽培树木的果实成熟早些。

（一）秋实丰硕，满园喜（9～11月）

秋天是彩色的、芳香的，人们除了欣赏红叶外，观赏成熟的果实，享受丰收的喜悦，也是一大乐趣：山楂红了，柿子黄了，苹果像小娃娃红彤彤的脸蛋，石榴高兴得不小心笑破了肚皮；黄澄澄的鸭梨，像一个个小葫芦把树枝都压弯了；一串串葡萄在阳光的照射下，就好像是座座小的珍珠塔一般。秋天的美是成熟的，它不像春那么羞涩，夏那么袒露，冬那么内向；秋天的美是理智的，它不像春那么妩媚，夏那么火热，冬那么含蓄。秋天是收获的季节，它同春一样可爱，同夏一样热情，同冬一样迷人。

春华秋实又一载，形形色色的果实挂满了枝头，昭示着一年的辛劳已有回报。古时，人们将秋季的七、八、九月分别称为孟秋、仲秋、季秋，合称"三秋"，代指秋天。

古人有时也用"九秋"来代称秋天，晋代张协《七命》诗曰："唏三春之溢露，溯九秋之鸣飙。"①金秋或金天。按五行推演，秋属金，故称"金秋"或"金天"。如唐代王维《奉和圣制天长节赐宰臣歌应制》诗中就有"金天净兮丽三光，彤庭曙兮延八荒"。唐初陈子昂《送著作佐郎崔融等从梁王东征》亦有"金天方肃杀，白露始专征"。②金素。南朝梁代文学家萧统编撰的《昭明文选》辑谢灵运《永明三年七月十六日之郡初发都》诗"术职期阑署，理棹变金素"。李善注："金素，秋也。秋为金而色白，故曰金素也。"③素秋或素节。古人认为，秋天的颜色为五色（青、赤、白、黑、黄）中的"白"，故称；有时指重阳节，有时则泛指秋天。宋代欧阳修《水谷夜行寄苏子美》诗云"我来夏云初，素节今已届。"④商秋。因晚秋寒风凄厉，故以五音（宫、商、角、徵、羽）中的"商"音相应，故名。晋代潘尼《安石榴赋》中有句云："商秋授气，收毕敛实。"；又称素商，元代马祖常《秋夜》诗有"素商凄清扬威风，草根之秋有鸣蛩"。⑤劲秋。因寒秋肃杀、秋风劲吹，故名。晋代陆机《文赋》有"悲落叶于劲秋，喜柔条于芳春"。⑥泰秋。泰，物丰，谓其时安泰吉祥。《管子·出国轧》载："泰秋，民令之所止，令之所发。"⑦西陆。古代指太阳运行到西方七宿的区域，本为二十八宿中昴宿之别称，后亦代称秋天。如晋代司马彪《读汉书》中有"日行西陆之秋"之句，初唐四杰之一的骆宾王《在狱咏蝉》诗中亦曰：

"西陆蝉声唱，南冠客思深。"⑧白藏。秋色为白，又为收获储藏季节，故称。如《尔雅·释天》曰"秋为白藏，冬为玄英。"⑨爽节。秋季天高气爽，故有此称。南朝齐诗人谢朓《奉和随王殿下诗十六首·之一》中就有"高秋夜方静，神居肃且深……渊情协爽节，咏言兴德音"；有时亦代指重阳节，如唐代李适《重阳日中外同欢，以诗言志，因示群官》诗中有"爽节在重九，物华新雨余"。

● 苹果（*Malus pumila*）

又名西洋苹果。蔷薇科，苹果属。落叶乔木，树高达8m，小枝被绒毛，老枝紫褐色。单叶互生，椭圆形，先端急尖，边缘圆锯齿，幼时两面具绒毛。花期4～5月，伞房花序有花3～7朵，集生于枝顶，花瓣白色带红晕；花梗与萼均具灰白色绒毛，萼片长尖，宿存。果熟期7～9月，梨果扁球形，随品种而各异；两端凹陷，萼裂片宿存（图5-1）。原产欧洲东南部、小亚细亚及南高加索一带，在欧洲久经栽培，即所谓西洋苹果，1870年前后由美国输入山东烟台，现东北南部及华北、西北广泛栽培。喜光照充足，要求比较冷凉和干燥的气候，耐寒，不耐湿热。对土壤要求不严，在富含有机制、土层深厚而排水良好的沙壤中生长最好；不耐瘠薄，对有害气体有一定的抗性。嫁接繁殖，北方常用山荆子为砧木，华东则以湖北海棠为主。

图5-1　苹果

苹果春季观花，白润晕红；秋时赏果，丰富色艳。可列植于道路两则，在街头绿地、居民区、宅院可栽植一两株，使人们更多一种回归自然的情趣；作为园林绿化观赏栽培，宜选择适应性强、管理要求简单的品种栽种。果实甜酸适口，芳香宜人，含有多种矿物质和维生素，除供生食外还宜加工成果脯、果干、果酱、果酒等，结合农业观光园生产栽培，宜选择果实品质优良的品种；苹果为异花结实树种，作为观果树种或生产果园栽培，必须配置授粉品种。

苹果属全世界约有35种，主要分布在北温带，包括亚洲、欧洲和北美洲；我国有23种，主要分布于陕西、甘肃、四川省，其次为云南、山东、山西和辽宁等省。本属代表种苹果是果品中最重要的种类之一，和葡萄、柑橘、香蕉一起并列为"世界四大水果"，以果形美观、甜酸适口被誉为温带水果之冠；每100g鲜肉中果糖含量占5.93g，位居所有水果的首位，是西方风行的理想减肥食品；其纤维特点和水分含量可以清爽口腔，是一种"天然牙刷"。苹果大约在公元前2000年左右被驯化栽培，现代栽培的广泛传播仅在近几百年。圣经说苹果引诱亚当和夏娃犯下了"初罪"，希腊法典制定者梭伦开创了在婚礼上新郎和新娘同啃一个苹果的传习；而古代凯尔特人则虔诚信奉一个太阳王国——苹果岛，因为那里没有衰老、疾病和忧伤。据《齐民要术》记载，我国在1400多年以前已有关于苹果栽培、繁殖和加工的记载，称为"奈"和"林檎"，以后还有苹婆、频婆、蜜果、来擒和文林郎果等名称。古代的奈，果形有大有小，成熟期有夏熟和冬熟，颜色白、黄和红，即现在的绵苹果、香果、槟子之类，目前在西北和华北仍有少数生产，还可偶见百年以上的老树。

根据叶片和果实形态结构，分为3个天然组团：

（1）真苹果组。叶片不分裂，在芽中呈席卷状；果实内不具石细胞，本组分两系：①山荆子系。萼片脱落，花柱3～5；果实小，直径不过1.5cm。包括山荆子、毛山荆子、丽江山荆子、锡金海棠和垂丝海棠等6种，多做苹果砧木用。②苹果系。萼片宿存，花柱5；果形较大，直径常在2cm以上。包括苹果、花红、楸子、海棠、西府海棠、新疆野苹果等6种，多为栽培果树。

（2）花楸苹果组。叶片常有分裂，在芽中呈对折状；萼片脱落，有时宿存，花柱3～5，果实内无石细胞或有少数石细胞，本组分3系：①三叶海棠系。萼片脱落后留下浅洼，花柱3～5，基部具毛；叶片在开花枝上不分裂，在发育枝上3～5裂或不分裂；果实小球形，无石细胞。如三叶海棠，常供砧木用，有矮化倾向。②陇东海棠系。萼片脱落迟、留下深洼，有时部分宿存；花柱3～5，光滑无毛；叶片深裂或浅裂，果实椭圆形，有少数石细胞或无石细胞。包括陇东海棠、山楂海棠、变叶海棠、花叶海棠等4种。③滇池海棠系。萼片宿存；花柱5，无毛或有毛；叶片浅裂或不裂；果实近球形，有石细胞。包括西蜀海棠、沧江海棠、河南海棠和滇池海棠等4种。

（3）秋海棠组。叶片不分裂或浅裂，在芽中呈对折状；萼片直立不脱落，花柱5，基部有毛。子房延伸到花柱基部，果心伸长成一尖顶；果实内有石细胞。包括台湾林檎和尖嘴林檎2种，可作亚热带栽培苹果砧木或作育种原始材料。

● 白梨（*Pynus bretschneideri*）

蔷薇科，梨属。落叶乔木，树高5～8m。树冠开展；小枝粗壮，幼时有柔毛；二年生的枝紫褐色，具稀疏皮孔。叶片卵形或椭圆形，先端渐尖或急尖，边缘有带刺芒尖锐齿，初时两面有绒毛，老叶无毛；托叶膜质，边缘具腺齿。花期4月，伞形总状花序，有花7～10朵，花瓣卵形，白色。果熟期8～9月，果实卵形或近球形，黄色或黄白色，有细密斑点；花萼脱落，果肉软（图5-2）。分布于河北、山西、陕西、甘肃、青海、山东、河南等地，生于海拔100～2000m的干旱寒冷地区山坡阳处。性喜干燥冷凉，喜光；

开花期忌寒冷、阴雨。对土壤要求不严，以深厚、疏松、地下水位较低的肥沃沙质壤土为佳。

a. 鸭梨   b. 雪梨

图 5-2   白梨（果）

梨花皎洁，漫洒天香，梨果丰硕，酥蜜甜脆，除生产性经济栽培外，也适于庭院及公园绿地散生栽植，是提高城市绿地生态景观效应的优良花果兼备树种，盛果期可维持 50年以上；但必须要了解的是，梨树为异花授粉植物，即异品种授粉才能结果，单一品种栽种不能结实。

同属种：①沙梨 P. pyrifolia，落叶乔木，树高 7～15m。小枝幼时被黄褐色长柔毛和绒毛，后脱落，老枝暗褐色，有稀疏皮孔。叶片卵状椭圆形或长卵形，先端渐尖，边缘有短刺芒状锯齿；托叶早落。花期 4～5 月初，伞房花序，具花 6～10 朵，花瓣卵形，白色；萼裂片三角状卵形，边缘有腺齿。果熟期 8 月，果实近球形，浅褐色，有斑点，顶端下陷，萼片脱落，果肉较脆。主产于长江流域，华南、西南也有。喜温暖多雨气候，耐寒力较差。②秋子梨（P. ussuriensis），又名沙果梨、花盖梨、酸梨。落叶乔木，树高达 15m。2～3 年生枝多为黄灰色或黄褐色，老时灰褐色。叶卵形至广卵形，边缘具刺芒状细锯齿。花期在 4～5月，花白色，5～7 朵组成伞房花序。果熟期 10～11 月，果近球形，果实较白梨、砂梨品种小，黄色或绿色带红晕，石细胞多；萼片宿存，果柄较短。喜光，抗寒力强，能耐 -37℃的低温，能在土层较薄相当干旱的土地上，适于寒冷和干燥地区栽培，同时也可作抗寒砧木。耐旱，多生于山坡和河边林缘中。

● 柿（*Diospyros kaki*）

柿树科，柿属。落叶乔木，树高达 15m，树冠自然半圆形。树皮暗灰色，鳞片状开裂，幼枝有绒毛。叶质肥厚，近革质，椭圆形，叶面深绿有光泽，叶背疏生褐色绒毛。花期 5～6 月，花冠钟状，4 裂，黄白色；雄花 3 朵聚生成短聚伞花序，雌花单生叶腋，花萼 4 深裂，裂片三角形。果熟期 9～10 月，浆果卵圆形或扁球形，橘红色或橙黄色，有光泽，卵圆形花萼宿存。原产我国，北自河北长城以南，西北至陕、甘南部，西南至云、贵、川，东至两广、台湾，均有分布；亚、欧、非洲均有栽培，其中以日本较多，朝鲜、意大利次之，印度、菲律宾、澳大利亚也有少量栽培，19世纪后半期传入欧美，迄今只有零星栽培。喜温暖亦耐寒，年平均温度9℃以上，绝对低温-20℃以内均能生长。性喜阳，喜湿润也耐干旱。对土壤要求不严，但不喜砂质土。根系发达，萌芽力强，寿命较长。嫁接繁殖，北方柿以君迁子为砧木，南方柿以君迁子或老鸦柿为砧木。

柿树枝繁叶大，广展如伞，秋起叶红，丹实如火，是庭荫树栽培的上佳选择；夏可庇荫，秋能观果，既赏心悦目，又一饱口福，是园林绿化结合生产栽培的优良树种，成片群植于山边、坡地或池边、湖畔可自成一景，秋风渐起时蔚为壮观。柿是人们比较喜欢食用的果品，甜腻可口；不少人还喜欢在冬季吃冻柿，别有风味。根据柿果在树上软熟前能否自然脱涩分为涩柿和甜柿两大类；我国栽培的绝大部分品种都是涩柿类，主要有磨盘柿（图5-3）、镜面柿、水晶柿、扁花柿、恭城水柿等；甜柿在日本很多，我国至今仅有罗田甜柿一个品种。可食用的柿属果树，尚有君迁子（*D. lotus*，又称软枣）、油柿（*D. oleifera*）和美国原产的美洲柿等。柿果营养主要是蔗糖、葡萄糖及果糖，比一般水果高1～2倍左右；富含的果胶是一种水溶性的膳食纤维，有良好的润肠通便作用。我国传统医学认为：柿味甘、涩，性寒，归肺经。《本草纲目》载："柿乃脾、肺、血分之果也。其味甘而气平，性涩而能收，故有健脾涩肠，治嗽止血之功。"柿蒂、柿霜、柿叶均可入药。

图5-3　磨盘柿

图5-4　板栗

● 板栗（*Castanea mollissima*）

又名栗子。山毛榉科，栗属。落叶乔木，树高可达20m。叶披椭圆或长椭圆形，缘有刺毛状锯齿。花单性，雌雄同株；雄花为荑黄花序，雌花单独或数朵着于叶腋。坚果紫褐色，被黄褐色茸毛或近光滑，数个包藏在密生尖刺的总苞内，成熟后总苞裂开，栗果脱落（图5-4）；果肉淡黄，含糖、淀粉、蛋白质、脂肪及多种维生素、矿物质。分布于北半球的亚洲、欧洲、美洲和非洲，多生于低山、丘陵、缓坡及河滩地带，我国河北、山东，以及陕南镇安是著名产区。适宜的年平均气温为10.5～21.8℃，温度过高，冬眠不足均导致生长发育不良，气温过低则易遭受冻害。喜光，光照不足引起枝条枯死或不结果。对土壤要求不严，适合偏酸性砂质壤土；忌积水，忌土壤黏重。深根性，较抗旱，耐瘠薄，宜于山地栽培。根系发达，有菌根共生。根系发达，萌芽力强。虫害较多，抗栗疫病危害，对有害气体抗性强。

板栗树性强健，寿命长达300年以上，是我国栽培最早的果树之一，与桃、杏、李、枣并称"五果"。西晋文学家陆机为《诗经》作注："栗，五方皆有，惟渔阳范阳生者甜美味长，地方不及也。"我国板栗品种大体可分为两大类：①北方栗坚果较小，果肉糯性，适于炒食，著名的品种有明栗、尖顶油栗、明拣栗等；京、津一代地区尚传诵着赞咏糖炒栗子的佳句："堆盘栗子炒深黄，客到长谈索酒尝。寒火三更灯半地，门前高喊'灌香糖'。"②南方栗坚果较大，果肉偏粳性，适宜于菜用，品种有九家种、魁栗、浅刺大板栗等。板栗树冠丰满，树荫浓郁，我国古代就用作行道树，《诗经》云："栗在东门之外，不在园圃之间，则行道树也。"《左传》也有"行栗，表道树也"的记载。丛植可配置在低矮建筑物的阴面，列植在工矿区可作防风、防火林；群植宜与色叶树种配置组成风景林，有幽邃深山之效果。木材致密坚硬、坚固耐久，不容易被腐蚀，有美丽的黑色花纹，是非常好的装饰和家具用材；枝叶、树皮、刺苞富含单宁，可提取栲胶。花是很好的蜜源，果能健脾益气，消除湿热，树皮煎汤洗丹毒，根可治偏肾气等症。

● 薄壳山核桃（*Carya illinoensis*）

又名美国山核桃、长山核桃、碧根果。胡桃科，山核桃属。落叶乔木，树高可达50m。树皮粗糙、纵裂，奇数羽状复叶，小叶11～17枚，卵状披针形，边缘有粗锯齿。花期4～5月，雄花葇荑花序，每束5～6串；雌花序，1～6个成穗状。果期7～11月，果实长圆形或卵形、长约5cm，外果皮薄、成熟时裂成4瓣，核果光滑、长圆形或卵形，顶端尖、基部近圆形（图5-5）。阳性树种，喜温暖湿润气候，有一定耐寒性，在北京可露地生长。不耐干旱瘠薄，耐水湿，适生于土层深厚、疏松肥沃的沙壤中、冲积土，微酸性、微碱性土壤亦能生长良好；深根性，萌蘖力强，生长速度中等，寿命长。原产美国东南部和墨西哥北部深林及河谷中，分布较广，尤其在小河流域两旁随处可见高大挺拔、硕果累累的树体生长。

薄壳山核桃树干端直，树冠近广卵形，宜作庭荫树、行道树；根系发达、耐水湿，亦可孤植、丛植于湖畔、草坪等，适于河流沿岸及平原地区绿化造林。材质优良，

图5-5　薄壳山核桃

15年左右进入盛果期，可持续50～70年，是世界著名的高档干果、油料树种和材果兼用优良树种。坚果壳薄易剥，核仁肥厚、味美香甜，油脂含量达70%以上，优于油茶（44%）、核桃（60%）和文冠果（57%），晒干生食、炒食口感俱佳，是世界五大干果之一。营养丰富、保健价值高，我国俗称"长寿果"、"幸运果"：核仁含有较多的蛋白质和钙、铁、锌等30多种营养元素，人体营养必需的不饱和脂肪酸含量达97%，优于茶油（91%）、核桃油（89%）、玉米油（86%）、豆油（86%）和花生油（82%），能滋养脑细胞、增强脑功能，有防止动脉硬化、降低胆固醇的作用，还可用于治疗非胰岛素依赖型糖尿病，含有大量维生素E有润肌肤、乌须发的作用。1900年由美国传教士引入中国，目前以江苏南京、浙江杭州、福建厦门栽培较多：优良品种苗木，第3年开花，第5年开始投产，第7年达到稳产，平均亩产80～120kg，经营好可达200kg。

同属种：山核桃 C. cathayensis，又名小胡桃、小核桃。生长在气候优越、土壤肥沃、植被茂盛的山区，主要分布于浙西北天目山区，中国"山核桃之乡"临安为主产区，已有500多年的栽培历史。在全世界17种山核桃中，临安山核桃因其核大、壳薄、质好、香脆可口而著名，有"天下美果"之称，为临安"老三宝"之一。核仁松脆，味香、鲜美，是绿色美味食品和营养佳品，誉享全国各地。

● 番木瓜（*Carica papaya*）

又名乳瓜、万寿果。番木瓜科，番木瓜属。软木质常绿小乔木，树高2～8m。茎直立，具粗大的叶痕，一般不分枝或有时在损伤处发生新枝。叶簇生顶部，掌状5～9深裂，裂片再羽状分裂，叶柄中空。花期全年，花单性，雌雄异株；另有两性株、两性花及中间型两性花等。雄花排成长达约1m的下垂圆锥花序，花冠乳黄色，下半部合生成筒状；雌花单生或数朵排成伞房花序，花瓣5裂互相分离，乳黄色或白色，柱头流苏状。浆果长圆形、卵形或洋梨形，成熟时橙黄色，果肉厚，橙黄或红色，肉质软滑，味香甜（图5-6）；种子多数，黑色。原产于墨西哥南部以及邻近的美洲中部地区，在世界热带、亚热带地区均有分布，我国主要分布在广东、海南、广西、云南、福建、台湾等省区。喜高温多湿热带气候，生长适温为25～32℃，温度超过35℃会引起大量落花落果；不耐寒，气温下降到10℃时生长受抑制，遇霜即凋，5℃以下幼嫩器官受害，0℃时植株会死亡。需水量大，土壤含水量应保持在最大持水量的70%左右。肉质根系，忌积水；根系较浅，忌大风。对土壤适应性较强，丘陵、山地都可栽培。

番木瓜株形清亮奇特，果实香甜可食，在我国南方作果树和庭园树栽培，可于庭前、窗际或住宅周围栽植。成熟的果实维生素C含量高，是一种比较理想的饭后水果；未成熟的青果可作蔬菜食用，亦可制果干、果脯、果酱和果汁罐头。青果乳汁提取的番木瓜素具有美容增白的功效，还可作酒类、果汁的澄清剂和肉类的软化剂；所含的番茄红素、维生素C、维生素E有很好的抗氧化作用，尤其是用天然番木瓜直接做面膜效果更好；丰富的木瓜蛋白酶在医药、食品、制革、纺织广泛应用，是木瓜酶工业的主要原料。

图 5-6　番木瓜

- **菲油果（*Feijoa sellowiana*）**

又名凤榴，亦有译成肥吉果、费约果。桃金娘科，菲油果属。常绿灌木或小乔木，树高可达 5～6m。叶厚革质，椭圆形对生，深绿色，具油脂光泽，叶背面有银灰色细绒毛。初花期在无锡为 5～6 月，长达一个月；花单生，花瓣倒卵形，紫红色，外被白色绒毛，雄蕊和花柱红色，顶端黄色，且可食用。浆果成熟于深秋初冬，卵形或长椭圆形，暗灰绿色，成熟时略带紫红色（图 5-7）。原产南美洲亚热带国家，1890 年传入欧洲。喜光，耐温范围 -4.5～-10℃，耐旱，耐碱，对土壤要求不严，生长较快，管理操作简单。

图 5-7　菲油果

菲油果茎叶可赏，花色艳丽，果实丰硕，枝叶修剪时散发出令人愉快的芳香，集绿化、观赏、食用三位于一体。果肉甘甜具菠萝香味，不仅可作水果直接食用，还可以加工成果冻、果酱等食品，具有突出的市场优势，法国、日本等有专业种植园，法国著名的达能集团已将菲油果用于果料酸奶的生产。我国在 20 世纪 80 年代成功引种于上海植物园，无锡于 2002 年 4 月从法国批量引进，大面积种植获得成功并已开始结果，在当前我国大力推进绿化建设及农业结构调整之时必将大有可为。

● **白刺**（*Nitraria sibirica*）

又名小果白刺。蒺藜科，白刺属。落叶小灌木，株高仅 0.5～1m，多分枝，常匍匐地面生长。小枝灰白色，尖端刺状。倒卵状长椭圆形，无叶柄，灰绿色，肉质，4～6 枚簇生。花期 5～6 月，蝎尾状聚伞花序顶生，6～12 朵疏生而下弯；花黄白色，有短花梗。果熟期 7～8 月，浆果状核果紫红色，光泽鲜艳（图 5-8）。分布于我国西北及北部各省区，生于山坡路旁灌木丛中或草坡。喜光，耐寒；耐干旱，喜碱地，适宜于沙荒地及盐渍性的沙淤土生长，根系发达，在飞沙地常匍匐生长，是荒漠地带沙地的重要建群植物。

图 5-8　白刺

白刺为我国特有植物，小小花簇似把把花伞遮蔽着滚滚沙丘，小小红果似粒粒珠宝映衬着茫茫沙海，花、果共赏，颇具沙漠景色的特点。茎干根系化明显，枝条沙埋后如遇雨极容易向下生出不定根，向上萌生不定芽，枝端也继续向上生长把流动沙丘紧紧固定，形成一个个奇特的白刺沙包，是解决"沙进人退"局面，改善盐碱土地的特效树种，对北方荒漠化地区的生态环境治理意义重大；在极端恶劣环境下生长寿命长达 60 年以上，且是种生植物，被誉为沙丘的守护神，荒漠的卫士，沿海可开发作为抗盐碱优良覆盖地被，防风固沙效果好。营养丰富的鲜嫩叶片本是牛、羊、骆驼喜食的饲料，也将为我国医药行业、保健行业、食品、饮品带来新的亮点；果实酸甜可食，丰富的维生素 B、氨基酸、多糖类等活性成分具备增强人体免疫能力的作用，尤其包含了中药治疗糖尿病的 8 大类有机化合物中的 7 大类。种子不饱和脂肪酸含量高达 97%，仅亚油酸的含量就占了近 70%，比深海鱼油高 20% 左右，对高脂血症、动脉粥样硬化等有明显的预防和治疗作用。

● **火棘**（*Pyracantha fortuneana*）

又名火把果、救军粮。蔷薇科，火棘属。常绿灌木，株高约 3m。枝拱形下垂，幼时有锈色短柔毛，短侧枝常成刺状。单叶互生，革质，倒卵形长椭圆形，缘有圆钝锯齿。花期 5 月，复伞房花序密生在小枝上，有花 10～22 朵，白色。果熟期 9～10 月，果近球形，穗状，每穗有果 10～20 粒，橘红色至深红色（图 5-9）。大多分布于黄河以南及广大西南地区，生于海拔 500～2800m 的山地灌丛中或沟边。性喜温暖，不耐寒，北方盆栽 10～11 月移入温室越冬；喜光，要求土壤排水良好。栽培环境不适宜，会出现半常绿或落叶状态。

图 5-9　火棘

图 5-10　黄果火棘

栽培新品种，黄果火棘（图 5-10）。

火棘枝叶茂盛，初夏白花繁密，十分醒目，入秋果红如火，艳丽异常，密密丛丛散布在绿叶丛中且可一直留存枝头到春节，在庭园中常作整形绿篱及基础种植材料，也可丛植或孤植于草地边缘或园路转角处。果枝还是瓶插的好材料，特别是在秋冬两季配置菊花、蜡梅等作传统的艺术插花。

● **五味子**（*Schisandra chinensis*）

又名北五味子、山花椒。五味子科，五味子属。落叶缠绕藤木，茎蔓长 6～15m。茎皮灰褐色，皮孔明显；小枝褐色，稍具棱角。单叶互生，薄而带膜质，阔椭圆形至倒卵形，缘具细齿。花期 5～6 月，花单性，异株，簇生叶腋，花被片 6～9 枚，乳白色或粉红色，具芳香。雄花具长梗，花被片椭圆形；雌花被片覆瓦状排列在花托上，受精后花托逐渐延长成穗状。果熟期 8 ～ 9 月，聚合果穗状，浆果球形，肉质，深红色（图 5-11）。分布于我国东北、华北和朝鲜、俄罗斯远东地区，生于阳坡杂木林及灌木丛中。性耐寒，喜凉爽阴湿的环境，耐瘠薄。新植株从根茎上发生，没有主根，只有少量须根，不耐干旱。

北五味子株形婆娑，花朵芳香，果实红艳，适合种植于棚架、假山、墙垣旁。年老或生长在瘠薄土地上的植株多生雄花，幼年或壮年树多生雌花；植株寿命可达 20 年。五味子因其果实有甘、酸、辛、苦、咸五种滋味而得名，为常用滋补强壮中药，《本草纲目》载："五味今有南北之分，南产者色红，北产者色黑，入滋补药必用北产者乃良。" 2000 年版药典部将五味子和南五味子分别收载为两个品种：五味子仅指北五味子的干燥成熟果实，规定特征成分为五味子醇甲，其含量不得少于 0.4%。南五味子指华中五味子（*Schisandra sphenanthera*）的干燥成熟果实，含总木脂素以五味子酯甲计，不得少于 3.0%。

图 5-11　北五味子　　　　　　　　　　　　图 5-12　南五味子

- **南五味子**（*Kadsura longipedunculata*）

又名红木香、紫金藤。五味子科，南五味子属。常绿缠绕藤木，茎蔓长 4m，老茎上有较厚的栓质树皮。单叶互生，革质或近纸质，长椭圆形，缘有疏锯齿。花期 5 ～ 8 月，花单性，异株，单生于叶腋，花梗细长；花被片 8 ～ 17 枚，黄色，有芳香，雌蕊群椭圆形，覆瓦状排列在花托上。果期 8 ～ 11 月，聚合果穗状，浆果近球形，肉质，深红色（图 5-12）。分布于我国华中、华南和西南地区，喜温暖湿润气候。江苏产溧阳和宜兴一带，生长在山坡丛林中。

南五味子叶茂，花香，红果垂艳，是攀缘绿化繁荣优良花果树种，多用于廊架、花格、山石、篱垣，亦可用作地被栽植。根、茎、叶、果均入药，有行气活血、祛风消肿杀虫的功效。

（二）冬态可掬，雪中彩（12 ～ 2 月）

冰天雪地的北方严冬里，没有了娇艳的花朵、清秀的绿叶、沁人心脾的芬芳、婀娜多姿的形态，都市户外此时是不是无景可赏？其实，只要我们用心观察，就会发现在风雪之中，一些树木的果实残存枝头，经冬不落，其实也是一道美景：紫丁香的蒴果长卵形、顶端尖、光滑，梓树的果实为细长的豇豆状，卫矛的果实具有红色的假种皮，蒴果宿存很久；雪果的浆果呈白色，蜡质，金银木的浆果呈红色。在冬季里同样晶莹剔透的果实，仿佛餐桌上引起人们无限食欲的新鲜水果，又怎能否认这个冬季的"秀色可餐"呢？

● **老鸦柿**（*Diospyros rhombifolia*）

又名山柿子、野山柿。柿树科，柿树属。落叶灌木，株高2～3m。树皮褐色，有枝刺；嫩枝带淡紫色，有柔毛。叶纸质，卵状菱形，背面疏生柔毛。花期4月，单生叶腋，白色；花萼4裂，革质，花后增大向后反曲。果熟期10月，果浆卵球形、先端尖，有长柔毛；熟时橙红色，萼片宿存。分布于我国东部，产福建、江苏、浙江，生于向阳山坡灌丛中。喜较湿润的气候条件，较耐寒；喜光，较耐阴。对土壤要求不严，耐干旱瘠薄。根系发达，萌蘖、萌芽力强，易整形。

老鸦柿枝丫交错，树形潇洒优美，入秋橙黄色果实悬挂满树，经冬不落，是秋冬观果佳品。园景树栽植，多置于庭园角隅、亭台阶前、岩坡山间及树丛边缘，在小径边沿、曲桥尽头、溪涧之侧、池边石嵌之上点缀，尤具特色。盆景树应用，野趣盎然（图5-13）。

图5-13　老鸦柿

同属种：①乌柿（*D. cathayensis*），半常绿灌木，枝直立，叶亚革质，狭长，暗绿色，宿存萼片较阔（图5-14）。②瓶兰花（*D. armata*），半常绿或常绿灌木，叶倒披针形或长椭圆形。花白色，芳香；果似老鸦柿，宿存萼片略宽。

图5-14　乌柿

● **丝棉木**（*Euonymus maackii*）

又名白皂树、桃叶卫矛、白杜。卫矛科，卫矛属。落叶小乔木，树高约6m（图5-15）。树冠圆形或卵圆形，树皮灰褐色、老时纵状沟裂，小枝细长，略呈4棱。叶对生，卵形至卵状椭圆形，边缘具细锯齿，入秋叶转红。花期5～6月，聚伞花序腋生，有花3～7朵，花瓣4枚，椭圆形，淡绿色。10月果熟，蒴果4深裂，粉红色，种子具橘红色假种皮。产我国北部、中部及东部，浙江、福建亦有分布，生于山坡林缘、山麓、山溪旁。性喜光，稍耐阴，耐寒；耐干旱，也耐湿，在一般土壤中均能生长良好。根系深而发达，能抗风。根蘖萌发力强，生长较缓慢。

丝棉木枝叶娟秀细致，树冠饱满形美，秋季果实挂满枝梢，开裂后露出橘红色的假种皮，引人注目；叶片经霜转红，鲜艳可爱，是良好的叶、花、果兼赏树种，可作庭荫树或用以点缀湖滨、河畔及假山石旁。材质坚韧细致而洁白，可作雕刻用材。

图 5-15　丝棉木

（花）

图 5-16　乌桕（秋叶，果）

● 乌桕（*Sapium sebiferum*）

名木梓树、木蜡树。大戟科，乌桕属。落叶乔木，高达15m。树冠圆球形，体内含乳汁。树皮暗灰色，纵裂浅，小枝纤细。单叶互生，纸质，广卵形，先端尾状，基部广楔形，全缘，两面光滑均无毛，叶柄细长，顶端有2个腺点。花期6～7月，穗状花序顶生，花小，黄绿色。果熟期10～11月，蒴果三棱状球形，熟时黑色、三裂，种皮脱落。种子黑色、圆球形，外被白色蜡质假种皮，固定于中轴上，经冬不落（图5-16）。原产长江流域及珠江流域，耐寒性不强，年平均温度15℃以上，年降雨量750mm以上地区都可生长。喜光。能耐短期积水，亦耐旱；对土壤适应性较强，在含盐量0.3%土壤能正常生长。

乌桕树冠整齐，叶形秀丽，秋叶经霜，如火如荼，陆放翁有"乌桕赤于枫，园林二月中"之赞，《长物志》载："秋晚叶红可爱，较枫树耐久，茂林中有一株两株，不减石径寒山也。"我国七大秋季观赏红叶景区中，多数是由乌桕树种组成的林相，所谓"庐山秋色红叶，乌桕几占多数"；冬日叶落籽出，白色种子覆盖树冠，宛如积雪，观赏效果极佳，古有"偶看桕树梢头白，疑是江梅小着花"的评价，又是主要的秋冬景树种。孤植、丛植于草坪和湖畔、池边，与亭廊、花墙、山石等相配甚佳，亦可栽作护堤树、庭荫树及行道树。假种皮为制蜡烛和肥皂的原料，种子含油可制油漆，为我国特有的经济树种，已有1400多年的栽培历史。

● **金银忍冬**（*Lonicera maackii*）

又名金银木。忍冬科，忍冬属。落叶性小乔木，常丛生成灌木状，株高2～5m。小枝中空，嫩枝有柔毛。单叶对生，卵状椭圆形至披针形，先端渐尖，叶两面疏生柔毛；表面深绿色，背面浅灰色。花期5～6月，成对生于幼枝叶腋，花冠唇形，筒部外面被短柔毛或无毛，内面被柔毛；初开为白色，后变黄色，淡香。果熟期8～10月，浆果球形，亮红色（图5-17）。广布于我国南北各地，朝鲜、日本，以及远东地区也产。生于海拔1200～1800m山谷、山坡林下或灌丛中，耐寒、旱，喜光、耐半阴，不择土壤，具有较强的适应力。

金银木株形圆满，花果并美，是优良的观花观果树种。春末夏初花开满枝，金银相映，清雅芳香；金秋时节，对对红果压满枝头，艳丽喜人。尤其是果实经霜不落，甚至可与早来的瑞雪红白相映，为肃杀的深秋增添一份暖意。园林中，常被丛植于草坪、山坡、林缘、路边或点缀于建筑周围，观花赏果两相宜。老桩可制作盆景，花是优良的蜜源，果是鸟的美食，全株可药用。

金银木和金银花是完全不同的两种植物：前者为木本，花丝短于花冠，果实是红色的；后者为藤本，花丝等与或长于花冠，果实是黑色的。

图 5-17　金银木

● **石楠**（*Photinia serrulata*）

蔷薇科，石楠属。常绿小乔木，树高达 12m（图 5-18）。叶长椭圆形，革质有光泽，幼叶带红色。花期 4-5 月，复伞房花序顶生，小花密生，花瓣 5 枚，白色。果球形，红色，10 月成熟。产我国中部及南部，印尼有分布。原生于海拔 1000～2500m 的杂木林中，喜光，稍耐阴。喜温暖，尚耐寒，能耐短期的 -15℃低温。喜排水良好的肥沃壤土，也耐干旱瘠薄，不耐水湿。

图 5-18　石楠

石楠树冠圆整，枝叶浓密，为传统的常绿树篱树种；早春花繁叶红，秋冬红果满树，孤植、列植、丛植，均相适宜，更是优良的叶花果兼备型景观佳木。

同属种：红叶石楠（*P. fraseri*），是石楠属杂交种的商业栽培品种统称，因其新梢和嫩叶鲜红而得名。株高 3～5m，冠幅 2～3m。耐低温，长城以南地区可露地栽植。有很强的耐阴能力，但在直射光照下色彩更为鲜艳。适应性好，抗劣性强，耐土壤瘠薄，有一定的耐盐碱性和耐干旱能力。春、秋季新叶红艳，在夏季高温时节叶片转为亮绿色，冬季上部叶色保持鲜红，下部叶色转为深红，极具观赏价值。生长快，萌芽性强，极耐修剪，是目前最为时尚的红叶系彩色树种，孤植、群植皆适宜，尤适彩色模纹栽培应用，给人以夺目、惊艳、生机勃勃之美感，景观效果极为显著：1～2 年生幼株可修剪成矮小灌木，在园林绿地中作地被植物片植，可与其他彩叶植物组合成各种图案；群植成大型绿篱或幕墙，一片火红之际非常艳丽，极具生机盎然之美；还可培育成独干、球形树冠的乔木，在绿地中孤植或作行道树，或在门廊及室内盆栽布置。红叶石楠在欧美和日本已广泛应用，被誉为"红叶绿篱之王"；优良栽培品种"红罗宾"（'Red Robin'），叶色鲜艳夺目，观赏性极佳。

● **冬青**（*Ilex chinensis*）

冬青科，冬青属。常绿乔木，树高达 10～15m，树冠卵圆形，树皮灰青色，有纵沟。叶互生，狭长椭圆形，缘有浅圆锯齿，薄革质，叶柄淡紫红色。花单生，雌雄异株；花期

5～6月，聚伞花序着生枝端叶腋，淡紫红色，有香气。果熟期9～10月，核果椭圆形或近球形，成熟时深红色，4～5裂、背面有1纵沟。产长江流域及其以南地区，常生于山坡杂木林中。喜光，稍耐阴；喜温暖气候及肥沃之酸性土，耐潮湿，不耐寒。萌芽力强，耐修剪；生长较慢。对二氧化硫抗性强，并耐烟尘。

冬青枝叶繁茂，葱郁如盖，果熟时宛若丹珠、经冬不落，是优良的叶、果兼赏型树种，老桩可制作盆景（图5-19）。作高篱应用效果绝佳，孤植草坪、水边或丛植林缘均相适宜，亦可在门庭、通道列植或在山石、小丘之间点缀。树皮可提取栲胶；种子及树皮供药用，为强壮剂，叶有清热解毒作用，可治气管炎和烧烫伤；木材坚硬，可作细工材料。

图5-19　红果冬青

● **枸骨（*Ilex cornuta*）**

又名鸟不宿、猫儿刺。冬青科，冬青属。常绿灌木或小乔木，株高约3m（图5-20）。树皮灰白色，枝开展而密生。叶革质，长椭圆状四方形，边缘反卷，顶端扩大具3枚大尖硬刺齿（中央刺齿反曲，基部两侧各有1～2刺齿），表面深绿而有光泽。花期4～5月，花黄绿色，簇生于二年生枝叶腋。果熟期9～11月，核果球形，鲜红色。分布在欧美、朝鲜以及我国的浙江、江苏、湖南、江西、云南、湖北、上海、安徽等地，生长于海拔150～1900m的地区，生于山坡、谷地、溪边杂木林及灌丛中。喜气候温暖环境，有一定的耐寒性；喜阳光充足环境，但也耐阴。喜排水良好之酸性、肥沃土壤，生长缓慢。优良品种：黄果枸骨（'Luteocarpa'），果暗黄色。变种：无刺枸骨（var. *fortunei*），叶缘无刺齿。

枸骨枝叶茂密，叶形奇特，入秋红果累累，鲜艳美丽，是良好的叶、果兼赏树种；对有毒气体抗性较强，是工矿企业绿地景观树种的优良选择。萌蘖力强，耐修剪，易造型，作园景篱应用饶有风趣；枝叶浓绿硬挺，亦可作圣诞树。

图 5-20　枸骨

● 南天竹（*Nandina domestica*）

小檗科，南天竹属。常绿灌木，株高达 2m，茎圆柱形，丛生，少分枝。叶互生，2～3 回羽状复叶，常集生于茎梢；小叶近于无柄，狭卵形及披针形，革质有光泽，基部紫色，膨大成鞘状的总叶柄，小叶下方及叶柄基部有关节。花期 5～7 月，花小而白色，大形圆锥花序顶生。果熟期 9～12 月，浆果球形（图 5-21），鲜红色，宿存至翌年 2 月；偶有黄白色变型，称玉果南天竹（f. *alba*）。原产我国河北、山东、湖北、江苏、浙江、安徽、江西、广东、广西、云南、四川等地，日本也有分布。喜半阴温暖气候，耐寒性较强，长江流域及其以南地区可露地栽培；较耐阴，强光下叶色变红。要求肥沃、排水良好的沙质壤土，对水分要求不严。

图 5-21　南天竹

南天竹茎干挺拔如竹，枝叶扶疏小花秀美，更有红果累累，经久不落，春赏嫩叶，夏观白花，秋冬观果，宋代杨巽斋诗云："花发朱明雨后天，结成红颗更轻圆，人间热恼谁医得，只要轻香净业缘。"常植于院落角隅，或作洞门漏窗的配景，其下点缀山石一二更觉意趣益臻。果枝是著名的切花配材，常与蜡梅、松枝一起瓶插。老桩可作盆景。

● 朱砂根（*Ardisia crenata*）

又名富贵籽、红铜盘、大罗伞。紫金牛科，紫金牛属。常绿灌木，株高30～150cm，盆栽控制在60cm左右。匍匐茎肥壮，直立无毛。单叶互生，近革质，长椭圆形，缘有波状圆齿。花期5～7月，花序伞形腋生，总花梗细长，花冠白色或淡红色，有微香，花萼、花冠5裂。果熟期9～12月，核果球形，成熟时鲜红色，经久不落（图5-22）。产我国南部亚热带地区，日本也有；福建、广西、广东、云南、台湾等省区及陕西、长江流域各省有分布。喜温暖湿润气候，较耐阴；忌干旱，喜生于肥沃、疏松、富含腐殖质的沙质壤土。

朱砂根树姿优美，果实红艳，秋、冬红果圆滑晶莹、富贵吉祥，可盆栽观果或剪枝插瓶，是优良的室内观果花木，花农们称之"富贵籽"；也适宜园林中假山、岩石园中配植，植于阔叶林下或溪边荫润的灌丛中。根、叶可入药。

图5-22　朱砂根

同属种：①紫金牛（*A. japonica*），常绿半灌木，高10～30cm，有匍匐根状茎。茎单一，枝及花序有褐色柔毛。叶对生，通常3～4叶呈轮生状集生茎梢，纸质，椭圆形，顶端尖，基部楔形，边缘有尖锯齿；上面绿色，有光泽；下面淡紫色，两面疏生腺点。花期7～8月，2～6朵集成伞形着生于茎梢或顶端叶腋；萼片、花冠裂片及花药背部均有腺点；萼片卵形，急尖，花瓣长卵形，白色或淡红色。果熟期8～11月，核果球形，熟时红色，有黑色腺点。分布于长江流域以南各省区，生于林下、谷地、溪边阴湿处。②虎舌红（*A. mamillata*），又名红毛毡、乳毛紫金牛、毛凉伞。幼枝有褐色卷缩分节毛。叶互生，椭圆形，边缘有不清晰圆齿，两面有紫红色粗毛和黑色小腺体。夏季开粉红色小花。果球形，疏生红色毛，成熟时鲜红色。原产我国，分布于广西、广东、云南、四川、贵州等地。

● 金橘（*Fortunella margarita*）

又名罗浮、寿星柑、牛奶金柑。芸香科，金柑属。常绿灌木或小乔木，株高 3m，枝密生，

通常无刺。叶互生，披针形至长椭圆形，革质，全缘或具不显细齿，表面深绿光亮，背面散生油腺点；叶柄具极狭翅，与叶片连接处有关节。花期 6～8 月，单生或 2～3 朵簇生于新枝的叶腋，萼、瓣各 5 枚，白色有芳香。果熟期 11～12 月，柑果小，椭球形，熟时金黄色；果皮厚、平滑有光泽，油腺密生、具香味，瓤囊 4～5 瓣，汁多味酸（图 5-23）。原产我国南部，广布长江流域及以南各省区，以台湾、福建、广东、广西较多栽培。喜温暖湿润、光照充足环境，不耐寒，华北及长江中、下游只能温室盆

图 5-23　金橘

栽观赏；耐旱，略耐阴，要求疏松肥沃、排水良好的微酸性沙壤土。嫁接繁殖，砧木用枸橘、酸橙或播种的实生苗。在北方盆栽宜放置于日照充足处养护，一般隔 2 年换盆 1 次，适当修整树形；适当增施磷肥，促进枝条生长成熟，限制枝叶徒长，以利于花芽分化。一般开花时需施追肥并适当疏花，坐果后按树势强弱疏果 1 次，以利果形大小、成熟程度一致，提高观赏价值。

金橘冠姿秀雅，四季常青，夏天花开雪白如玉，浓香溢远，秋天金果灿灿，既可赏玩又可食用，为民间新春佳节的贺岁佳品。广东佛山、新会等地的金橘盆景，园艺水平极高，在世界各国的花卉市场上，受到了各国人民的珍爱。北宋文学家欧阳修《归田录》赞道："清香味美，置于樽俎间光彩灼烁，如金弹丸，诚珍果也。"金橘有"四悦"，即味悦人口、色悦人目，气悦人鼻，誉悦人耳，可谓形、意、态、景"四绝"。金橘皮色金黄，皮薄肉嫩，汁多香甜，洗净后可连皮带肉一起吃下；含有特殊的挥发油、金橘甙等特殊物质，具有令人愉悦的香气，是颇具特色的水果，特别是在广东及香港地区，很多市民为图吉利在春节购买。"密密金丸不禁偷，最怜悬著树梢头。老人口腹原无份，留得深秋供两眸。"（明·钱士升《金橘》）不仅描绘出金橘的状貌特征，还将钟爱不忍以饱口腹的心情表现无疑。

《本草纲目》载："此橘生时青卢色，黄熟则如金，故有金橘、卢橘之名。"金橘枝叶茂密，树姿秀雅，花白如玉，芳香远溢，金果玲珑，色艳味甘，是颇具特色的水果，北宋文学家欧阳修《归田录》赞道："清香味美，置于樽俎间光彩灼烁，如金弹丸，诚珍果也。"初夏，花白如雪，浓香溢远；秋冬，金果灿烂，经久不落。皮质有甘味，散发清香，既可赏玩又可食用，放进蜜糖液中渍成蜜饯，别有风味。有诗赞其果小、色美、味甘："风餐露饮橘中仙，胸次清于月样圆，仙客偶移金弹子，蜂王捻作菊花钿。"金橘营养丰富，含多种维生素，生吃可止咳化痰、开胃、止渴、解酒。金橘甙同维生素 C 相结合，有强化毛细血管的作用，对高血压、心血管疾病都有较好的辅助治疗作用，老年人冬食用可防止血

管脆弱和破裂。金橘耐寒耐旱，既适于室内盆栽，又可成片造林：院中、屋前有栽培，可常见银花高照，金果倒垂，赏心悦目；树矮实小，一年四季花果相间，芳香满室，艺术造型更添雅趣，耐人寻味，为我国传统观果盆栽珍种，尤以广东佛山、新会等地的盆景产品在国际花卉市场上受到各国人民的珍爱。

图5-24　金豆

同属栽培种：①金弹（*F. crassifolia*），叶厚而硬，边缘常向外反卷，叶柄短，有窄翅。果实卵圆形，色泽橙黄，果皮较厚，味甜，种子少，品质优。②金枣（*F. obovata*），又称"长寿金柑"、"罗浮"，能月月开花，果长圆形，顶端凹入而基部微尖，淡黄色，有香气，果肉多汁而味酸。③圆金柑（*F. jponica*），果大小如樱桃，鲜橙黄色，果肉汁多而味酸。④金豆（*F. hindsii*），又称"鸡橘"、"金豆橘"，果小如黄豆，红橙色，不具果肉，果汁少，味酸苦，不能食用（图5-24）。⑤长叶金橘（*F. polyandra*），叶长披针形，果圆形，皮薄，不耐寒。

（三）春果绰约，色衬绿（3～5月）

春天是万物复苏、朝气蓬勃的季节，春华秋实是自然界的普遍规律，我们在春天见到的果实大多幼小、青涩，但作为观果树种的栽培应用，却不失精彩的瞬间，如：枫杨的翅果似串串翠绿的玉雕，特别在逆光下的观赏效果，别有一番风味；鸡爪槭的翅果则似只只展翅的微型小鸟，在春风中尽情嬉闹。当然，更有一些春天成熟的观果树种，在明媚的春色中再添动人的诱惑，如人们熟悉的樱桃、李、覆盆子等。而在热带地区欣赏春果景观则更不是什么困难的问题，大多热带果树可以周年结实，是琳琅春果的生力军，常见的有柠檬、柚、菠萝蜜等。

● 柠檬（*Citrus limon*）

又称柠果、洋柠檬、益母果等。芸香科，柑橘属。常绿小乔木，树高可达3～6m。树冠圆头形，树姿较开张；枝斜出而略下披，具针刺，嫩枝带紫色。叶片长椭圆形或卵状长椭圆形，先端渐尖，缘具波状细锯齿；叶柄短，翼叶不明显。具有周年开花习性，每年集中开放3～4次不等。花单生，呈总状花序；花蕾淡紫色，长椭圆形，萼淡紫色，浅杯状分裂；花瓣外侧带紫色，内侧白色，略有香味。果椭圆形或倒卵形，柠檬黄色有光泽，顶部具宽而矮的乳头状凸起；果蒂狭，多隆起，高低不一；果面粗糙或平滑，皮厚、油泡含油多，具特有的柠檬香气（图5-25）。每年采收果实6～10次，一般未成熟就要采收，处理后可贮藏3个月。原产马来西亚，目前地中海沿岸、东南亚和美洲等地都有分布，我国台湾、福建、广东、广西等地也有栽培。是柑橘类中最不耐寒的种类之

图 5-25　柠檬

一，适宜于冬季较暖、夏季不酷热、气温较平稳的地方；喜质地疏松、排水良好的壤土，适宜栽培于土层深厚、排水良好的缓坡地。

柠檬是世界上最有营养价值的水果之一，富含维生素 C、柠檬酸、苹果酸、高量钠元素和低量钾元素等，对人体有预防感冒、刺激造血和抗癌等作用。鲜柠檬维生素含量极为丰富，能防止和消除皮肤色素沉着，是美容的天然佳品；柠檬中含有丰富的柠檬酸，生食具有良好的安胎止呕作用，肝虚孕妇最喜食，故称益母果或益母子；柠檬酸还能促进胃中蛋白分解酶的分泌，增加胃肠蠕动，因此在西方人的日常生活中常被用来制作腌食冷盘凉菜等。果汁柠檬酸含量达 4% ～ 7%，因为味道特酸，故只能作为上等调味料用来调制饮料菜肴、化妆品和药品；鲜柠檬横切成 2mm 厚片，去种子后直接放入杯中沏凉开水，加入适量冰糖即可直接饮用，那淡淡的酸甜，幽幽的清香直沁人心脾，令人心神清爽、唇齿留香。柠檬富有香气，能解除肉类、水产的腥臊之气，并能使肉质更加细嫩；鲜果表皮可以生产柠檬香精油，既是生产高级化妆品的重要原料，又是生产治疗结石病药物的重要成分。果胚还可生产果胶、橙皮苷（Vp）；果胶既是生产高级糖果、蜜饯、果酱的重要原料又可用于生产治疗胃病的药物，橙皮苷（VP）主要用于治疗心血管病；果胚榨取的汁液既可生产高级饮料，又可生产高级果酒。美国和意大利是柠檬的著名产地，而法国则是世界上食用柠檬最多的国家，主要栽培品种有：①尤力克（Eureka）柠檬；②里斯本（Lisbon）柠檬③费米耐罗（Femminello）柠檬④维拉法兰卡（Villafranca）柠檬；⑤香柠檬（北京柠檬、美亚柠檬），果顶部无乳头状凸起，酸味不强，有芳香，仅盆栽供观赏。

● 柚（*Citrus grandis*）

又名文旦。芸香科，柑橘属。常绿乔木，树高 5 ～ 10m，树冠近圆形，多分枝。枝条粗壮有长刺，嫩枝被短柔毛。单生复叶，卵形或椭圆形；叶大而厚，边缘有钝锯齿，叶柄有倒心脏形宽翅，顶端有关节。花单生或簇生于叶腋或枝顶，花大，白色，花瓣反曲。柑果特大，梨形或球形，浅黄色或橙色；果皮厚，不易剥离，有大油腺；瓤囊 8 ～ 16 瓣，果肉淡黄色、粉红色，汁胞粗大。我国产长江流域以南诸省，广西、福建、浙江、广东、四川和湖南等地有栽培。性喜温暖湿润气候，要求年平均温度 15℃ 以上，冬无严寒，最低温度不低于 -5℃ 最适宜。不耐旱，不耐瘠，但比较耐湿，年降雨量 1500mm，全年分布均匀。要求肥沃、疏松、排水良好的砾质壤土。

柚树冠圆整，叶茂常绿，花甜香扑鼻，果硕大色靓，观赏价值很高，是江南园林庭园的优良叶、花、果兼赏树种，可植于亭、堂、院落之隅，或植于草坪边缘、湖边、池旁。冬季寒冷的北方，多盆栽用于室内装饰。柚是主要亚热带果树之一，著名品种有广西容县的沙田柚（图5-26）、福建漳州的文旦柚以及晚白柚、金兰柚、麻豆柚、梁山柚等；果肉香甜，营养丰富，除鲜食外可加工制蜜饯、果汁等，花、叶、果皮可提取芳香油。

图5-26　沙田柚

● **菠萝蜜**（*Artocarpus heterophyllus*）

又名木菠萝、蜜冬瓜、牛肚子果。桑科，菠萝蜜（桂木）属。常绿乔木，树高15～20m，有乳汁；树皮较粗糙，棕灰色带有灰白色的大花斑。单叶互生，革质，有光泽，长椭圆形或倒卵形，全缘或偶有浅裂。叶大而硬，绿色有光泽。花期为2～7月，雌雄同株，异序；雄花序棒状，表面较光滑，暗绿色，密生在小枝末端；雌花序椭圆形，鲜绿色，密生在树干上或粗枝上，生长位置比较同一结果枝上的雄花低。果熟期6～12月，复合果卵状，形如冬瓜，重达5～20kg；外皮有六角形瘤凸起，坚硬有软刺，成熟时黄绿色，采收之后转变为黄褐色（图5-27）；肉质果肉被乳白色的软皮包裹着，金黄色，有特殊的蜜香味。种子浅褐色，卵形或长卵形。内有数十个淡黄色果囊，色金黄，味香甜。原产于热带亚洲的印度，在热带潮湿地区广泛栽培，现在盛产于南洋群岛、孟加拉国和巴西等地。隋唐时从印度传入我国，称"频那挲"（梵文Panasa译音）；宋代改称菠萝蜜，现海南、广东、广西、云南东南部及福建、重庆南部有栽培。性喜高温高湿的低地环境，生长适温22～23℃，在海拔600m以下的低丘陵地或者平地栽培为最好。要求年平均气温大于21℃，最冷月平均气温大于13℃，绝对最低温度大于0℃，不耐寒冷，地表温度

图5-27　菠萝蜜

在 0℃就容易受到冻害。日照宜充足，排水需良好；不拘土质，但以表土深厚的砂质土壤最佳。

菠萝蜜树性强健，生长快，树形美观，巨大如轮，春季后一边开花，一边结果，适合作行道树、园景树，在雷州半岛地区多零星种植于庭院中。如果说椰子是水果里最大的种子，那菠萝蜜该是最大的果实了；果实成熟时香味四溢，果肉味美，含糖量在 15% 以上，故名菠萝蜜，南宋诗人范成大《桂海虞衡志》有："菠萝蜜大如冬瓜，削其皮食之，味极甘。"吃完后不仅口齿留芳，手上余香更是久久不退。还有丰富的蛋白质和维生素 A，被誉为"热带水果皇后"。绿色未成熟的果实可作蔬菜食用，种子富含淀粉，味美如板栗，炒食风味佳。明代李时珍《本草纲目》载："菠萝蜜性甘香……能止渴解烦，醒脾益气。"在雷州半岛地区的徐闻县，用蜂蜜和菠萝蜜的果实来浸泡成菠萝蜜酒，人称"徐闻液"。树液和叶药用可消肿解毒，树叶包制的农家糍饭味道更清香。栽培品种主要分为湿包和干包两大类：干包类果皮坚硬，肉瓤肥厚，汁少味甜，香气特殊而浓；湿包类果汁多，柔软甜滑，鲜食味甘美，香气中等。品质以干包果为佳，闻名遐迩。菠萝蜜的大树须根少，应先作断根处理，修剪枝叶后再移植，尤其秋冬季应避免移植。

● 杧果（*Mangifera indica*）

又名檬果、芒果。漆树科，杧果属。常绿乔木，树高 10 ～ 20m，主干明显，分枝粗壮，树皮厚而粗糙。单叶互生，呈假轮状排列；叶片革质、披针形，基部较疏，顶部密集。花期 1 ～ 4 月，顶生圆锥花序宽大，被柔毛，分枝开展，多花密集，花小，黄色，杂性同株。果熟期 5 ～ 9 月，肉质核果，多为椭圆肾脏形或球形，稍扁，淡绿或淡黄色；中果皮肉质，黄色（图 5-28）。果核扁平，外被纤维与果肉相连。原产印度、缅甸、马来西亚一带，现全球热带地区已广为栽培；我国于唐代从印度引入，以台湾栽培最多，广东、广西、福建、云南等也有栽培。要求高温、干湿季明显的环境，年平均气温不低于 22℃，最冷月平均气温不低于 15℃，绝对最低气温不低于 5℃，年降水量 1000 ～ 2000mm。喜光，对

图 5-28　杧果

土壤适应性较强，忌渍水和碱性过大的石灰质土。

杧果为热带著名水果，树冠球形，郁闭度大，为热带优良的庭园和行道树种。果实味甜多汁，风味怡人，富含维生素，在欧美誉为"热带果王"；可生食，亦可制罐头、果酱或盐渍调味、酿酒。全属约60余种，其中约有15种的果实可供食用，优良品种有阿方索（Alphonso）、椰香杧（Dashehari）、秋杧（Neelum）、哈登（Haden）、肯特（Kent）和缅甸球杧等。

● 蒲桃（*Syzygium jambos*）

桃金娘科，蒲桃属。常绿乔木。树高5～7m。干矮，分枝多，树冠圆锥形。树干皮褐色，光滑。嫩枝淡灰绿色。叶披针形或长椭圆形，革质全缘；叶面多透明小腺点，叶柄短，稍肥大。花期3～4月，绿白色，芳香。果熟期5～7月，果实球形或卵形，淡黄色或杏黄色（图5-29）；肉白色，质薄，中空，具玫瑰香，可食用。种子1～2粒，摇动有声。原产于印度、马来群岛及我国的海南岛，集中分布于亚洲热带地区，在亚洲亚热带至温带、大洋洲和非洲的部分地区也有分布。阳性树，喜湿热气候，有一定的抗二氧化硫能力。土壤适应性强，以肥沃、深厚和湿润的土壤为最佳，耐湿，喜生长在河旁、溪边等近水地方。

蒲桃树冠丰满浓郁，枝叶婆娑，绿荫效果好，花繁叶茂，花、叶、果均可观赏，可兼作庭院绿荫观赏植物。深根性，枝干强健，可作固堤、防风树用。我国栽培蒲桃至少已有几百年的历史，现主要分布于台湾、海南、广东、广西、福建、云南和贵州等省区，除台湾、广东和广西有小面积连片栽培外，其他省区多处于半野生状态。

图5-29　蒲桃

● 西番莲（*Passionfora edulis*）

又名鸡蛋果，百香果。西番莲科，西番莲属。多年生常绿攀缘木质藤本植物，茎细长达4m左右，有细毛，叶腋处着生单条卷须。单叶互生，掌状3或5深裂，裂片披针形，先端尖，边缘有锯齿；具叶柄，其上通常具2枚腺体。夏季开花，聚伞花序退化仅存1～2单生叶腋，花性杂。浆果肉质，具有香蕉、石榴、菠萝、草莓、西瓜、柠檬、杧果、酸梅等十几种水果的浓郁香味，得名"百香果"；鲜果形似鸡蛋，果汁色泽类似鸡蛋黄，又得别称"鸡蛋果"（图5-30）。大多起源于南美洲的亚马逊河热带雨林，我国原产13种，分布中南、华南、西南地区，以云南种类为最多。喜光，喜高温湿润的气候，不耐寒，要求全年无冻害的天气，适宜于北纬24°以南地区种植。

西番莲生长快，开花期长，开花量大，结果硕丰，适于庭院廊架栽培观赏。果实芳香怡人，已知含有超过132种的芳香物质，有"果汁之王"的美誉；甜酸可口，风味浓郁，能生津止渴，提神醒脑，食用后能增进食欲，有助消化；含有多种维生素，17种氨基酸和抗癌的有效成分，能降低血脂，降低血压，有抗衰老养容颜的功效。可食用的约有60种，但能作为商业经济价值的仅有紫果西番莲、黄果西番莲及其二者的杂交种等3个种类；西方有人认为是《圣经》中提到的人类始祖亚当、夏娃所吃的"神秘果"，故英文名称passion fruit，意为"恋情、激情、热情之果"。

图5-30　西番莲

● 枫杨（*Pterocarya stenoptera*）

又名麻柳、水麻柳。胡桃科，枫杨属。落叶乔木，树高达30m。幼树皮红褐色，平滑，老时灰色，深纵裂；小枝髓心片状分隔，裸芽。奇数羽状复叶，小叶9～23枚，长椭圆形，边缘有细锯齿；顶生小叶常不发育而成偶数羽状复叶，叶轴具窄翅。花单性，雌雄同株，柔荑花序下垂（图5-31）；花期4～5月，雄花序单生叶腋，雌花序单生新枝上部。果熟期9～10月，果穗下垂，坚果具翅。该属约9种，产于北温带；我国约7种，主要分布于黄河流域以南，东起山东东部，西北至甘肃南部、陕西海拔1500m以下，西至湖北、四川海拔1000m以下，西南至云南、贵州，南至广东、广西。深根性，主根明显，侧根发达。喜光，不耐庇荫。喜温暖湿润气候条件，较耐寒。耐水湿，多生于水边；深根性，要求中性及酸性沙壤土。

枫杨树冠广展，枝叶茂密，翅果串悬，晶莹剔透，为林荫树优良树种，成片种植或孤植于草坪及坡地，均可形成一定景观，作园景树应用观果期5～7月。耐烟尘，对二氧化硫等有毒气体有一定抗性，也适合用作工厂绿化。生长快速，根系发达，为平原湖区、低山河谷及河流沿岸等低洼湿地的重要造林树种、固岸护堤的优秀种质。幼树生长快，速生期延续至 15 年左右，以后生长渐慢；结实较早，40 ～ 60 年衰老。

图 5-31　枫杨

● **鸡爪槭**（*Acer palmatum*）

又名青枫、雅枫、槭树。槭树科，槭树属。落叶小乔木，树高 8 ～ 10m；树冠伞形，树皮深灰色，小枝细瘦，当年生枝紫色或紫绿色，多年生枝淡灰紫色或深紫色。叶对生，纸质，近圆形，掌状 7 ～ 9裂，裂片先端尾状，边缘有不整齐锐齿或重锐齿；嫩叶略带淡淡红晕，后转为翡翠色，入秋转为红色。花期 4 ～ 5 月，杂性同株，由紫红小花组成伞房花序。果熟期 9 ～ 10月，翅果展成钝角，向上弯翘，幼时紫红色，

图 5-32　鸡爪槭

熟后棕黄色，果核球表隆起（图 5-32）。原产于我国长江流域一带，多生于阴坡湿润山谷，现山东、浙江有分布。喜温暖气候，抗寒性强；喜疏荫环境，夏日怕日光曝晒，在高大树木庇荫下长势良好，在阳光西晒及潮风影响的地方生长不良。要求疏松、湿润和富含腐殖质的土壤，较耐干旱，不耐水涝。对二氧化硫和烟尘抗性较强。

鸡爪槭春季红花满树，翅果飞扬，无不引人入胜，秋日红叶如锦，叶形秀丽，十分悦目，为园林中名贵的观赏乡土树种。植于山麓、池畔以显其潇洒、婆娑的绰约风姿，配以山石植于园门两侧、建筑物角隅则具古雅之趣；在园林绿化中常用不同品种配置形成色彩斑斓的槭树园，也可在常绿树丛中杂置营造"万绿丛中一点红"景观。桩景用于室内盆栽，也极为雅致。主要变种及品种有：①红枫（'Atropurpureum'），枝条紫红色，叶掌状裂，终年呈紫红色；②羽毛枫（'Dissectum'），枝条开展下垂，叶掌状 7 ～ 11 深裂，裂片有皱纹。

（四）夏型绰约，迷人情（6～8月）

枇杷是我国南方特有的美味水果，果肉柔软多汁，酸甜适度，味道鲜美，与樱桃、杨梅并称初夏三姐妹，"乳鸭池塘水浅深，熟梅天气半晴阴。东园载酒西园醉，摘尽枇杷一树金。"（宋·戴敏《初夏游张园》）论成熟期可分早、中、晚三类：早熟品种五月即能面市，中熟品种于六月大批登场，晚熟品种可延至七月上旬。按果实色泽又分为红肉种和白肉种：红肉种因果皮金黄而被称为"金丸"，皮厚易剥，味甜质粗，宜于制罐，明代画家沈周诗云："谁铸黄金三百丸，弹胎微湿露渍渍。从今抵鹊何消玉，更有锡浆沁齿寒。"白肉种肉质玉色，古人称之为"蜡丸"，皮薄肉厚，质细味甜，适于鲜食，宋代郭正祥诗曰："颗颗枇杷味尚酸，北人曾作蕊枝看。未知何物真堪比，正恐飞书寄蜡丸。"

● 枇杷（*Eriobtrya japonica*）

蔷薇科，枇杷属。常绿小乔木，树高达10m。小枝、叶背及花序均密被锈色绒毛。叶互生，簇生于枝端，革质，倒披针椭圆形，表面多皱而有光泽，背面有密生茸毛，缘有粗裂齿。花期11～2月，圆锥花序顶生，5～10朵一束，白色或淡黄色，有芳香，花梗、萼筒皆密生锈色绒毛。果熟期5～6月，浆果近球形，稀疏簇生（图5-33）；果肉软而多汁，有白色及橙色两种。亚热带树种，原产我国西南地区，川、鄂有野生林，日本种植历史已超过千年。喜温暖湿润，年平均气温15℃以上，年降雨量800～2200mm地区即能正常结果；成年树可抵抗-18℃低温，在南方常绿果树中的抗寒力最强，冬春-6℃低温对开花产生冻害，-3℃时对幼果产生冻害，20℃左右花粉萌发最合适。喜光，稍耐阴，不耐寒。对土壤要求不严，在pH4.5～8.5地区均能正常生长结果，但以含石砾较多的疏松土壤生长较好。

枇杷叶大常绿，姿整荫浓，可孤植为庭荫树，亦可列植为行道树；树冠整齐，层性明显，春萌新叶白毛茸茸，秋孕冬花，春实夏熟，累累金丸，古人称其为佳实，常植于庭园

图5-33　枇杷

观赏。枇杷秋日养蕾，冬季开花，春来结子，夏初成熟，承四时之雨露，为"果木中独备四时之气者"。宋朝文豪宋祁诗是对枇杷花、叶、果的确切写实："有果实西蜀，作花凌早寒。树繁碧玉叶，柯叠黄金丸。土都不可寄，味咀独长叹。"唐代羊士谔诗云："珍树寒始花，氤氲九秋月。佳期若有待，芳意常无绝。鳞鳞碧海风，濛濛绿枝雪。急景有余妍，春禽自流悦。"枇杷生理发育特性给人们留下了深刻的印象。南方各地多作果树栽培，江苏洞庭及福建云霄都是名产地。枇杷生长缓慢，寿命较长，一年发三次新梢，嫁接苗4～5年结果；分枝极有规律性，即使不进行整形修剪也能形成较规范的树形，这在果树中是独一无二的。枇杷不但味道鲜美，而且营养丰富，有很高的保健价值，特别是胡萝卜素的含量在水果中高居第3位，丰富的维生素B对保护视力，保持皮肤健康润泽，促进儿童身体发育都有着十分重要的作用；富含粗纤维、矿物元素及维生素B1和维生素C，是很有效的减肥果品。花为蜜源，叶和果实入药，有祛痰止咳、清热健胃之功效，《本草纲目》载："枇杷能润五脏，滋心肺。"现代医学证明枇杷富含维生素、苦杏仁甙和白芦梨醇等防癌、抗癌物质。

● 樱桃（*Prunus pseudocerasus*）

又名莺桃、中国樱桃。蔷薇科，樱属。落叶小乔木，树高6～8m；小枝灰色或带紫色，幼时被稀疏柔毛。叶卵形至卵状椭圆形，先端短尾尖，边缘具尖锐重锯齿，表面近无毛，背面叶脉间被稀疏短柔毛。花期3～4月，先叶开放；3～6朵簇生或为有梗的总状花序，花梗长，密被柔毛；花瓣白色，卵圆形至近圆形，先端微凹；萼筒钟状，裂片三角形，花后反折。果熟期5～6月，核果近球形，两端微凹，红色，果梗长（图5-34）。原产我国中部，为温带、亚热带树种，长江流域及华北地区广为栽培。喜温暖而润湿的气候，适宜年平均气温15～16℃，年雨量700～1000mm；抗寒力弱，自然眠期较短，花器官在冬末早春气温回暖时若遇"倒春寒"（霜或雪）易受冻。喜光，对光照条件的要求比梨、苹果等果树高；对水分状况敏感，抗旱和耐涝力均较差，土壤酸碱度一般为pH6.0～7.5。萌蘖性强，生长迅速。

图5-34　大樱桃

图5-35　樱桃

樱桃花如彩霞，果若珊瑚，新叶妖艳，秋叶丹红，极具诗情画意，宜孤植、列植、丛植、丛植于路旁、草坪、林缘、窗前，"红了樱桃，绿了芭蕉"极富情趣（图5-35）；果实璀璨晶莹，玲珑诱人，是落叶果木中成熟最早的树种，亦可作专类园布置，栽培较普遍的种类有欧洲甜樱桃（*P. avium*）、欧洲酸樱桃（*P. vulgaris*）、中国樱桃（*P. pseudocerasus*）和毛樱桃（*P. tomentosa*）。鲜果营养丰富，又被誉为"珍果"：铁含量居众果之冠，胡萝卜素含量为苹果的 2.7 倍；果实发育期短，基本不打药或很少打药，有利于生产绿色果品，除鲜食外还可加工制汁、制罐头、酿酒。果实性温味甘，有调中益脾、调气活血、平肝祛热之功效。木材致密坚实，可制各种器材。

● 杨梅（*Myrica rubra*）

又名龙晴、朱红。杨梅科，杨梅属。常绿乔木或灌木，树高可达15m。树皮灰色；小枝近于无毛。叶革质，集生枝顶，长椭圆状倒披针形，背面密生金黄色腺体。花单性异株，花期 4 月；雄花序穗状，单生或数条丛生叶腋；雌花序单生叶腋，密生覆瓦状苞片，每苞生一朵花，每花序仅 1～2 朵发育成果。果期 6～7 月，核果球形，有小疣状凸起，熟时深红色（图5-36）。原产我国温带、亚热带湿润气候的山区，主要分布在长江流域以南，海南岛以北，即北纬20°～31°，与柑橘、枇杷、茶树、毛竹等分布相仿，但其抗寒能力比柑橘、枇杷强。喜阴，喜微酸性的山地土壤。

杨梅是我国特产水果之一，素有"初疑一颗值千金"之美誉，在吴越一带又有"杨梅赛荔枝"之说。中、外果皮多汁，味酸甜，营养价值高，是我国南方的特色水果；病虫害较少，是天然的绿色保健食品，还可加工成罐头、果酱、蜜饯、果干、果汁、果酒等，具有消食清肠、生津止渴以及止泻利尿等多种药用价值。核仁中含有抗癌物质维生素 B_{17} 以及粗蛋白、粗脂肪，可供炒食或榨油；叶、根与枝干表皮可提炼黄酮类与香精油物质，用作医疗上的收敛剂。树姿优美，叶色浓绿，15 年生的健壮树即可被园林工程用作观赏性栽植；根系与放线菌共生形成根瘤，耐旱耐瘠，是一种非常适合山地退耕还林、保持生态

图 5-36　杨梅

的理想树种。

● **桑**（*Morus alba*）

又名家桑、白桑。桑科，桑属。落叶乔木，树高3～16m。树冠倒卵圆形，树皮灰白色，有条状浅裂；根皮黄棕色或红黄色，纤维性强。叶卵形或宽卵形，幼树之叶常有浅裂、深裂，背面沿叶脉疏生毛，脉腋簇生毛；托叶披针形，早落。花期4月，花单性，腋生；雌、雄花序均排列成穗状柔荑花序；雌花序被毛，花被片4枚、基部合生；雄花序下垂、略被细毛，花被片4枚、中央有不育的雌蕊。果熟期5～6月，瘦果多数密集成卵圆形或长圆形的聚合果（桑葚），成熟后肉质，黑紫色或红色，多汁味甜（图5-37）；种子小。原我中国中部，以长江中下游为多，现南北各地广泛栽培，垂直分布一般在海拔1200m以下，西部可达1500m；朝鲜、蒙古、日本、欧洲及北美亦有栽培，并已归化。喜阳，抗污染，抗风，耐盐碱。我国收集保存有桑树种质15种，3个变种，其中野生种有长穗桑、长果桑、黑桑、华桑、细齿桑、蒙桑、山桑、川桑、唐鬼桑、滇桑、鸡桑，栽培种有鲁桑、白桑、广东桑、瑞穗桑，变种有鬼桑（蒙桑的变种）、大叶桑（白桑的变种）、垂枝桑（白桑的变种）。

图 5-37　桑（雄花，雌果）

桑树冠丰满，适应性强，为城市绿化的先锋树种，宜孤植作庭荫树。秋叶金黄，可与喜阴花灌木配置树坛、树丛或与其他树种混植风景林；果能吸引鸟类，宜构成鸟语花香的自然景观。枝叶茂密，管理容易，也是农村"四旁"绿化的主要树种。我国是世界上种桑养蚕最早的国家，已有七千多年的栽培历史，在商代甲骨文中已出现桑、蚕、丝、帛等字形，到了周代采桑养蚕已是常见农活，春秋战国时期已成片栽植。桑果含有丰富的葡萄糖、蔗糖、果糖、胡萝卜素、维生素、苹果酸、琥珀酸、酒石酸及钙、磷、铁、铜、锌等矿物质，成熟的桑葚酸甜适口，以个大、肉厚、色紫红、糖分足者为佳，是人们喜爱的第三代水果之一。果入药，味甘酸，性微寒，为滋补强壮、养心益智佳果，具有补血滋阴、生津止渴、润肠消燥等功效。皮和枝叶都是天然植物染料，在丝布与棉布的呈色很接近。

● **郁李**（*Prunus japonica*）

又名秧李，小桃红。蔷薇科，李属。落叶灌木，株高约 2m（图 5-38）。树皮灰褐色，有不规则的纵条纹，老枝有剥裂；幼枝黄棕色，光滑，小枝纤细而柔。冬芽极小，灰褐色；叶互生，卵形或宽卵形，叶柄生稀疏柔毛；托叶 2 枚，线形，早落。花期 5 月，先叶开放，2～3 朵簇生；花梗有棱，散生白色短柔毛，基部为数枚茶褐色的鳞片包围；花萼 5 枚，基部成浅萼筒，裂片卵形，花后反折；花瓣 5 枚，浅红色或近白色，具浅褐色网纹，斜长圆形，边缘疏生浅齿。果熟期 6 月，核果近球形，无腹缝沟，暗红色，光滑有光泽。原产我国华北、华中、华南，生于海拔 800m 以下山区之路旁、溪畔、林缘，各地都有栽培；日本、朝鲜也有。性喜向阳半阴环境，常生于山坡林缘或路旁灌丛中；不能忍受夏季高温闷热，否则生长受阻、进入半休眠状态。适应性强，耐寒，耐旱。对土壤要求不严，耐瘠薄，能在微碱土生长，唯以石灰岩山地生长最盛。根系发达，萌蘖力强，易更新。重瓣种用毛桃或山桃作砧木繁殖。

郁李桃红色宝石般的花蕾，繁密如云的花朵，深红色的果实，都非常美丽可爱，是园

图 5-38　郁李

林中重要的观花、观果树种。宜丛植于草坪、山石旁、林缘、建筑物前，或点缀于庭院路边，或与棣棠、迎春等其他花木配植，也可作花篱栽植。种仁含苦杏仁甙、脂肪油，性味甘、酸、平，无毒；润肠缓下，利尿、治浮肿脚气。

同属种：麦李（*P. glandulosa*），与郁李不同之处：叶椭圆形或椭圆状披针形，先端急尖，基部宽楔形，叶片最宽处位于中部或近中部，叶柄无毛也不具腺体，缘具圆钝细锯齿。花期较晚，花多重瓣，有白、红、紫红等色。核果球形，红色，有腹缝沟槽（图 5-39）。华北、东北、华中、华南均有分布，常与郁李在山坡地混生，同为春季优良开

花灌木。

图 5-39　麦李

● 葡萄（*Vitis vinifera*）

葡萄科，葡萄属。落叶藤木，茎蔓长达 30m。茎皮色红褐，条状剥落；卷须分枝，间歇性着生。单叶近圆形，掌状裂叶基部心形，背面有短柔毛；叶柄长。花期 5～6 月，复总状圆锥花序大而长，花多为两性，黄绿色。果熟期 8～9 月，浆果椭球形或圆球形，有白粉，色彩因种类而丰富多样；落果较严重，花后 3～7 天开始，花后 9 天左右为落果高峰，前后持续约 2 周。原产亚洲西部，我国栽培历史悠久，分布广，尤以长江流域以北栽培较多。喜光，喜干燥及夏季高温的大陆性气候；冬季需一定低温。深根性，耐干旱，一般怕涝。生长快，以土层深厚、排水良好而湿度适宜的微酸性至微碱性砂质或砾质壤土生长最好。

葡萄翠叶满架，硕果晶莹，常用于棚架、门廊攀缘，是赏果、营荫的优良藤木树种。葡萄是地球上最古老的植物之一，也是人类最早栽培的果树之一。我国栽培葡萄的历史悠久，在 2500 多年前春秋时期的《诗经》之《周南》篇里就有"南有樛木，葛藟累之"的歌吟，而"葛藟"就是一种野生葡萄。

葡萄按其原产地的不同，大体分为 3 个种群：欧亚种群现仅存 1 个种，即欧洲葡萄，世界上著名的鲜食、酿造和加工用品种多属本种；北美种群中的美洲葡萄具有一种特殊的风味，果实品质逊于欧洲葡萄，其中有的品种是栽培范围较小的制汁专用种；东亚种群葡萄中大多数为野生资源，其中山葡萄及其杂种已渐被栽培化，个别地区也有少量刺葡萄栽培。常见栽培的葡萄主要为欧洲葡萄和欧美杂交种葡萄，欧洲葡萄根据生态地理特点又可分为 3 个品种群：东方品种群适应于华北、西北的大陆性干旱气候下栽培，在江淮流域栽培容易徒长、罹病，表现不佳；西欧品种群和黑海品种群主要也只适于在淮北及其以北的地区栽培。长江流域及其以南地区主要栽培的是欧美杂种，鲜食或制汁品种有玫瑰香、黑罕、金后、乍娜、京超、京亚、巨峰、先锋、国宝、藤稔、康可等（图 5-40），酿酒品种有白翼、白雅、法国兰、北醇等（图 5-41）。

图 5-40　鲜食葡萄

图 5-41　酿酒葡萄

● **臭椿**（*Ailanthus altissima*）

又名椿树，古称樗树，因叶基部腺点发散臭味而得名。苦木科，臭椿属。落叶乔木，树高可达 30m，树冠呈扁球形或伞形；树皮灰白色或灰黑色，平滑，稍有浅裂纹。小枝叶痕倒卵形，内具 9 个维管束痕。奇数羽状复叶互生，小叶 13 ～ 25 枚，卵状披针形，近基部有 1 ～ 2 对粗锯齿，齿顶有腺点，叶总柄基部膨大，有臭味。雌雄同株或异株，花期 5 ～ 6 月，圆锥花序顶生，花杂性，白色、微臭。翅果扁平，长椭圆形；种子多数，有扁平膜质的翅，9 ～ 10 月成熟。分布于我国北纬 22°～ 43°的北部、东部及西南部，以黄河流域为分布中心，垂直分布在海拔 100 ～ 2000m 范围内，喜生于向阳山坡或灌丛中。喜光，不耐阴；耐干旱，瘠薄，不耐水湿。对土壤要求不严，适中性或石灰性土层深厚的砂壤土，能耐中度盐碱土，pH5.5 ～ 8.2。

臭椿树冠紧凑圆整，春季嫩叶红艳，秋季红果满树，多作庭荫树应用；树干通直高大，蔚为壮观，在印度、英国、法国、德国、意大利、美国等常作为行道树，有"天堂树"的美誉。生长迅速且对氯气抗性中等，对氟化氢及二氧化硫抗性强，适宜于工厂、矿区等绿化，可孤植、丛植或与其他树种混栽。根皮和茎作药用，有燥湿清热、消炎止血的效用；叶可饲春蚕，浸出液可作土农药。香椿与臭椿虽然属于两个不同的科，但形态较相像，易混淆。二者对比：①臭椿为奇数羽状复叶，叶有异臭，树干较光滑，不裂，果实为翅果（图 5-42）；②香椿为偶数羽状复叶，叶有较浓的香味，树皮则常呈条块状剥落，果实为蒴果（图 5-43）。

图 5-42　臭椿

图 5-43　香椿

　　栽培变种：红叶臭椿（var. *variegata*），又名红叶千头椿。落叶大乔木，干形通直、挺拔，早期生长迅速，10 年生树高可达 7 ～ 8m。树冠较臭椿紧凑而丰满呈扁圆形，新梢鲜红色，枝、根异味很淡，叶片 3 月下旬至 6 月红亮鲜艳。花期 4 ～ 5 月，单性雄花。极喜光，抗寒，耐旱，但不耐水湿。适应性强，在中性土、酸性土、沙地及瘠薄土壤、石缝中均能生长；根系发达，喜钙质土，为石灰岩山地的先锋树种。红叶期在华北地区从萌芽展叶开始可持续到 5 月下旬，在春季温度较为偏低的北部沿海与西部地区可以持续到 6 ～ 7 月；此后叶色便逐渐转为暗绿，但顶端的紫红色叶仍然保持至 8 月下旬枝条封顶木质化期，恰似花枝招展，甚为秀美。因其开花不结果实，休眠枝条上没有纸屑似的宿存翅果，在冬季也更为清晰宜赏，具有更高的观赏价值与园林用途。

● 白蜡（*Fraxinus chinensis*）

　　又名梣、白荆树。木樨科，白蜡树属。落叶乔木，树高可达 15m。树冠卵圆形，树皮黄褐色。奇数羽状复叶对生，小叶通常 7 枚，卵圆形或卵状披针形，不对称，缘有波状齿，背面沿脉有短柔毛。花期 3 ～ 5 月，椭圆花序侧生或顶生于当年生枝上，大而疏松、下垂；花萼钟状，无花瓣。果熟期 10 月，翅果扁平，倒披针形（图 5-44）；种子单生，长圆形。主要分布于北半球温带，我国除西部地区外 18 个省区有分布，多生

图 5-44　白蜡

长于山涧溪流旁。喜光，耐寒，对霜冻较敏感，有一定的耐水湿能力，在含盐量 0.2% ～ 0.3% 的盐碱地能生长良好。萌蘖力强，耐修剪。生长快，抗烟尘，对二氧化硫、氯气、氟化氢有较强抗性。

白蜡是白蜡虫的最适寄主，故名。形体端正，树干通直，树冠圆整，枝繁叶茂，可作庭荫或行道树；翅果浓密，秋叶橙黄，为优良景观树种，多植于近水区域和工矿区绿化。深根性，侧根可水平伸展 6～7m，又是固沙和盐碱地绿化优良树种。木材坚韧，供制家具、农具、车辆、胶合板等；枝条可编筐。树皮称"春皮"，中医学上用为清热药。白蜡是一种名贵天然药物原料，市场需求稳定，白蜡虫货紧价扬，而我国年产量却因白蜡树和女贞树被毁而逐年下降。

同属种：①大叶白蜡（*F. rhynchophylla*）又名花曲柳。落叶乔木，树高可达 15m。小叶通常 5 枚，宽卵形或倒卵形，稀椭圆形。花期 4～5 月，果熟期 8～9 月。产于河南、河北、山西、陕西、甘肃、宁夏、山东、江苏、安徽、浙江、福建、湖北、广东、四川、云南等省。②对节白蜡（*F. hupehensis*），落叶乔木，树高可达 19m，树皮老时纵裂，侧生小枝常呈棘刺状。奇数羽状复叶对生，小叶 7～9 枚（可达 11 枚），小叶柄很短，被毛；叶片披针形至卵状披针形，缘具细锐锯齿，齿端微内曲。花期 3 月，果熟 9 月。③美国白蜡（*F. americana*），落叶乔木，树高 20m 以上。小枝暗灰色，有皮孔。小叶 5～13 枚（通常 7 枚），卵形卵状披针形，近全缘或近顶端有钝锯齿，背面苍白色，无毛或没沿中和短柄处有柔毛，有短柄。雌雄异株，花期 4～5 月，圆锥花序生于去年无叶的侧枝上，花萼宿存。果熟期 8～9 月，翅果长圆筒形，翅矩圆形，狭翅不下延。

● 珊瑚树（***Viburnum odoratissimum***）

又名法国冬青。忍冬科，荚蒾属。常绿小乔木或灌木，树高达 10m。叶对生，长椭圆形、革质。花期 5～6 月，圆锥状伞房花序顶生，花冠白色、钟状，有芳香。果熟期 9～11 月，核果椭圆形，初为红色后渐变黑色（图 5-45）。产浙江、福建、台湾，生于海拔 100～600m 疏林或灌丛中，江苏、安徽、江西、湖北等长江流域广泛栽植。喜温暖湿润气候，稍耐寒；喜阳光充足环境，稍耐阴。根系发达，耐干旱，在湿润肥沃的中性壤土中生长迅速而旺盛。萌芽力强，对多种有毒气体抗性强且有吸尘、隔声等生态功能。

珊瑚树枝繁叶茂，四季青翠，作隐蔽高篱效果极其显著；耐修剪，易成型，是制作绿篱的上佳材料，规则式园林中常整型为绿墙、绿门或绿廊；超矮修剪作地被篱栽植，生态效益良好。自然式园林可孤

图 5-45　珊瑚树

植、丛植作景观树，沿界墙遍植以其自然生态体形代替装饰砖、石、土等构筑的呆板背景，可产生"园墙隐约于萝间"之效，不但在观赏上显得自然活泼，而且扩大了园林的空间感。著名的耐火树种，为变压器、配电箱等周边围植的优良隔离材料。

同属种：日本珊瑚树（*V. awabuki*），树高 5～10m，树皮灰褐色或灰色，枝有小瘤状凸起的皮孔，有一对卵状披针形的芽鳞。花期 5～6 月，果期 7～9 月。上海、浙江、江西等省市有栽培，庭园栽培作绿篱。

六、借物演绎，情景交融

美的自然风光是客观存在的，只有当它与人类发生联系后，才有美与丑的鉴别。黑格尔说："有生命的自然事物之所以美，既不是为它本身，也不是由它本身为着显示美而创造出来的。自然只是为其他对象而美，这就是说，为我们、为审美意识而美。"唐代文学家柳宗元也说："夫美不美，因人而彰。"二者都认为自然美反映了人的审美意识，只有和人类发生了关系的自然现象，才能成为审美的对象。花、果园林树木选择与应用，必须以自然美为特点，才能达到与艺术美和生活美的高度统一。

精美的树，是一首悠扬的诗，它传诵着生命的真谛，春华秋实，万世吟颂。

精美的树，是一支动听的曲，它讴歌着生命的旋律，夏翩冬缱，千律承韵。

精美的树，是一幅立体的画，它渲绎着生命的辉煌，秋红春绿，百彩争艳。

精美的树，是一部哲理的书，它诠释着生命的奉献，冬芽夏枝，拾叶归宗。

（一）花语比兴，意涵深

中华文化源远流长，博大精深，数千年的传统文化和悠久历史，不仅造就了中国古典园林丰富的艺术成就和独特的风格体系，而且促使其发展成精湛而又独具魅力的艺术形式：诗与画的情趣、意与境的蕴含，在世界园林体系中独树一帜。园林植物中的花、果木题材与传统工艺美术及音乐曲艺、宗教习俗等的多方位应用与关联，更是广泛深入、不断升华，形成一种特殊的花文化体系，成为中国园林艺术表达中的一朵艳丽奇葩。据传太平天国建都天京（今南京）后，洪秀全曾携下属畅游富贵山，其中有位文官是上海香花人，人称香花先生，博古通今，诗对见长。游罢，洪秀全乘兴对香花先生说：我是广东花县人，你是上海香花人，今日同游富贵山，赏不尽山中花草树木，我有一出句请对下联。洪秀全的上联为"花县香花开富贵"，内嵌三个地名，两个花字，一条俗语"花开富贵"，百年来一直无人对出。1993 年湖南益阳县举办国际竹文化节，向海内外征联，其中有一上联是"竹山新竹报平安"，内含三个县名（湖北竹山、台湾新竹、青海平安），二个竹字，一条俗语"竹报平安"。不少中外联家查经阅典均无妙对，后来发现这两个出句恰是一副绝妙的花竹对联：花县香花开富贵，竹山新竹报平安。且上联以"天香国色"喻"天国"，下联以"竹报平安"喻"太平"，联意双关，对仗工整，读后使人回味无穷。

1. 花文化的精神内涵

花文化作为以园林树木景观为主题的一脉文化领域，在我国已经过数千年的锤炼发展，诗词就是花文化历史中最为悠久的一种重要表达形式："十五年前花月底，相从曾赋赏花诗。今看花月浑相似，安得情怀似往时。"（宋·清照《偶成》）历代以花、果园林树木为主题的词、赋甚多，如松之刚劲，梅之坚贞，牡丹富贵，榴花热情，长久以来受人赞赏，诗诵不绝，几入化境。陆游《咏梅词》中"零落成泥碾作尘，只有香如故"的千古名句，铿锵有力，掷地有声。白居易《花恨歌》中"玉容寂寞泪澜干，梨花一枝春带雨"的艺术形象，是美中略带忧伤，与浓艳无缘，还透着几分超凡脱俗的仙气。元代著名道士、元大都长春宫（今北京白云观）住持丘处机，有一篇《梨花辞》留世，更是用词细腻，用意委婉："春风浩荡，是年年寒食，梨花时节。白锦无纹香烂漫，玉树琼苞堆雪。静夜沉沉，浮花霭霭，冷浸溶溶月。人间天上烂银霞，照通彻。浑似姑射真人，天姿灵秀，意气殊高洁。万化参差，谁信道不与群芳同列？浩气精英，仙材卓荦，下土难分别。瑶台归去，洞天方着清绝。"

1）梅以韵胜，以格高

二十四番花信之首的梅花，又名春梅、红梅，是我国传统名花，约在西汉初叶始用于园林景观，至今已有2000多年的历史；它不仅以清雅俊逸的风度使古今诗人画家为它赞美，更以它的冰肌玉骨、凌寒留香被喻为中华民族的精华而为世人所敬重。世界上第一部梅著《梅谱》云："梅以韵胜，以格高。"韵即风度韵味，梅花色泽典雅清丽，暗香袭人沁肺；格即树种属性，梅格：一是"万花敢向雪中出，一树独先天下春"（元·杨维祯）的坚贞气节，人们常将其喻为不畏权势、坚强不屈的象征；二是"待到山花烂漫时，它在丛中笑"（毛泽东）的崇高品格，俏不争春令人敬佩。梅以高洁、坚强、谦虚的风姿、神韵，象征我们龙的传人之精神，不仅为历代宫廷权贵所钟爱，亦是文人墨客的精神之物，自宋代以来借之自喻者众多：黄庭坚以"金蓓锁春寒，恼人香未展，虽无桃李颜，风味极不浅"，道出怀才不遇之恼；陈与义却以"一花香十里，更值满枝开。承恩不在貌，谁敢斗香来"，表达春风得意之喜。雅兴所至，梦梅、寻梅、探梅、折梅、乞梅、赠梅、赏梅、品梅、咏梅、写梅、画梅，佳传不绝；周邦彦借蜡梅创作的《一剪梅》词牌，更为今人频频引用。江南赏梅胜地苏州西山，四面环水，山态林姿，植梅始于唐，盛于清，已有500余年历史，"悠悠太湖游，浪漫西山情"：千顷梅林一片茫然，仿佛一幅浓墨重彩的山水画作，游人行在花间，阵阵馨香飘然而至、沁入肺腑，朵朵梅花笑脸迎客，悠然遐思；登太湖第一峰"缥缈峰"，沿路欣赏乡村梅花，仿佛天上彩云飘落凡间，置身香阁更是分外惬意。崂山脚下十梅庵风景区内的青岛梅园，三面环山、一面环水，占地700多亩，有梅126个品种，1万余株，是目前北方最大的一处梅园，景观效果也是十分了得。

2）茉莉花香，飘海外

我国民族众多、文化多元，广泛流传的民歌小调就像阳春三月的百花，姹紫嫣红，芳香四溢，其中有一首广受大众喜爱的就是耳熟能详的江苏民歌《茉莉花》：

"好一朵茉莉花

好一朵茉莉花，

满园花草，香也香不过它；

我有心采一朵戴，

看花的人儿要将我骂。

好一朵茉莉花，

好一朵茉莉花，

茉莉花开，雪也白不过它；

我有心采一朵戴，

又怕旁人笑话。

好一朵茉莉花，

好一朵茉莉花，

满园花开，比也比不过它；

我有心采一朵戴，

又怕来年不发芽。"

《茉莉花》最早属于扬州的秧歌小调，后经加工、衍变成扬州清曲【鲜花调】。清乾隆年间出版的戏曲剧本集《缀白裘》是目前为止关于【鲜花调】的最早、最完整的记载，曲词仅个别字与现在版本不同。18 世纪末年，有个外国人将此曲调记了下来，歌词用意译的英文和汉语拼音并列表示；1804 年，英国第一任驻华大使的秘书约翰·贝罗在《中国游记》中特意把《茉莉花》的歌谱刊载了出来，遂成为以出版物形式传向海外的第一首中国民歌。"好一朵茉莉花"的迷人旋律陶醉了全世界，它从 2500 年的历史中走出、从静逸流淌的古运河边走出，带着迷人的清香向世人诉说着一个城市的底蕴。1924 年，世界著名歌剧大师、意大利作曲家普契尼把《茉莉花》曲调作为歌剧《图兰多特》的主要音乐素材之一，1926 年首演取得巨大成功，中国民歌《茉莉花》的芳香在海外飘得更广。1942 年音乐家何仿到江苏扬州的仪征、六合采风收集到这首在当地广为传唱的民歌，1957 年将原曲歌唱茉莉花、金银花和玫瑰花的原词改编为集中歌唱茉莉花，当年由前线歌舞团演唱，后由中国唱片社灌注唱片而得到广泛的流传。21 世纪初年，张艺谋在执导申奥、申博宣传片中都用《茉莉花》作背景音乐；2003 年 8 月 3 日，2008 年奥运会徽——"中国印·舞动的北京"揭晓仪式中又响起了《茉莉花》的管弦乐旋律，《茉莉花》的芳香飘得更远更广。

3）海棠花艳，美高雅

海棠花姿潇洒，繁盛似锦，素有"花神仙"、"花贵妃"、"花尊贵"之称，在园林中常与玉兰、牡丹、桂花配植，表达"玉棠富贵"的意境。自古以来是雅俗共赏的名花，历代多有脍炙人口的诗句赞赏：宋代诗人陆游的"虽艳无俗姿，太皇真富贵"，形容海棠花艳美高雅，"猩红鹦绿极天巧，叠萼重跗眩朝日"，形容海棠花鲜艳的红花绿叶及花朵繁茂与朝日争辉的形象；宋代苏轼有："东风袅袅泛崇光，香雾空蒙月转廊。只恐夜深花睡去，故烧高烛照红妆。"金人元好问有："枝间新绿一重重，小蕾深藏数点红。爱惜芳心莫轻吐，且教桃李闹春风。"清代曹雪芹，更有"咏白海棠六首"示人：

蕉下客（贾探春）

斜阳寒草带重门，苔翠盈铺雨后盆。玉是精神难比洁，雪为肌骨易销魂。

芳心一点娇无力，倩影三更月有痕。莫道缟仙能羽化，多情伴我咏黄昏。

蘅芜君（薛宝钗）

珍重芳姿昼掩门，自携手瓮灌台盆。胭脂洗出秋阶影，冰雪招来露砌魂。

淡极始知花更艳，愁多焉得玉无痕？欲偿白帝宜清洁，不语婷婷日又昏。

怡红公子（贾宝玉）

秋容浅淡映重门，七节攒成雪满盆。出浴太真冰作影，捧心西子玉为魂。

晓风不散愁千点，宿雨还添泪一痕。独倚画栏如有意，清砧怨笛送黄昏。

潇湘妃子（林黛玉）

半卷湘帘半掩门，碾冰为土玉为盆。偷来梨蕊三分白，借得梅花一缕魂。

月窟仙人缝缟袂，秋闺怨女拭啼痕。娇羞默默同谁诉，倦倚西风夜已昏。

枕霞旧友（史湘云一）

神仙昨日降都门，种得蓝田玉一盆。自是霜娥偏爱冷，非关倩女亦离魂。

秋阴捧出何方雪，雨渍添来隔宿痕。却喜诗人吟不倦，岂令寂寞度朝昏。

枕霞旧友（史湘云二）

蘅芷阶通萝薜门，也宜墙角也宜盆。花因喜洁难寻偶，人为悲秋易断魂。

玉烛滴干风里泪，晶帘隔破月中痕。幽情欲向嫦娥诉，无奈虚廊夜色昏。

　　近代的名人、作家也多与海棠结下不解之缘：冰心先生曾有一篇小文《海棠花》，抒发春光易逝、人生短暂之感。周恩来总理生前特别中意中南海西花厅居所的那株海棠，邓颖超在其过世之后写下《西花厅的海棠花又开了》，睹花思人，回忆与总理五十多年来相依相伴的革命生涯。梁实秋先生在《群芳小记》中将海棠放在第一个来描写："海棠花苞最艳，开放之后花瓣的正面是粉红色，背面仍是深红，俯仰错落，浓浓有致。海棠的叶子也陪衬得好，嫩绿光亮而细致，给人整个的印象是娇小艳丽。"叙述西府海棠的独特美亦很精到："一排排西府海棠，高及丈许，而绿鬓朱颜，正在风情万种、春色撩人的阶段，令人有忽逢绝艳之感，良久不忍离去。"

　　4）槐市芳年，记盛名

　　槐树在古代则与书生、举子相关联，被视为科第吉兆的象征。《三辅黄图》载："元始四年（公元前90年）起明堂辟雍为博舍三十区，为会市，但列槐树数百株。诸生朔望会此市，各持其郡所出物及经书，相与买卖，雍容揖逊。议论槐下，侃侃訚訚。"因此汉代长安有"槐市"之称，是指读书人聚会、贸易之市，因其地多槐而得名；唐代元稹《学生鼓琴判》言："期青紫于通径，喜趋槐市；鼓丝桐之逸韵，协畅熏风。"唐代诗人武元衡《酬谈校书》云："蓬山高价传新韵，槐市芳年记盛名。"又可以想见唐代长安学宫中的情调。自唐代开始，科举考试关乎读书士子的功名利禄、荣华富贵，借此阶梯而上，博得三公之位，因此常以槐指代科考：考试的年头称槐秋，举子赴考称踏槐，考试的月份称槐黄。唐代李淖《秦中岁时记》载："进士下第，当年七月复献新文，求拔解，曰：'槐花黄，举子忙'。"宋代钱易《南部新书》中更有详细的说明："长安举子自六月以后，落第者不出京，谓之过夏。多借静坊庙院及闲宅居住，作新文章，谓之夏课。亦有十人五人酿率酒噗，请题目于知己，朝达谓之私试。七月后设献新课，并于诸州府拔解人，为语曰：'槐花黄，举子忙'。"是说唐代京城长安，落第的举子们六月不出京城而闭门苦读，作新文章，请人出题私试；当槐花泛黄时，就将新作的文章投献给有关官员以求荐拔。后代的诗人对此多有吟咏，如：唐代段成己《和杨彦衡见寄之作》："几年奔走趋槐黄，两脚红尘驿路长。"北宋文人黄庭坚《次韵解文将》："槐催举子著花黄，来食邯郸道上梁。"南宋诗人范成大《送刘唐卿》："槐黄灯火困豪英，此去书窗得此生。"这种习俗影响到历代人们的心理，是父母望子成龙观念的流露（图6-1）。

图6-1　槐市芳年

古代还流传有许多槐树为科第吉兆的传说故事。《谈苑》载："吕蒙正方应举，就舍建隆观，缘干入洛，锁室而去。自冬涉春方回，启户视之，床前槐枝丛生，高二三尺，蒙茸合抱。是年登科，十年作相。"明代《济南府志》载："王氏大槐，在新城县署新街之西。相传邑善人王伍常于槐树下作饘粥，以饲饥者。人挂其笠于槐，累累如也，后梦满树皆挂进贤冠。云孙曾以下科第蝉联，遂以大槐王氏名其族。"明代《洛阳县志》记载："房氏洛阳故家，将营室，一木忽甲拆于庭，视之则槐也。久之，乔木上耸，密叶四布，观者以为昌盛之兆。厥后，子仪果联登进士，遂匾其堂曰：'祯槐堂'。不忘厥初也。"明人薛瑄作《祯槐堂记》为之载说。古代读书人希望在有槐的环境中生活和学习，心中就自然有槐位——三公之位之想，并以登上槐位作为刻苦求学的目的和动力；于是，槐树就成了莘莘学子心目中的偶像，被视为科第吉兆的象征。清代河北《文安县志》载："古槐，在戟门西，清同治十年东南一枝怒发，生色宛然，观者皆以为科第之兆。"更以古槐某一枝与往年相比长得比较繁茂亦是一种吉兆。槐象征着三公之位、举仕有望，且"槐"、"魁"相近，故在民间有初生小儿寄名于槐的习俗，企盼子孙后代得魁星神君之佑而登科入仕，《金陵琐志·炳烛里谈》卷下载："牛市旧有槐树，千年物也。嘉道间，小儿初生，辄寄名于树，故乳名槐者居多。"

2. 花语的比兴应用

古今中外，人们不仅欣赏园林植物的自然美，而且将这种喜爱与人类的精神生活与道德观念联系起来，形成特殊的"花语"。花语最早起源于古希腊，蔷薇是阿佛洛狄特（希腊爱与美的女神）和快乐之神狄俄尼索斯（Dionysus）的象征；罗马时期成了维纳斯之花，在古代的诗颂和吟游诗人的歌谣中代表女性的完美和爱的神秘。热爱蔷薇的传统深深根植于西方文化土壤，没有哪种花像蔷薇那样牵动着古希腊人和古罗马人以及古中亚人的心和历史：生活在公元前9世纪的荷马（Homer）是在希腊文学中第一个引述蔷薇的人，著有《伊利亚特》(Iliad)、《奥德赛》(Odyssey)。生活在公元前8世纪的莱斯沃斯（Lesbos）岛上的希腊著名女诗人萨福（Sappho），第一次在诗文中推崇蔷薇为"花中女王"，这个称谓直至现在仍被广泛使用。真正的花语盛行是在法国皇室时期，贵族们将民间对于花卉的资料整理归档，包括了花语的信息在宫廷后期园林建筑中得到完美体现。大众对于花语的接受是在19世纪左右，恋人间赠送的花卉成为了爱情的信使；随着时代的发展，花卉成为了社交的一种赠予品，更加完善的花语代表了赠送者的意图。

1）托树言意，借花表情

具有象征意义的"比兴"手法在我国园林植物的选择与应用中历史悠久，常驻不衰（图6-2）。南宋女词人李清照，在《瑞鹧鸪·双银杏》中赋予银杏以人的品格来意喻丈夫赵明诚："风韵雍容未甚都，尊前柑橘可为奴。谁怜流落江湖上，玉骨冰肌未肯枯。谁叫并蒂连枝摘，醉后明皇倚太真。居士擘开真有意，要吟风味两家新。"词中托物言志，借物抒情：首两句写银杏典雅大方的风度韵致，银杏外表朴实、品质高雅，

图6-2 银杏双庭

连果中佳品柑橘也逊色三分；三四句写银杏的坚贞高洁，虽流落江湖，但仍保持着"玉骨冰肌"的神韵；五六句以并蒂连枝和唐明皇醉倚杨贵妃共赏牡丹作比，写双银杏相依相偎

的情态；末两句写银杏果仁的清新甜美，以喻夫妇心心相通和爱情常新。这首以全篇书写银杏内在精神的词，可称得上是历代文人描写银杏的精品。

紫荆花开，一枝枝、一匝匝，如染如画。看那一簇簇的花朵紧紧相拥，在春光里燃烧起如火如荼的激情，花影中你是否感受到了远方那期盼游子归去的双眼，感受到故园洋溢着的那亲情的淡淡温馨？紫荆把根深深扎在百姓人家的庭院中，一直是家庭和美、骨肉情深的象征，晋代文人陆机有诗云："三荆欢同株，四鸟悲异林。"后来逐渐演化为兄弟分而复合的故事。在我国古代，紫荆常被用来比拟亲情，象征兄弟和睦、家业兴旺，于是写手足亲情的诗歌里它便成为思念亲人的知音。"受命别家乡，思归每断肠。季江留被在，子敬与琴亡。吾弟当平昔，才名荷宠光。作诗通小雅，献赋掩长杨。流转三千里，悲啼百万行。庭前紫荆树，何日再芬芳。"（唐·窦蒙《题弟臮〈述书赋〉后》）颠沛流离中，漂泊的心中有几多牵挂，风吹紫荆落花无数，让忧郁的诗人睹物思亲；昔日朝夕相伴的手足情深像没有归处的落花一样一去不复返了，如今骨肉分离，天伦难享，收到亲人的一点音信怎能不泪如雨下（图6-3）。

洒脱无忧花

台湾相思树

茱萸手足亲

情侣红豆杉

图6-3　托树言意

2）组合象征，文化内涵

据零星诗文记载，两晋南北朝时期宫苑中的园林植物主要有木槿、合欢、石榴、桃、梅、桂花、杨柳、梧桐等，树木的枯荣被认为是王朝盛衰的象征，物候的反常被作为预卜的依据。从那时起，园林中便出现了许多具有象征意义和文化内涵的树种组合，以皇家宫宛和豪宅名园中应用较多，民宅小院中也十分注重：以松的苍劲颂名士高风亮节，以柏的青翠贺老者益寿延年，竹因虚怀礼节被冠为全德先生，梅以傲雪笑冰被誉为刚正之士，松、竹、梅合称"岁寒三友"，迎春、蜡梅、水仙、山茶冠以"雪中四杰"。玉兰、海棠、牡丹、桂花合喻"玉堂富贵"，至今在一些地区的民间习俗中，仍以此作为快乐、欢慰的良好预兆。民俗年画中以蝠、扇、橘、磬寓"福善吉庆"之意：三个娃娃坐在一起，一个以扇戏蝙蝠，一个肩扛橘枝，一个手持玉磬。而一娃娃仰卧芭蕉叶上，头枕佛手，怀抱鲜桃，手持蝙蝠，脚撑石榴，与飞来仙鹤嬉戏是谓"福寿三多"：蝙蝠、佛手象征多福，仙鹤、鲜桃象征多寿，榴开百子象征多子。红豆——相思，桑梓——故乡，桃李——学生等象征意义更早已为人们所熟知，并在园林树木配置中得到广泛运用（图6-4、图6-5）。

李桃满疆，弟子三千

结香红豆，祈福同心

图6-4　借花表情

百年好合（圆柏、石榴、核桃）　　　　　　岁寒三友（松、竹、梅）

图 6-5　组合象征

3. 风水理论的体现

　　风水学说是我国古代的一种术数学问，旨在如何选择理想的、避凶就吉的居住环境。《尚书》、《礼记》等典籍中已有择地营国的记载，最初借助于卜筮的方式即所谓"卜宅"、"卜居"，后来通过"相地"的方式即考察山川的地理、地质、水文、生态、小气候等，再结合避凶就吉的迷信而营建城郭、宫室、住居以及墓葬，即所谓阳宅和阴府。到汉代又与阴阳五行八卦之说相结合，而衍化为风水学说的雏形；其宗旨是为生者的聚落和死者的坟茔选择理想的自然环境与人文环境，并相应地确立这种环境的不同结构模式和选择标准，以求得家宅平安，子孙繁衍。魏晋南北朝时，知识界和玄学家盛谈"气"的理论，认为气是自然界的基本要素：气不断地流动着，重浊而降者为阴，轻清而升者为阳；在地谓之理，在天谓之文；蒸谓之雨，散谓之风，炎谓之火等等（表 6-1）。风水学说引进"气"的理论而更加系统化，晋代郭璞《葬经》曰："气乘风则散，界水则止。古人聚之使不散，行之使有止，故谓之风水。风水之法，得水为上，藏风次之。"另外，由于自然山水风景的开发和人们鉴赏自然美的深化，风水学说又增加了对景观环境审美评价的内容，在科学、迷信的成分中又糅进了美学的成分，从而奠定了完备的理论基础。

五行的对应含义引申　　　　　　　　　　　　表 6-1

五行	木	火	水	金	土
方位	东	南	中	西	北
时令	春	夏	年中	秋	冬
德	仁	礼	智	义	信
色	绿	红	白	黄	黑

　　风水学说对于花果园林树木选择也甚为讲究，如《相宅经纂》主张宅周植树应"东种

桃柳（益马），西种栀榆，南种梅枣（益牛），北种李杏"，既有利于环境景观的营造，又满足了宅旁小气候的改善：聚气——郊野地区一片空旷、气荡无收，可栽种树木来缩小住宅范围，使之有团聚之象。蔽风——山上平地及沿海平原烟波浩荡，冬季北风冷冽而强劲，对人、畜及作物皆有害，可以植种防风林木以挡风。通气兼遮形——风水学说中的"因形察气"把系统功能的问题转化为空间结构来讨论，构建"左青龙，右白虎，前朱雀，后玄武；玄武垂头，朱雀翔舞，青龙蜿蜒，白虎驯卧"的理想风水意象模式，精华环境，陶冶情操。朱雀属火，火配的是南方，就是阳面，火是赤色，以李、梅等为主调，着力渲染如火如荼的兴旺景象。玄武属水，水配的是北方，就是阴面，水是黑色，以松柏、杨梅（图6-6）等常绿树种为主调，着力渲染经霜傲雪的忍冬坚强。左青龙，青龙属木，木是绿色，青龙配的是东边，以桃、杏等风水树种为主调，着力渲染紫气东来的春色满园；右白虎，白虎属金，金是黄色，白虎配的是西边，以银杏、香橼（图6-7）等佳果树种为主调，着力渲染财源西进的秋硕景观。

图 6-6　杨梅

图 6-7　香橼

千百年来，风水模式在中国大地上铸造了一件件令现代人赞叹不已的人工与自然环境和谐统一的作品，形成了中国人文景观的一大特色，并成为深入研究中国人理想环境模式的重要依据，恰如李约瑟所说："遍中国农田、居室、乡村之美不可胜收，都可以借此得以说明。""风水说"所信仰和追求的天人合一，人与自然和谐相处，正是现代和未来生态学所追求的目标，所以有的西方学者甚至称"风水说"为"宇宙生物学的思维模式"和"宇宙生态学"，并把"风水说"定义为"通过选择合适的时间与地点，使人与大地和谐相处，取得最大利益、安宁和繁荣的艺术"。

4. 原始的崇拜信仰

英国著名人类学家弗雷泽在其代表作《金枝》中提及："在原始人看来，整个世界都是有生命的，花草树木也不例外。它们跟人们一样都有灵魂，从而也像对人一样地对待它们。"早期人类认为，树木是一种不可思议的超越自然的物体：在秋季逐渐"死亡"，冬季肃穆伫立，春季又复苏再生；这一切都使人们感到树木是多么神秘莫测，如同万能的上帝和神明那样圣灵。在西方，远古时代的人类以朴素的情感来认识树木王国，认为树木的根能深达地狱，绿色树冠伸入天堂，只有树木才能把天堂、人间和地狱紧紧地联系在一起；只有通过树木，上天堂的夙愿才能实现。在我国古代也有类似的传说，认为人类的生命是由于树木的萌芽生长而产生的；在墓地种植树木以显示生命并未因死亡而终结，因为树木是"生命的象征，它代表了赋予生命的宇宙，宇宙也因它而获得新生"，树木成了命运之树、生命之树。

花果木也被用作趋吉化煞的材料，并被赋予多种吉祥含义：柑橘属中许多物种都被称为"橙皮柑"，这源自希腊神话中负责看守种植"金苹果"的美丽果园的女神赫斯佩里得斯，现代学者认为古希腊人在神话中暗指的"金苹果"其实就是甜橙；柑橘类水果中还有一种"佛手柑"非常独特，它像一只祈祷求佛的手，象征着幸福快乐、财富和长寿。南方语言中"橘"与"吉"谐音，庭院栽橘成为"开门大吉"的象征；春节期间更是家家摆放"福橘"，祈祷大吉大福。梅的五枚花瓣被认为是五个吉祥神，于是有了"梅开五福"的吉兆。在日本，樱花因其高雅刚劲、清秀质朴的独立精神，被作为勤劳、勇敢、智慧的象征，推举为"国花"；又因其花期很短而有"樱花七日"的谚语，故此日本家庭里一般不种樱花，认为对家族的兴旺延续不吉利。无患子（又名菩提子）被栽在自家门前用来消灾驱难、保佑平安，多少年来流传着一首儿歌：无患子，种门前，佛造光，家宅安，子孙后代无患难，菩萨保佑万万年。

桃树传为五行之精，能制百鬼，故而过年以桃枝作符悬于门上以驱邪。《山海经》载：在东海上有座古老的度朔山，山上有百鬼出没。神荼、郁垒两兄弟善于降鬼，每年岁尾站在一株大树下检阅百鬼，见有害人的凶鬼，就用一种特殊的无法挣脱的"苇绳"将它捆起来，给专吃恶鬼的神虎充饥，为民除害；但是神荼和郁垒的能力是有限的，不能尽除天下恶鬼，也不能保证每家每户的平安。于是黄帝向全国颁布了一道命令，家家户户都要用桃木刻制神荼、郁垒像，在除夕那天悬挂门前。后来人们嫌刻木人麻烦，就直接在桃木上画两个神像，题上神荼、郁垒的名字，于除夕下午挂在门两旁以压邪祛鬼，这就是最初的桃符。白居易《白礼六帖》曰："正月一日，造桃符著户，名仙木，百鬼所畏。"到了五代，人们开始在桃符上写上一些吉利的词句以代替神荼和郁垒的名字。宋太祖乾德二年（964年）后，蜀君主孟昶对除夕令学士幸寅逊题桃符志喜的词语不满意，即挥毫书写了"新年纳余庆，佳节号长春"，从而改变了传说中桃符的内容与性质，由原来驱鬼的桃木牌变为表达某种思想的特殊文体——联语。"爆竹声中一岁除，春风送暖人屠苏。千门万户曈曈日，总把新桃换旧符。" 王安石的千古佳句也被留颂至今。清明节戴柳、插柳的习俗流传已久，大江南北、家家户户都要折柳枝插上自家门楣，大户人家还要将燕子状的节日食品串在柳条上。其实，戴柳、插柳有驱邪避煞、消灾解祸的作用：国人将清明、七月半、十月朔看作是三大"鬼节"，清明正是百鬼出没、索讨多多的时节；观世音手持柳枝蘸水普度众生，故受佛教影响认为柳条有驱鬼辟邪的作用，并称之为"鬼怖木"。清明上坟扫墓，既要祭奠祖先、又要防止鬼祟，借柳枝发芽之际戴柳、插柳以避鬼邪。

槐树生命力旺盛，古人遂视其为祥瑞的象征，从而产生了原始的崇拜信仰，出现了许多有关的神化传说。《唐山县志》载："神槐在泜河东岸。明河堤数溃，民受其害。有神示梦于邑人曰：我城隍神也。悯若等久罹阳侯之难，今已植砥障矣。厥明视之，岸畔果有槐生焉。自是终明朝无河决之患。"说明神槐能发挥保持水土、固岸护堤的作用。《夷坚志》记载了神槐送药的故事：江西饶州鄱阳县（今波阳）有一槐花巷，因巷中有棵老槐树而得名。有个外地秀才徐武游览街市看到此树，抚摸树干感叹道："这树心都已枯空，只存残皮，却老干虬枝，枝叶蔚茂，不知经历了多少春夏秋冬，随了多少雨雪风霜，具有如此顽强的生命力，一定得了灵气成精了！"晚上回到客店正要就寝，忽听得轻轻敲门声，开门一看，见一清秀女子站在门前，自称是槐花巷内的大槐树精魄，因秀才白天惠顾并怜悯赞叹，故特来致谢。《南柯太守传》说：有书生淳于芬梦入槐安国，被招为驸马，迁官晋爵，享尽荣华富贵，后来因交战失利，公主夭亡被遣。那槐安国便是为人熟知的大槐树下的蚂蚁世界，是成语"南柯一梦"的典故出处。明代《保定县志》载：白天有人在议论砍伐槐树，夜间便梦见黄衣老人求救，砍断处会出血，砍倒者竟会自己重立原处。还有传说老槐树能开口讲话，劝董永莫错过天赐良缘，这就是黄梅戏《天仙配》中的故事。由于人们视槐树为神，所以为之造祠立庙供奉，河北《唐县志》记载："古槐在县署二堂东，大数围，高耸旁阴，无一枯枝，下有槐神祠。"山西《汾阳县志》载："仙槐观在城隍庙之北，相传其地有槐，枯朽如刳舟。金皇统中，遇异人投药其中，倏长茂如初。故州人饰观以仙槐名。今观中他槐亦盛。"古人崇槐、敬槐、植槐，所以很注重对槐树的保护。《晏子春秋》载："齐景公有所爱槐，令吏守之。令曰：'犯槐者刑，伤槐者死。'有醉而伤槐者，且加刑焉。其女告晏子曰：'妾闻明君不为禽兽伤人民，不为草木伤禽兽，不为野草伤禾苗。今君以树木之故罪妾父，恐邻国谓君爱树而贱人也。'晏子入言之，公令罢守槐之役。废伤槐之法，出犯槐之囚。"可见齐景公爱槐达如此极端的程度。《唐国史补》载："贞元中，度支欲砍取两京道中槐树造车，更栽小树。先符牒渭南县尉张造，造批其牒曰：'近奉文牒，令伐官槐。若欲造车，岂无良木。恭惟此树，其来久远，东西列植，南北成行，辉映秦中，光临关外。不惟用资行者，抑亦曾荫学，徒拔本塞源，虽有一时之利，深根固蒂，须存百代之规。'"由于张造的据理力争，使得官道的槐树免于砍伐，道路两侧的槐树得以保全。

- **梧桐**（*Firmiana simplex*）

又名青桐。梧桐科，梧桐属。落叶乔木，树高达 15m。幼树皮青绿色，老干略带灰色。分枝少，节间长。顶芽生长势强，侧芽一般不易萌发，不耐修剪。大型叶心形，五出脉，掌状 3～5 中裂花期 6-7 月，圆锥花序顶生，花色淡黄。果熟期 10-11 月，蓇葖果膜质，成熟前开裂成叶状；种子多粒，圆球状，表面有皱纹（图 6-8）。我国自海南至华北均有分布。喜光，喜温暖湿润气候条件。耐干旱，怕积水，喜土层深厚、肥沃、排水良好的土壤。不耐盐碱。生长寿命较长，有百年以上树龄记录。深根性，直根粗壮，大树移栽易成活。对二氧化硫、氟化氢的吸收能力强，对氯气、氨气的抗性亦较强，还具有吸滞粉尘与降弱噪

图 6-8　梧桐（果）

声的功能，为优良的环保用树种。

梧桐树干通直，高耸雄伟。树皮青绿光滑，树姿高雅出俗。夏秋翠叶疏风，绿柯庭宇，是我国传统的优良庭荫树种，并可作行道树和园景树应用。明代陈继儒有"凡静室须前栽梧桐、后栽翠竹"，并谓碧桐之趣："夏秋交荫，以蔽炎烁蒸裂之威。秋冬落叶，以舒负喧融和之乐。"傅威《梧桐赋》云："美诗人之攸贵兮，览梧桐乎朝阳。蔚奉奉以姜姜兮，郁株列成行，夹二门以骈罗，作馆寓之表章，停公子之龙驾，息旅人之肩行。瞻华实之离离，想仪风之来翔。"数千年来，因"栽得梧桐树，引来金凤凰"的美好传说，故梧桐又成为我国庭院绿化树种中颇具传奇色彩的嘉木（图 6-9）。

佳木招凤（梧桐）

年年有余（榆树）

图 6-9　庭院栽植

● **榆**（*Ulmus pumila*）

又名白榆。榆科，榆属。落叶乔木，树高达 25m。树冠圆球形，树皮暗灰色，单叶互生，卵状长椭圆形或椭圆状披针形，无毛或叶下面脉腋微有簇生柔毛。花期 3～4 月，早春先叶开花，紫褐色，聚伞花序簇生于二年生枝上。果熟期 4～5 月，翅果近球形或倒卵状圆形，顶端有凹缺；熟时黄白色，果核周围具薄翅（图 6-10）。主产我国东北、华北、西北，南至长江流域，多生于海拔1000m 以下河流两岸、山麓和田边。喜光、耐寒。耐旱，不耐水湿，喜排水良好土壤；不择土壤，耐瘠薄和轻盐碱。根系发达，抗风力、保土力强；萌芽力强，耐修剪。生长快，寿命长；抗城市污染能力强，尤

图 6-10　榆树（果）

其对氟化氢及烟尘有较强的抗性。全属约 40 余种，主产北温带。我国有 24 种，分布几遍全国，如北方有白榆、黑榆、大果榆等，南方有台湾榆、多脉榆等，西南有昆明榆、小果榆等。

　　榆树高大通直，绿荫浓郁，为著名的行道树，亦宜选作庭荫树应用；在干旱、瘠薄、寒冷之地常呈灌木状，可修剪成绿篱。老茎萌芽力强，亦为制作树桩盆景的优良树种。木材耐磨、耐腐，是造船、建筑、室内装修地板、家具的优良用材，有"北榆南榉"之称。且材幅宽大，质地温存优良；变形率小，雕刻纹饰多以粗犷为主。树皮纤维强韧，可作人造棉和造纸原料。叶含淀粉及蛋白质，可作饲料。皮、叶、果可入药，能安神，治神经衰弱、失眠；种子可榨油，是医药和化工原料。

● 山茱萸（*Cornus officinalis*）

　　山茱萸科，梾木属。落叶灌木或小乔木，株高 2～8m。树皮灰棕色，老枝黑褐色。单叶对生，卵状椭圆形或卵形，表面疏生柔毛，背面密被白色毛。花期 3～4 月，伞形花序腋生，先叶开放；小型苞片 4 枚，卵圆形，褐色；花萼 4 裂，裂片宽三角形；花瓣 4 枚，卵形，黄色；花盘环状，肉质。果熟期 9～10 月，核果椭圆形，成熟后红色（图 6-11）。果皮肉质，种子长椭圆形。浙江、安徽有分布，河南西峡、陕西佛坪、浙江临安为三大产地，山茱萸质好量大，占我国总产量的 90%。根系发达，主根明显，垂直向下生长可达 5m 以下，活性根集中分布在 20～50cm 的土层中。暖温性树种，不易受冬季严寒和早春寒流、霜冻侵袭的影响。喜生于湿润环境，一般多生长在山沟、渠旁或水分条件较好的山地。喜疏松、深厚、肥沃、湿润的轻黏质到沙壤质土壤，在干燥、贫瘠和过黏过酸土壤上生长不佳，以土壤 pH 值 5.5～7.5 为好。

　　山茱萸先花后叶，花期长达一月之久。果实成熟期呈鲜红色至深红色，有圆铃形、圆柱形、香蕉形等。早春满树黄花金灿灿，入夏碧叶青翠郁苍苍，秋末叶落果红醉悠悠，是一种很好的观花观果树种，宜在草坪、林缘、路边、亭际及庭院角隅丛植，也适于小片种植。枝繁叶茂，根系发达，常组成灌木群落，具有减缓雨滴冲刷地面和固土固沙能力，是一种良好的水土保持植物。

图 6-11　山茱萸

● 桃（*Amygdalus persica*）

蔷薇科，李属。落叶小乔木，树高 4～6m。小枝红褐色或褐绿色，芽密被灰色绒毛；叶椭圆状披针形，光滑无毛。花期 3～4 月，先叶开放；花单生，瓣粉红色，近无柄；萼筒钟形，有短绒毛。果夏末成熟，球形或卵形，表面被短毛，带粉红色，果肉厚多汁，气香，味甜或微甜酸（图 6-12、图 6-13）；核扁心形，极硬。原产我国，华北、华中、西南等地区现仍有野生桃分布，世界各地广为栽培。喜夏季高温，喜光。分枝力强，生长快，如管理不周容易徒长影响光照，引起枯枝空膛，结果外移，造成树势早衰。喜肥沃而排水良好土壤，碱性土及黏重土均不适宜，耐旱，不耐水湿，如水浸 3～5 日，轻亦落叶，重则死亡。耐寒力强，除酷寒地区外均可栽培，但仍以背风向阳之处为宜，开花时节怕晚霜，忌大风。根系较浅，寿命一般只有 30～50 年。

图 6-12　蟠桃　　　　　　　　　　　　　图 6-13　水蜜桃

桃树栽培历史悠久，品种多达 3000 以上，其中观花类俗称"碧桃"（图 6-14），常见栽培变型有：①碧桃（f. *duplex*），花淡红，重瓣。②复瓣碧桃（f. *dianthiflora*），花淡红色，复瓣。③白碧桃（f. *albo-plena*），花白色，复瓣或重瓣。④红碧桃（f. *rubro-plena*），花红色，复瓣。⑤洒金碧桃（f. *varsicolor*），花复瓣或近重瓣，白色或粉白色，同一株上花有二色，或同朵花上有二色，乃至同一花瓣上粉、白二色。⑥绛桃（f. *camelliaeflora*），花深红色，复瓣。⑦绯桃（f. *magnifica*），花鲜红色，重瓣。⑧紫叶桃（f. *atropurpurea*），叶紫红色；花单瓣或重瓣，淡红色。⑨垂枝碧桃（f. *pendula*），枝弯曲下垂。⑩寿星桃（f. *densa*），株形矮小紧密，节间短；花多重瓣，有红寿星桃、白花寿星桃等品种。

图 6-14　碧桃

桃花烂漫芳菲、妩媚可爱，盛开时节"桃之夭夭，灼灼其华"，故南北园林皆多应用，水畔、石旁、墙际、庭院、山地、草坪俱宜；唯须注意选阳光充足处，且注意与背景之间的色彩衬托关系。俗有"杏花宜在山坞赏，桃花应在水边看"：盈盈碧水映桃花，花光水影、娇艳欲滴；夹岸桃花蘸水开，临水梳妆，楚楚动人。我国园林中习惯以桃、柳间植水滨，以形成"桃红柳绿"之景色；唯配植时注意避免柳树过于遮光，故以适当加大株距为妥。三月是桃花的世界，浪漫而富有诗意：满树盛开的桃花似云如烟，就像满天被朝晖夕照染透了的红霞，汇聚成一道道靓丽的景观，组合成一幅幅生动的画卷，不时地还有些粉蝶蜜蜂游戏其间，又平添了几分活脱脱的情趣。杭州西湖白堤早在唐代就已柳树成荫，而桃花则在明代开始栽培；明朝后期形成一片桃红柳绿的美景，被誉为"十锦塘"；如今西湖的苏堤、白堤、柳浪闻莺以及孤山北麓和曲院风荷至镜湖厅的沿湖堤段，桃、柳相间的空间布局产生了极有特色的春季景观效果。

● 李（*Prunus domestica*）

又名布冧。蔷薇科、李属。落叶小乔木，树高 9-12m 冠广球形。树皮灰褐色，起伏不平；小枝平滑，灰绿色，有光泽。叶长园倒卵形，先端尖，基部楔形。花期 4 月，通常 3 朵并生花瓣白色，宽倒卵形。果熟期 7-8 月，核果球形或圆锥形，黄色或红色，也有绿色或紫色，外被蜡质果粉；先端微尖，缝合线明显，果梗洼（图 6-15）。种核卵形具皱纹，多粘核。少数离核。原产于我国，南方地区主要分布于广东、广西、福建、四川等地，北方地区主要分布于河北和辽宁一带。对光的要求不十分严格，一般在光照不强烈的山坡背阴面均能良好生长，但是在光照充足的地方果实着色好，品质好。在pH值4.7～7的中性偏酸土壤生长良好，在盐碱土上适应力也强，最适宜在pH值6～6.5的微酸性土壤上生长；中国李在砾质、砂质、黑钙土、红壤及黄土高原褐土上均能正常生长，欧洲李（*P. insititia*）则宜在肥沃的黏质土上生长。根系较浅，抗旱力较弱；对水分要求较高，喜欢湿润的环境但也怕渍水，特别是用杏作砧木时更怕水涝。

图 6-15　李

李属植物共有30余个种，我国现有8个种，5个变种，800余个品种和类型，是栽培历史悠久的落叶果木："青玉冠西海，碧石弥外区。化为中园实，其下成路衢。在先良足贵，因小邀难逾。色润房陵缥，味夺寒水朱。摘持欲以献，尚食且踟蹰。"（南梁·沈约《麦李诗》）李"潜实内结，丰彩外盈，翠质朱变，形随运成。清角奏而微酸起，大宫动而和甘生。"（西晋·傅玄《李赋》）不仅饱满圆润、玲珑剔透，形态美艳、口味甘甜，而且还富含维生素A、维生素B1、维生素C等人体健康不可缺少的营养物质，既可鲜食又可以制成罐头、果脯，是夏季的主要水果之一。李子含有多种抗氧化物，能够延缓衰老；脱水后的李干具有很高的食用纤维含量，李子汁经常用于帮助调解消化系统功能。李子性温，过食可引起心烦发热、潮热多汗等虚热症状；尤其不可与雀肉、蜂蜜同食，否则可损人五脏，严重者可致人死亡。

● 石榴（*Pcinica granatum*）

石榴科，石榴属。落叶灌木或小乔木，树高5～7m，冠常不整齐。小枝有角棱，端常成刺状。叶倒卵状长椭圆形，有光泽，在长枝上对生，在短枝上簇生。花期5～6月，花朱红色；花萼钟形，紫红色，质厚。果熟期9～10月，浆果近球形，古铜黄色或古铜红色，花萼宿存（图6-16）。原产伊朗和阿富汗等中亚地区，我国汉代引入，黄河流域及其以南地区均有栽培。喜光，喜温暖气候，有一定耐寒能力。喜肥沃湿润而排水良好之石灰质土壤，在pH值4.5～8.2土壤内能生长良好，有一定的耐干旱瘠薄能力。对有毒气体抗性强。萌蘖力强，易分株。

石榴为花、果俱美的著名盆景树种，优良的盐碱地绿化树种。作园景树应用，适于配置阶前、庭中及墙隅、门旁、窗前、亭台之侧或山坡、水际，季相明显，景观鲜亮。

主要观花栽培变种：①白石榴（var. *ablescens*），花白色，单瓣。②黄石榴（var. *flavescens*），花黄色。③玛瑙石榴（var. *legrellei*），花红色，有黄白色条纹，重瓣。④重瓣白石榴（var. *multiplex*），花白色，重瓣。⑤重瓣红石榴（var. *pleniflora*），花红色，重瓣（图6-17）。⑥月季石榴（var. *nana*），植株矮小，枝条细密而上升，叶、花皆小，重瓣或单瓣，花期长，故又名"四季石榴"。

图6-16 果石榴

图6-17 花石榴

● 核桃（*Juglans regia*）

胡桃科，核桃属。落叶乔木，高达35m，树皮灰白色，浅纵裂，枝条髓部片状，幼枝先端具细柔毛；2年生枝常无毛。奇数羽状复叶，小叶5～9枚，椭圆状卵形至椭圆形，顶生小叶通常较大，先端急尖或渐尖，小叶柄极短或无。花期3～4月，雄花序柔荑状，萼3裂；雌花1～3朵聚生，花柱2裂，赤红色。果期8～9月。果实球形，灰绿色，幼时具腺毛；内部坚果球形，黄褐色，表面有不规则槽纹（图6-18）。喜光，耐寒，抗旱，抗病能力强，适应多种土壤生长，同时对水肥要求不严。落叶后至发芽前不宜剪枝，否则易产生伤流。

核桃原产伊朗，公元前10世纪传入往地中海沿岸国家及印度，公元前3世纪张华《博物志》中就有"张骞使西域，得还胡桃种"的记载，后逐渐成为我国常吃的干果之一，在国际市场上与扁桃、腰果、榛子并列为世界四大坚果。我国栽培核桃历史悠久，经用普通核桃和野生核桃资源精心培育了许多优质新品种：如河北的"石门核桃"，其特点为纹细，皮薄，口味香甜，出仁率在50%左右，出油率高达75%，故有"石门核桃举世珍"之誉。新疆库车一带的纸皮核桃，壳薄，含油量达75%；结果快，群众形容它"一年种，二年长，三年核桃挂满筐"。陕西秦岭一带的核桃皮薄如鸡蛋壳，最好的品种"绵核桃"，两个核桃握在手里稍稍用劲一捏就碎了。

雌花

雄花

果

图 6-18　核桃

　　核桃树冠雄伟，枝叶繁茂，绿荫盖地，在园林中可作道路绿化，起防护作用；民间习俗以作为婚庆和爱情的象征，喻为"百年好合"。新疆和田县巴格其镇喀拉瓦其村内的核桃王，经考证植于公元 1400 ～ 1440 年间，当属元代种植的老寿星，历经数百年风雨沧桑，仍以其枝繁叶茂、苍劲挺拔的雄姿给游客一种深邃悠远、酣畅淋漓的美感，叶肥果盛，年产核桃 6000 余枚。该树独占一亩天地，树高 16.7m，树冠直径 20.6m；主干周长 6.6m，冠幅东西长 21.5m，南北宽 10.7m，树形大致呈"Y"形，主干五人合抱围而有余；树干皮色粗糙而深沉、恢弘而古老，像画家笔下凝重苍劲的色彩，形状奇特，气势雄伟。核桃王公园已成为和田地区重要的旅游文化景点之一：主干中空形成一个上下连通的"仙人洞"，洞底可容纳四人站立；入口直径 0.74m，出口直径 0.55m，可容游人从洞口进入，顺着主杆从树体上端出口处爬出。

　　核桃是含有抗氧化成分最多的植物食品，在国外称"大力士食品"、"益智果"，在国内享有"长寿果"、"养人宝"的美誉，因古时仅作贡品故又有"万岁子"称号。祖国医学认为核桃仁性温、味甘、无毒，有健胃、补血、润肺、养神等功效；镇咳平喘作用也十分明显，冬季对慢性气管炎和哮喘病患者疗效极佳。现代医学研究认为核桃中所含的磷脂、精氨酸、油酸、抗氧化物质等对保护心血管、预防老年痴呆等是颇有裨益的，美国饮食协会建议人们每周最好吃两三次核桃，尤其中老年人和绝经期妇女常食用可以使皮肤丰满，减少皱纹，须乌发黑。但核桃肉含油脂多，多食令人恶心呕吐、伤肺、动风、咯血。

● **槟榔**（*Areca cathecu*）

棕榈科，槟榔属。常绿乔木状，茎直立，干高 10 ～ 20m，不分枝，叶脱落后形成明显的环纹（图 6-19）。叶簇生于茎顶，羽状复叶，羽片多数，狭长披针形，先端小叶合生，顶端有不规则齿裂。花期 3 ～ 8 月，每年两次开花，花序着生于最下一叶的基部，花序轴粗壮压扁，分枝曲折，佛焰苞状大苞片长倒卵形；雌雄同株：雄花小、多数，紧贴分枝上部，通常单生，萼片卵形，花瓣长圆形；雌花较大，单生于分枝的基部，花瓣近圆形，萼片卵形，冬花不结果。果熟期 12 月至翌年 2 月，坚果长圆形或卵球形，橙黄至红色，中果皮厚，纤维质（图 6-20）；种子卵形，有果内后熟特性。原产于马来西亚、印度、缅甸、越南、菲律宾等国，而以印度栽培最多；我国引种栽培已有 1500 年的历史，海南、台湾两省栽培较多，广西、云南、福建等省区也有栽培。喜高温湿润气候，最适宜生长温度为 25 ～ 28℃；不耐寒，16℃就有落叶现象，5℃受冻害。幼苗期荫蔽度50% ～ 60% 为宜，成年树应全光照。以土层深厚，有机质丰富的砂质壤上栽培为宜，年降雨量 1500 ～ 2200mm。

图 6-19　槟榔（树）

图 6-20　槟榔（果）

槟榔的外貌与椰树相似，高干挺拔，清秀可爱，但比椰树更加窈窕秀气、亭亭玉立，可谓沉鱼落雁、闭月羞花的美姿。槟榔树每年只结一串果，每串多则 100 多个果实，少则数十个；槟榔果是财富和吉祥的象征，逢年过节不可缺少；也是黎族青年男女的爱情信物，男女定亲之日，男方都要给女方送一篮槟榔。距今 1400 多年前梁代《名医别录》就有"槟榔味辛温……生海南"的记载，是一种常用的南药，有健胃、护齿、治腹胀、驱风、消水肿等的功用，能驱虫。果实可食，槟榔切片后蘸上佐料，细咀慢嚼，吐完绿水，又生丹津，吃后脸红耳赤，愈嚼愈香，醇味醉："两颊红潮曾妩媚，谁知侬是醉槟榔"（宋·苏东坡）；

槟榔为"红唇族"的最爱，农民眼中的"绿色黄金"，但因嚼食槟榔的人口急剧成长，已成为台湾人民健康的最大杀手，致使口腔癌跃升为十大癌症死亡原因之列。

同属种：三药槟榔（*A. triandra*），丛生灌木状，茎直立，干高 8～15m，有宽环状叶柄（鞘）痕。叶羽状全裂，有时合生，羽片 15～25 对，长椭圆状披针形，有纵肋 3 条，叶面亮绿色。果纺锤形，熟时红色。原产印度、东南亚，我国引种栽培后已育出第二代。喜半阴、避风环境，稍耐寒。槟榔树形雅致，果色美丽，适于我国南方庭园栽培或室内盆栽植观赏。

（二）诗情画意，谐趣融

园林环境的生态含义是植物建植，园林植物服务的主体是人；在人与环境的关系中，人具有自然和社会的双重属性，与此相对应的环境也即具有自然和社会的双重含义。园林绿化作为一门具有优化环境功能和丰富文化内涵的学科门类和建设行业，在营造生态环境的同时，也须致力于建立文化、历史、艺术间相互融洽与和谐的氛围，丰富园林植物的人文意识与审美价值，以提高全社会的文化艺术修养、行为道德水准等综合素质内涵。

数千年博大精深的传统文化和源远流长的悠久历史，不仅造就了中国古典园林丰富的艺术成就和独特的风格体系，而且促使其发展成精湛而又独具魅力的园林艺术形式：诗与画的情趣，意与境的涵蕴，在世界园林体系中独树一帜。中国人赏花，不仅欣赏花的颜色、姿容，更欣赏花中所蕴含着的人格寓意、精神力量。清代状元陆润庠有一副对联说得好："读书取正、读易取变、读庄取达、读骚取幽、读汉文取坚，最有味卷中岁月；与菊同野、与梅同疏、与莲同洁、与兰同芳、与海棠同韵，定自称花里神仙。"联语中，陶渊明之"采菊东篱"，林和靖之"疏影横斜"，周敦颐之"出淤泥而不染"，孔夫子之"兰当为王者香"，苏东坡之"只恐夜深花睡去，故烧高烛照红妆"尽在其中。

1. 时空综合的艺术再现

文学是时间的印记，绘画是空间的表达，而园林则是时空综合的艺术再现。园林景物既需"静观"，也要"动视"，即在游动、行进中领略观赏，中国古典园林的创作充分把握这一特性，运用各艺术门类之间的触类旁通，熔铸诗画艺术于园林建造之中，这就是通常所说的"诗情画意"。

诗情，不仅是把前人诗文的某些境界、场景在园林中以具体的形象复现出来，或者运用景名、匾额、楹联等文学手段作直接的点题；而且还在于借鉴文学艺术的章回、手法，使得规划设计颇多类似文学艺术的结构，正如钱泳所说："造园如作诗文，必使曲折有法，前后呼应；最忌堆砌，最忌错杂，方称佳构。"绿地的动视景观线路绝非平铺直叙的简单道路，而是运用各种构景要素于迂回曲折中形成渐进的空间序列，也就是空间的划分和组合。划分，不流于支离破碎；组合，务求其开合起承、变化有序、层次清晰。整个序列的安排一般必有前奏、起始、主题、高潮、转折、结尾，形成内容丰富多彩、整体和谐统一的连续流动空间，表现出诗一般严谨、精炼的章法；在这个序列之中往往还穿插一些对比、悬念、扬抑的手法，合乎情理之中而又出人意料之外，更加强了犹如诗歌般的韵律感。因此，人们在游览自然气息中所得到的感受，必须有朗读诗文一样的酣畅淋漓，这才能体现出绿地空间所包含着的诗情韵味，优秀的绿地景观作品，则无异于凝练的音乐，无声的诗歌（图6-21）。

一袭正气（蜡梅）　　　　　　　　　　　　一身浪漫（光叶子花）

图 6-21　诗情

画意，凡属风景式绿地都在一定程度上体现绘画的原则，或多或少地具有画理神韵。中国的山水画不同于西方的风景画，前者重写意，后者重写形。绿地景观，是把作为大自然概括和升华的山水画，又以三度空间的形式复制到人们的现实生活中来，这在平地起造的城市山水园中尤为明显：既能看到天然山岳构成规律的概括、提炼，也能看到诸如"布山形、取峦向、分石脉"等山水画理的表现，乃至皴法、矶头、点苔等某些笔墨技法的具体模拟。城市绿地景观艺术，把借鉴于山水画"外师造化、中得心源"的写意方法，在三度空间的条件下发挥到了极致；它既是复现大自然的重要手段，也是绿地因画成景的主要内容（图6-22）。正因为"画家以笔墨为丘壑，掇山以土石为皴擦；虚实虽殊，理致则一"，所以许多园林大师都精于绘事，有意识地汲取绘画各流派的长处，积极用于意念的创作。

庄重虔诚（栾树）　　　　　　　　　　　　活力奔放（碧桃）

图 6-22　画意

2．物尽天成、返璞归真

花、果园林树木以自然美为特征，人们从树木景观中感受到的不仅仅是形式，更多的是自然气息。花、果园林树木的美学特性因树种、环境条件等影响而有差异，不同的欣赏者也会获得各自不同的感受，从而使花、果园林树木的美变得十分广泛复杂。

花、果园林树木为有生命的有机体，各种美的表现形式随着年龄和季节的变化均会不断地丰富和发展，在时空上处于动态变化之中。早春三月，繁花竞放使人欢愉；仲夏时节，片片绿荫令人神往；秋高气爽，嘉实累累让人陶醉；隆冬腊月，雪压枝冠引人入胜。花、果园林树木的色彩可以使人镇静或激动，使人感到温暖或凉爽，进而影响到人的情绪变化以及对环境的反应；花、果园林树木的色彩也可以产生使景物体量与空间尺度增大或减小的视觉效果，突出景物美感，增强景观层次变化。

3．比拟、联想，扩展、延伸

比拟、联想可以丰富花、果园林树木美的内涵，比形式美更广阔、深刻；进一步的扩展、延伸可以超越时空的限制，而形成特殊的风韵美或抽象美，较感官美更持久、无限。梧竹幽居、海棠春坞、柳浪闻莺，令人神往；松、竹、梅岁寒三友，柏、（石）榴、核（桃）百年好合，寓意深远。花、果园林树木以其优美的形态、绚丽的色彩、浓郁的芳香和神妙的风韵，在美饰城市"容颜"，装扮城市"身姿"，营造城市自然氛围等方面演绎独到的组景功能，创造富有自然情趣、充满艺术魅力的意境，实现物质基础和精神理念的有机统一，显现最佳的生态效益、社会效能和景观效应。

1）红豆相思

"红豆生南国，春来发几枝。愿君多采撷，此物最相思。"唐代诗人王维的一曲《相思》词，寓意了深切的爱恋情怀，延续了千年的轶史佳话。红豆内涵丰富，它不仅是爱情和相思的象征，还蕴涵了友情、亲情、思乡情、爱国情、师生情等世间许多美好的情感；王维的《相思》就是一首写给其挚友李龟年的友情诗，而其他情感诸如亲情、思乡情、爱国情、师生情等都可以在古代的红豆诗文中得到印证。古往今来，无论是文人雅士、达官显贵，还是黎民百姓，都以拥有红豆、收藏红豆为荣，亲友、情侣之间更是常常用来互相馈赠，千百年来已经形成了红豆风俗。相思子最美，如同真心难觅，有心的对待最为感动，所以世人利用它来表达羞涩的心意，是亲人也好，是情人也好，朋友也好，都是祝福，都是真心，都是真爱，都是真实感动，是最好的、传情达意的礼物。

但是，目前有相当一部分人尚不能正确辨认何谓"红豆"，在花、果园林树木景观建植时也就不能确切表达设计意愿，有必要在此重申一二。

● 海红豆（*Adenanthera pavonia*）

又名孔雀豆、红豆、相思豆。含羞草科，海红豆属。落叶乔木，树高约 8m，幼嫩部被小柔毛。2 回羽状复叶，有羽片 4～12 对（海南产的 3～4 对）；小叶矩圆形或卵形，

先端极钝，具短柄，两面均被柔毛。花期
6～7月，总状花序单生于叶腋或在枝顶排
成圆锥花序，被短柔毛；花小、白色或黄色，
有香味，花萼、花梗被金黄色柔毛，花瓣
披针形。果熟期8～9月，荚果带状，弯
曲而旋卷，成熟时开裂；种子凸镜形，鲜
红色、有光泽，珠柄着生于其一端（图6-23）。
产于菲律宾、越南、马来西亚、印度尼西亚、
印度、斯里兰卡，亦见于我国广东、海南、
广西、云南以及喜马拉雅山东部。喜温暖
湿润气候，喜光，稍耐阴。对土壤条件要
求较严格，喜土层深厚、肥沃、排水良好的沙壤土，耐水湿。

图6-23　海红豆

　　海红豆树冠广袤，羽叶娓娓展放如孔雀开屏，适作庭院绿化和行道树种。木材质硬而
重、耐腐，为一类珍贵用材。种子"遍身皆红"，其奇妙之处在于颜色形状非常独特：红
色由边缘向内部逐步加深，最里面又有一个心形曲线围住特别艳红的部分，形似跳动的心
脏，真是一豆双心，心心相印，收藏百年仍鲜艳如初，亮丽夺目，玲珑可爱，历来被视为
爱情的象征和信物互相馈赠，寄语爱意；民间还用红豆做成项链、手串以及手镯、戒指等
装饰物，用以赠送亲友，寄托深情。相思是神圣和浪漫的，红豆是爱情的信物，红豆滚落
的声音是一种缘分落地的声音。古往今来，谁不想得到心上人赠予的一颗红豆？他们的心
就如红豆一样，是热情、晶莹和美丽的："生当复来归，死当长相思，红豆尚有尽，情绵
无已时。"

　　广东肇庆四会市邓村圩镇著名的古村落扶利村北的小山坡上，伫立着几十棵高大苍翠
的海红豆树，这就是著名的扶利村古树群；因为树群起着固水土、挡风沙、涵养水源的作
用，所以亦称风水林。其中一株树高12m，树围5.8m，树冠投影面积840m^2，据说为明末
时村民所种，距今已逾450年，堪称全省海红豆古树之冠。靠近华南名刹庆云寺的"补山
亭"旁，一块蓝底白字的说明牌上赫然写着："……海红豆较扁，特别光泽美丽，郭沫若
在鼎湖山上考察过后，撰文称赞王维诗中之红豆应是海红豆，并留下诗句：'山多红豆树，
灯火是端州。'"

● 红豆树（*Ormosia hosiei*）

又名相思树。蝶形花科，红豆树属。落叶乔木，树高20m，胸径1m。幼树皮灰绿色，
具灰白色皮孔，老树皮暗灰褐色。奇数羽状复叶，小叶5～7枚，稀9枚，椭圆状卵形、
长圆形或长椭圆形，近革质。圆锥花序顶生或腋生，花序轴被毛；萼钟状，密生黄棕色短
柔毛；花冠白色或淡红色，微有香气。荚果扁，革质或木质，近圆形，先端喙状，无中果
皮，内含种子1～2枚；种子鲜红色，光亮，近圆形，种脐明显。产于我国中部和华东地
区，多分布于丘陵低山、河边及村落附近。喜暖热、湿润气候，幼苗较耐阴，成长后喜光，

图6-24 海南红豆

生长较缓慢。主根明显，根系发达，适生长于土层深厚、湿润、肥沃土壤，不耐干旱。木材坚重，花纹美丽，为优良的雕刻和细木工用材。

同属种：海南红豆（*O. pinnata*），常绿乔木或灌木，高3～18m。树皮灰色或灰黑色，木质部有黏液；幼枝被淡褐色短柔毛，渐变无毛。奇数羽状复叶，小叶3～4对，薄革质，披针形，先端钝或渐尖，两面均无毛。花期7～8月，圆锥花序顶生，花萼钟状，比花梗长，被柔毛，萼齿阔三角形；花冠粉红色而带黄白色，各瓣均具柄，旗瓣基部有角质耳状体2枚，翼瓣倒卵圆形，龙骨瓣基部耳形。荚果有种子1～4枚：具单粒种子时，其基部有明显的果颈，呈镰状（图6-24）；具数粒种子时，则肿胀而微弯曲，种子间缢缩。果瓣厚木质，成熟时橙红色，干时褐色，有淡色斑点，光滑无毛；种子椭圆形，种皮红色，种脐位于短轴一端。原产我国广东（西南部）、海南、广西（南部）。越南、泰国也有分布。喜光，对土壤要求严格，喜酸性土壤，喜肥水，抗风。生长较为缓慢，移栽成活较难。

海南红豆树冠圆球形，枝叶繁茂，绿荫效果好，适合作行道树、园景树和庭荫树。种子粒圆质硬，色泽鲜红，此外上面还有一黑点，状似相思泪滴。除直接装盒销售外，还被串成项链、手链等首饰，是价廉情重用以表达爱情和友谊的特色纪念品。

2）红豆杉的思念

红豆杉科共5属约23种，除单种属植物澳洲红豆杉（*Austrotaxus spicata*）产新喀里多尼亚，其他属种均分布于北半球。其中红豆杉属11种，分布于欧洲、亚洲及北美洲；我国产4种：中国红豆杉（*Taxus chinensis*）、东北红豆杉（*Taxus cuspidata*）、云南红豆杉（*Taxus yunnanensis*）、西藏红豆杉（*Taxus wallichiana*）；1个变种：南方红豆杉（*Taxus chinenwsis* var. *mairei*）。

● **中国红豆杉**（*Taxus chinensis*）

我国特有种，国家一级重点保护植物。常绿乔木，树高30m，干径达1m。叶螺旋状，基部扭转为两列，条形常呈镰状，叶背有2条宽黄绿色或灰绿色气孔带，中脉上密生有细小凸点。雌雄异株，雄球花单生于叶腋；果熟期9～11月，雌球花的胚珠单生于花轴上部侧生短轴的顶端，种子扁卵圆形，基部外覆上部开口的假种皮，成熟时倒卵圆形成杯状，浓红色（图6-25）。分布于甘肃南部、陕西南部、湖北西部、四川等地，华中区多见于海拔 1000m 以上的山地未干扰环境中，华南、西南区多见于海拔 1500 ～ 3000m 的山地落叶阔叶林中，相对集中分布于横断山区和四川盆地周边山地，在广西北部、贵州东部、湖南南部也有分布。性喜气候较温暖多雨，苗喜阴，忌晒，为典型的阴性树种，常处于林冠下乔木第二、三层，散生，基本无纯林存在，也极少团块分布。只在排水良好的酸性灰棕壤、黄壤、黄棕壤上良好生长。

中国红豆杉树形美观大方，果实成熟期令人陶醉，常用于高档的绿地景观欣赏。木材细密，色红鲜艳，坚韧耐用，为珍贵的用材树种，常用于雕刻、制作高档家具、工艺品等；木材耐腐，可供土木工程用材；种子含油率达 60%，具有特别开发价值。其假种皮厚，处于深休眠状态，自然状态下经两冬一夏才能萌发，天然更新能力弱；种胚休眠期较长，采种后必须在低温下用湿沙层积储藏，春季播种发芽期可延至第二年。用扦插法亦能繁殖。

栽培变种: 南方红豆杉（var. *mairei*），又名美丽红豆杉。常绿乔木，高达 30m。树皮纵裂，红褐色或淡灰色。花期 3 ～ 4 月，种子 10 月成熟（图 6-26）。产于我国长江流域以南，主要分布在滇东、滇西南、滇东，常星散分布于海拔 1000 ～ 1200m 以下山林中，自然生长在山谷、溪边、缓坡腐殖质丰富的酸性土壤中，不耐干旱瘠薄，不耐低洼积水；生长缓慢，寿命长，很少有病虫害。南方红豆杉枝叶浓郁，树形优美，种子成熟时满枝红豆，逗人喜爱，适合在庭园一角孤植点缀，亦可在建筑背阴面的门庭或路口对植；宜在风景区与针阔叶树种配置，山坡、草坪边缘、池边、片林边缘丛植。

图 6-25　中国红豆杉

图 6-26　南方红豆杉

● 东北红豆杉（*Taxus cuspidata*）

又名紫杉。树高达 20m，胸径达 1m。树冠倒卵形或阔卵形。树皮红褐色或灰红色，薄质，片状剥裂。枝条密生，小枝带红褐色（图 6-27）。叶线形，半直或稍弯曲，生于主枝上者为螺旋状排列，在侧枝上叶柄基部扭转排成不规则两列。花期 5 ～ 6 月，种子 9 ～ 10 月成熟。性喜凉爽湿润气候，多散生于阴坡或半阴坡湿润、肥沃的针阔混交林下。抗寒

图6-27 东北红豆杉

性强，可耐 -30℃ 以下的低温。喜湿润但怕涝，适于在疏松湿润排水良好的砂质壤土上种植，侧根发达。萌发力强，耐修剪，耐病虫害。以茎、枝、叶、根入药，主要成分紫杉醇、紫杉碱、双萜类化合物等有抗癌功能，并有抑制糖尿病及治疗心脏病的效用；我国境内的红豆杉在提炼紫杉醇方面尤其以东北红豆杉含量最高，可达万分之三。如果把东北红豆杉适当南迁可增加生长期，有利于体内有效成分的合成，提高含量和品质。

东北红豆杉是第四纪冰川遗留下的古老树种，被列为我国一级珍稀树种加以保护；在民间传说中素有"风水神树"之称，是珍贵稀有的高档绿化树种；小枝秋季黄绿色或淡红褐色，其二列式叶近看像球、远看像花，极为美观。应用矮化技术处理的盆景造型古朴典雅，枝叶紧凑而不密集、舒展而不松散，整株造型含而不露、超凡脱俗，具有浓厚的生活气息和文化底蕴；红茎、红枝、绿叶、红豆，使其具有观茎、观枝、观叶、观果的多重观赏价值；光滑的红茎代表坦荡与高贵，常绿的针叶表达坚毅与永恒，酷似"相思豆"的红豆彰显爱心与思念。

● 西藏红豆杉（*Taxus wallichiana*）

又名喜马拉雅红豆杉，西藏特有树种。常绿小乔木和灌木，具开展或向上伸展的枝条。树皮淡红褐色，裂成薄片脱落；小枝不规则互生，淡褐色或红褐色。叶线形，螺旋状着生，不规则二列。花期5月，种子9～10月成熟。主要分布在我国云南西北部和西藏南部、西南部以及阿富汗、尼泊尔等地，生于海拔2500～3400m的云南铁杉、乔松、高山栎类林中，目前尚未由人工引种栽培。分布区的气候特点是四季分明，夏温，冬季有雪覆盖，年平均温10℃左右，最高温16～18℃，最低温0℃；能耐寒，并有较强的耐阴性。西藏红豆杉是我国分布区最小，也是资源蕴藏量最小的种类，但基本未遭破坏。

● 云南红豆杉（*Taxus yunnanensis*）

又名须弥红豆杉。常绿乔木，树高达20m，胸径1m；树皮灰褐色、灰紫色或淡紫褐色，成鳞状薄片脱落。大枝开展，冬芽绿黄色。叶质地较薄，条状披针形，通常呈弯镰状，排列较疏，成两列，边缘向下反曲或微反曲，基部偏斜；叶中脉与两侧的淡黄色气孔带，密生均匀微小的角质乳头状凸起（图6-28）。花期3～4月，种子翌年8～10月成熟。分布于云南西北部、西藏东南部和四川西南部，不丹及缅甸也有分布；散生于海拔2000～3500m的高寒山区，无纯林，大多与阔叶林、灌木林混交。

图 6-28　云南红豆杉

● 曼地亚红豆杉（*Taxus madia*）

我国 20 世纪 90 年代中期从加拿大引种而来的天然杂交种：母本是东北红豆杉（*Tcuspidata*），父本是欧洲红豆杉（*Tbaccata*）（图 6-29）。现在四川、广西、江苏、山东等地有栽培，多为灌木型，耐修剪、易造型，为盆栽佳品。曼地亚红豆杉具有耐低温、生长快、生物量大等特点，紫杉醇含量为其他红豆杉的 8～10 倍，在长江以南地区可结合产业化栽培。

图 6-29　欧洲红豆杉

3）相思树的由来

广义的相思树只是一种泛称，其主要来源有：

（1）约定俗成的民间称谓。具有红色果实或种子的树种，如山茱萸、海棠果、红豆树、海南红豆等。

（2）美丽动人的民间传说。据东晋史学家干宝《搜神记》卷十一载：战国时宋康王舍人韩凭妻何氏貌美，康王夺之并囚凭。凭自杀，何投台而死，遗书愿以尸骨赐凭合葬；王怒弗听，使人埋之两坟相望。二冢之端各生大梓木屈体相就，根交于下，枝错于上；又有鸳鸯雌雄各一常栖树上交颈悲鸣，晨夕不去，宋人哀之遂号其木曰"相思树"，因以象征忠贞不渝的爱情。宋国古都睢阳筑有韩凭城，传说中何氏所作歌谣流传至今："南山有乌，北山张罗；乌自高飞，罗当奈何！乌鹊双飞，不乐凤凰；妾是庶人，不乐宋王。"

台湾相思树位于铜陵凤凰山南麓的相思河上，是一株奇特的枫杨树：原为两株分别植于小河的东西两岸，两树干在河面连成一体，树高约 25m，径约 3m。古树枝叶繁茂，像一乘绿色的华盖凌空罩在小河上，远望相思树，异株同干"连理枝"，如同一对恋人交颈拥抱，情意绵绵；近看相思树，树影倒映清溪中，恰似鸳鸯戏水、鸾凤穿花，同样给人以爱情坚贞的遐想。小河因树得名"相思河"。

- **台湾相思树（*Acacia richii*）**

又名台湾柳、相思子、相思树。含羞草科，金合欢属。我国仅台湾相思树一种，常绿乔木，树高 3 ～ 7m，树皮灰黑色。幼苗为羽状复叶，长大后小叶退化，仅存扁平的叶状柄，革质，假叶呈镰刀形，具明显纵脉。花期 5 ～ 6 月，头状花序 1 ～ 3 朵腋生，花瓣 4 枚，金黄色，微香（图 6-30）。果熟期 7 ～ 8 月，荚果平薄，扁带状，种子 5 ～ 7 枚（图 6-31）。原产我国台湾，菲律宾也有分布；广东、海南、广西、福建、云南和江西等热带和亚热带地区均有栽培，宜与松树、桉树等营造混交林。水平分布，在北纬 25°～ 26°以南生长正常；垂直分布则因纬度而异，在海南热带地区可至海拔 800m 以上，而纬度较高的地区一般只在海拔 200 ～ 300m 以下的低地栽植。喜温暖而畏寒，适生于干湿季明显的热带和亚热带气候。对土壤要求不严，耐干旱瘠薄，在冲刷严重的酸性粗骨质土、沙质土和黏重的高岭土上均能生长；对土壤水分状况的适应性广，耐间歇性水淹。具根瘤，可改良土壤。

台湾相思树树冠婆娑，叶形奇异，枝叶细致紧密，如同一团团绿色的云朵，盛花期金黄色的花朵就像夕阳余晖下的云彩，花能引蝶诱鸟，单植、列植、群植均美观，为优良而低维护的庭荫树、园景树、防风树、护坡树，华南多作公路行道树；根深材韧，抗风力强、耐间歇性水淹，宜作防风、防火和水土保持林；具有根瘤，落叶量大，萌芽力强，更是荒山绿化、水土保持的优良树种；幼树可作绿篱，尤适于海滨绿化。木材质地坚硬，常被用于制作家具、胶合板，还可以造纸；树皮可提取栲胶，叶可作饲料，根可作染料，花含芳香油可作调香原料，经济效益和生态效益都十分显著。

图 6-30　台湾相思树（花）

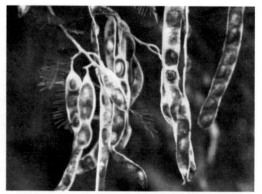

图 6-31　台湾相思树（荚果）

- **复椰子（*lodoicea maldivica*）**

又名海椰子。棕榈科，复椰子属。常绿乔木状，茎单生，干高 20 ～ 30m；叶扇形，

图 6-32　海椰子（雄花球）

宽 2m，长可达 7m。雌雄异株。雄株高大，雌株娇小，生长速度极为缓慢，从幼株到成年约需 25 年。花着生于巨大的肉质穗状花序上，雌雄异株：雄株一次开花 1 枚，长 1m 多，粗约 20cm，呈微弯曲的长棒状（图 6-32）；雌花受精 2 年后结果，一次结果几十个，7～8 年后成熟（图 6-33）。果实横宽 35～50cm，外面长有一层海绵状的纤维质外壳，单果重可达 25kg；坚果部分呈椭圆状，通常 2 瓣、似合生，单重可达 15kg，是世界上最大的坚果（图 6-34）。

原产非洲塞舌尔群岛的普勒斯兰岛和居里耶于斯岛，生长缓慢，寿命长达 1000 余年，可连续结果 850 多年。

图 6-33　海椰子（果实）

图 6-34　海椰子（种子，高 28cm）
塞舌尔总统赠中国政府（1978 年 5 月）

　　复椰子是一种富有神秘色彩的树种，雌、雄株一高一低相对而立，合抱或并排生长；树的根系在地下紧紧缠绕在一起，如果其中一棵树早夭，另一棵也不忍独活，徇情而死，塞舌尔居民称它们为"爱情之树"；雄花似男性的生殖器，种实合生似女性臀部，又被誉为"爱情之果"。上海世博会塞舌尔馆外，有以人造仿真海椰子林为主体的热带树丛"自然之灵"展区。坚果内的果汁稠浓至胶状，味道香醇，可食亦可酿酒；果肉细白，美味可口，熬汤服用可治疗久咳不止并有止血功效；最新科研项目表明具有滋补壮阳、强筋健体、刺激性欲的神奇功效，所以又被称为"赤道劲果"。

● **玫瑰**（*Rosa rugosa*）

又名徘徊花、刺客、离娘草。蔷薇科，蔷薇属。落叶灌木，茎丛生，枝杆多刺。奇数羽状复叶互生，小叶 5 ～ 9 枚，椭圆形状倒卵形，有边刺，表面多皱纹，托叶大部和叶柄合生，边缘有腺点，叶柄基部的刺常成对着生。花期 4 ～ 5 月，花单生于叶腋或数朵聚生，苞片卵形，边缘有腺毛，花梗有绒毛和腺体；花冠紫红色，有单瓣与重瓣之分，芳香。果期 8 ～ 9 月，蔷薇果扁球形，熟时红色，内有多数小瘦果，萼片宿存（图 6-35）。原产亚洲东部地区，我国华北、西北和西南有分布，日本、朝鲜等地也有分布，在其他许多国家也被广泛种植。喜阳光，能耐寒冷，耐旱，亦耐涝，适宜生长在较肥沃的沙质土壤中。

玫瑰因枝秆多刺，故有"刺玫花"之称，白居易有"菡萏泥连萼，玫瑰刺绕枝"之句；由于玫瑰茎上锐刺猬集，中国人形象地视之为"豪者"，并以"刺客"称之；又因每插新枝而老木易枯，若将新枝它移则两者皆茂，故又称"离娘草"。此外，因其香味芬芳，袅袅不绝，玫瑰还得名"徘徊花"；明万历年间《续修平阴县志》载《竹枝词》曰："隙地生来千万枝，恰似红豆寄相思。玫瑰花开香如海，正是家家酒熟时。"作为外来文化的爱情信物，为情人节的专用花材，颜色的代表含义大有考究：红色代表热恋、深爱、真心实意，粉红色代表初恋、感动、铭记，黄色代表失恋、道歉，白色代表天真、纯洁、尊敬、高贵，紫黑色代表忠诚、思念，蓝色代表恒心、坚毅、珍贵。相守是一种承诺，人世轮回中怎样才能拥有一份温柔的情意。

药用玫瑰主要以花蕾入药，玫瑰花具有理气、活血、调经的功能，《本草纲目拾遗》载："玫瑰纯露气香而味淡，能和血平肝，养胃宽胸散郁。"从玫瑰花中提取的天然香精——玫瑰油，不仅为世界名贵香料，还常用作糖果、糕点、饮料、香槟的高级香料添加剂，具美容养颜、抗衰老作用。保加利亚是世界上最大的突厥蔷薇（*Rosa damascena*）产地，素以"玫瑰之邦"闻名，每年初夏时节，巴尔干山南麓的"玫瑰谷"地带一片花海，路边的花坛和住宅的花园里的各色玫瑰竞相开放（图 6-36）。山东平阴玫瑰栽培历史悠久，据史书记载始于汉朝，迄今已有 2000 多年的历史，唐代制作香袋、香囊，明代用花制酱、酿酒、窨茶，到清末已形成规模生产，玫瑰盛极一时，民国初年《平阴乡土志》载："清光绪三十三年（1907 年）摘花季节，京、津、徐、济客商云集平阴，争相购花，年收花 30 万斤，

图 6-35　玫瑰　　　　　　　　　　　　　　　图 6-36　保加利亚玫瑰谷

值银五千两。"后因战乱大减，至 1949 年仅 15000kg。近年来，平阴县玫瑰种植规模不断扩大，2005 年全县栽培面积达 3.5 万亩，遍布 11 个乡镇；由于科学管理技术及丰产品种的不断推广，产量也由 100kg/ 亩提高到 400kg/ 亩，最高单产突破 500kg/ 亩。

（三）古树名木，史览胜

古树名木是人类社会历史发展的佐证，是一种独特的自然和历史景观，其本身就具有极高的历史、人文与景观的价值；随着人类文明的不断发展，古树名木也愈来愈受到社会各界的关注和重视，成为发展旅游、展示园林的不可再生的重要生态景观元素。世界上树木年龄最长者，当数原产于我国的银杏树：贵州省福泉市古银杏树，经专家考证树龄达 4440 年，寿命之长堪称世界之最；山东省莒县定林寺中的银杏树，据称也已生长达 3700 多年。树龄达千年以上的树种还有圆柏、侧柏、红豆杉、香樟、槐树、桑树、紫薇等。

1. 古树名木的身份界定

《中国农业百科全书》的身份界定：树龄在百年以上的大树，具有历史、文化、科学或社会意义的木本植物。建设部的分级标准（2000 年 9 月重新颁布）：树龄在一百年以上的树木为古树，国内外稀有的，具有历史价值和纪念意义以及重要科研价值的树木为名木；凡树龄在 300 年以上，或者特别珍贵稀有，具有重要历史价值和纪念意义的古树名木，为一级古树名木，其余为二级古树名木（图 6-37）。国家环保总局

图 6-37　扬州文昌路"活城标"（700 年银杏）

的分级标准：一般树龄在百年以上的大树即为古树；而那些树种稀有、名贵或具有历史价值、纪念意义的树木则可称为名木，并相应作出了更为明确的说明，如胸径（距地面 1.2m 处的树干直径）在 60cm 以上的柏树类、白皮松、七叶树，胸径在 70cm 以上的油松，胸径在 100cm 以上的银杏、国槐、楸树、榆树等，且树龄在 300 年以上的，定为一级古树；胸径分别对应在 30cm、40cm 和 50cm 以上，树龄在 100 年以上 300 年以下的，定为二级古树。稀有名贵树木指树龄 20 年以上或胸径在 25cm 以上的各类珍稀引进树种，外国朋友赠送的礼品树、友谊树以及有纪念意义的树木；其中国家元首亲自种植的定为一级保护名木，其他定为二级保护名木。

2. 古树名木的珍贵价值

古树名木是自然与人类历史文化的宝贵遗产，是中华民族悠久历史和灿烂文化的佐证，有些还与重要的历史事件相关联：如明崇祯皇帝在北京景山自缢的国槐，应是农民起义创造历史的见证。我国幅员辽阔，地形复杂，气候多样，历史悠久，现存古树名木中

已有千年寿龄的不在少数，它们历尽沧桑，饱经风霜，虽老态龙钟却依然生机盎然，上下几千年依然展现着古朴典雅的身姿，为伟大祖国的灿烂文化和壮丽山河增光添彩：如传说中的汉槐、隋梅、唐杏（银杏）、宋柳，都是国宝级的文物。我国现存的古树名木中有些与历代帝王、名士、文人、学者紧密相联，留下许多脍炙人口的精彩诗篇文赋，流传百世的精美泼墨画作，成为我国文化艺术宝库中的珍品。如江苏扬州驼岭巷古槐道院旧址的千年槐树，相传为唐代传奇"黄粱一梦"中卢生的梦枕之物，虽片干残枝、苍虬向天，却老树新枝、绿荫一隅，现被政府有关部门围栏竖碑，立为历史文化名城解读工程的重要场所（图6-38）。

 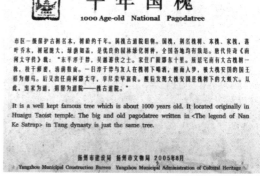

图6-38　千年国槐

古树名木是重要的风景旅游资源，景观价值突出；它们苍劲挺拔、风姿卓绝，或镶嵌在名山峻岭之中独成一景，或成为景观的重要组成部分与园林主景融为一体。2005年由江苏省建设厅编制的首部《江苏省城市古树名木汇编》揭示：全省共有古树名木5265株，其中昆山市的树龄1700年银杏为年龄最老的树王，无锡市的树王为位于江阴顾山镇的树龄1400年的红豆树，苏州市的树王为树龄1010年的山茶（图6-39、图6-40）。

百岁石榴祈福　　　　　　　　　　　千月苏铁顶礼

图6-39　古树名树（一）

扬州百岁夹竹桃　　　　　　　　　　　　　江阴千年红豆树

图 6-39　古树名树（二）

　　银杏气势雄伟，在中国的名山大川、古刹寺庵都有高大挺拔的古银杏，它们历尽沧桑，遥溯古今，给人以神秘莫测之感，历代骚人墨客涉足寺院留下了许多诗文辞赋，镌碑以书风景之美妙，文载功德以自傲。银杏叶形古雅、姿态优美，生长较慢，寿命绵长，被列为中国四大长寿观赏树种（松、柏、槐、银杏）；安徽省九华山天台正顶，有五株高达数十米，胸径近 1m 的古银杏，巨干参天，根如龙蟠，枝叶茂密，硕果累累；据树前古碑记载

古杨梅硕果佳味（日本三重）　　　　　　　古山茶繁花似锦（中国江苏）

图 6-40　古树名树（三）

为商朝栽植，树龄已有 3000 年之久，宋代梅尧臣有诗形象描绘其风貌和身世："百岁蟠根地，双阴净梵居。凌云枝已密，似践叶非疏。"再有河北省遵化县最古老的寺庙之一禅林寺，寺院周围矗立着 13 株古银杏，其中一株树心虽腐朽却又在洞腹中生出一株，母子合一共擎苍天，给人以神秘莫测之感，寺庙碑文载："先有禅林后有边（作者注：边，指长城），银杏还在禅林前。"清代进士史朴留诗赞曰："五峰高峙瑞去深，秦寺云昌历宋金。代出名僧存梵塔，名殊常寺号禅林。岩称虎啸驯何迹，石出鸡鸣叩有音。古柏高枝银杏实，几千年物到而今。"北京西山大觉寺无量寿佛殿前有 2 株辽代栽植的古银杏，比潭柘寺的"帝王树"还高出一截，巨冠参天，荫布满院，人称"银杏王"，乾隆皇帝到此巡视时曾为它的雄姿题诗："古柯不计数人围，叶茂枝孙绿荫肥。世外沧桑阅如幻，开山大定记依稀。"扬州瘦西湖畔小金山景区的"枯木逢春"景点：两片古银杏的残躯，一大一小，一高一矮，色泽古朴，参差互望，脚下掇以山石，配之天竺，围护低栏；顶空攀一蔓凌霄，春来盎然的绿叶繁茂，夏至如火的红花欢腾，其独到匠意令人叫绝，其深邃意念给人启迪。

图 6-41　山东莒县浮来山古银杏

山东莒县浮来山古银杏树"十亩荫森更生寒，秦松汉柏莫论年"，冠似华盖，气势磅礴，号称"天下银杏第一树"（图 6-41）。《左传》记载："鲁隐公八年，九月辛卯，公及莒人盟于浮来。"指春秋时期莒国君莒子与鲁国君鲁侯在银杏树下结盟修好一事；清顺治甲午年间（公元 1654 年），宫守陈全国赋诗："莫看银杏树参天，阅尽沧桑不计年。汉柏秦松皆后辈，根蟠古佛未生前。"并在树下立碑志铭："大树龙盘会鲁侯，烟去如盖笼浮丘。形分瓣瓣莲花座，质此层层螺髻头。史载皇王已廿代，人经仙释几分流。看来今古皆成幻，独子长生伴客游。"据传为东汉道人张道陵手植，仰首目测高达数十米，拉手合抱足有五围，树旁古碑上刻着："状如虬怒势如蠖曲，姿如凤舞气如龙蟠。垂乳欲滴状若玉笋，苍翠四荫雅若图卷。"

● 槐树 （*Sophora japonica*）

蝶形花科，槐属。落叶乔木，树高可达 30m。树皮灰黑色，粗糙纵裂，无顶芽；小枝绿色，皮孔明显。奇数羽状复叶，小叶 9～15 枚，卵状长圆形，背面灰白色，疏生短柔毛。花期 7～8 月，总状或圆锥状花序顶生，萼钟状，有 5 小齿；花冠黄白色，旗瓣阔心形，有短爪并有紫脉，翼瓣龙骨瓣边缘稍带紫色。果熟期 10～11 月，荚果念珠状，肉质不裂，经冬不落；种子 1～6 枚，肾形。对气候生态因子要求不严，性耐寒，分布范围广，南、北方均可种植；性喜光，稍耐阴。深根，较耐瘠薄；不耐水湿而抗旱，在低洼积水处生长不良。对土壤酸碱度适应性广，在石灰及轻度盐碱地（含盐量 0.15% 左右）上也能正常生长，对二氧化硫、氯气等有毒气体有较强的抗性。

槐树绿荫如盖，花果兼赏，且树冠宽广，枝叶繁茂，寿命长，历来作为行道树及庭荫树栽植，也是优良的蜜源植物。山东泰安岱庙前和北京植物园的古槐虽老态龙钟，仍生机盎然（图6-42、图6-43）。速生性较强，材质坚硬，有弹性，纹理直，易加工，耐腐蚀；花蕾可作染料，果肉能入药，种子可作饲料等。性强健，萌芽力及抗污染能力都很强，又是防风固沙、用材及经济林兼用的良好树种。白居易诗云："人少庭宇旷，夜凉风露清。槐花满院气，松子落阶声。"花蕾可食，果实能止血、降压，根皮、枝叶药用治疮毒；槐角的外果皮可提饴糖等，木材供建筑或制农具和家具用。

图6-42　山东泰安岱庙前古槐树

图6-43　北京植物园百年古槐树

● 广玉兰（*Magnolia grandiflora*）

又名荷花玉兰。木兰科，木兰属。常绿乔木，树高达30m，冠卵状圆锥形，芽及小枝有锈色柔毛。叶厚革质，长椭圆形，表面深绿有光泽，背面密被锈色绒毛。花期5～6月，花大，生于枝顶，花瓣通常6枚，也有9～12枚，白色，有芳香；萼片花瓣状，3枚（图6-44）。果熟期10月，聚合果圆柱状卵形，密被锈色毛，种子红色。原产北美东部，我国长江流域以南地区广为栽培。喜光，喜温暖湿润气候，亦有一定的抗寒力，能经受短期-19℃低温而叶部无明显损伤，但长期受-12℃低温则叶受冻害。喜

图6-44　广玉兰

肥沃、湿润而排水良好的酸性或中性土壤，在干燥、石灰质、碱性及排水不良的黏性土壤中生长不良。根系深广，抗风能力强，生长速度中等，抗烟尘及二氧化硫能力强，病虫害发生少。

广玉兰树姿雄伟壮丽，叶厚而有光泽，枝茂叶浓，花大清香，其聚合果成熟后开裂露

图 6-45　扬州何园百年广玉兰树

出鲜红色的种子也颇美观，为优良的叶、花、果兼赏型常绿阔叶树种，是湖北荆州、江苏常州、安徽合肥的市树，在园林绿化中被广泛用于行道树、庭荫树，也宜单植在宽广开阔的草坪上或配植成观花的树丛。不耐移植，以春季 3 ～ 4 月芽萌动期带土球进行为宜，为提高成活率，在不破坏树形的原则下适当疏枝摘叶并作裹干处理。扬州何园的广玉兰超过 130 岁，仍生机勃勃（图 6-45）。

● **皂角**（*Gleditsia sinensis*）

又名皂荚。云实科，皂角属。落叶大乔木，树高 15 ～ 30m。干皮灰黑色，浅纵裂，干及枝条常具刺，圆锥状多分枝，粗而硬直；小枝灰绿色，皮孔显著。偶数羽状复叶，互生小叶 4 ～ 7 对，卵状披针形，薄革质，边缘有细锯齿。花期 5 ～ 6 月，花杂性，总状花序腋生及顶生，花部有细柔毛；花萼钟状 4 裂，被绒毛形，花瓣 4 枚，淡黄白色。果熟期 9 ～ 10 月，荚果呈扁长的剑鞘状，平直肥厚，质硬，略扭曲，有短果柄或果柄痕（图 6-46）；熟时表面深紫棕色至黑棕色，被灰色粉霜，种子所在处隆起，两侧有明显的纵棱线，摇之有响声，果皮剖开后断面黄色，纤维性，气特异，有强烈刺激性，味辛辣；种子多数扁平，长椭圆形，有光泽。产我国黄河流域及其以南地区低山丘陵地带，北至河北，西到川贵，南达两广有分布。喜温暖湿润气候，抗寒性较强，耐霜。喜光，较耐阴。土壤适应性强，在石灰质及盐碱土壤中也能正常生长。深根性，抗风，抗旱；生长速度较慢，寿命较长，可达 600 ～ 700 年以上（图 6-47）。

图 6-46　皂荚（荚果）

图 6-47　泰州溱潼古皂荚树

彩色叶栽培品种：金叶皂角（'Sunburst'），树高约 10m，无枝刺。幼叶金黄，成熟叶浅黄绿色，夏季叶黄绿明亮，至秋季叶色转为金黄。

皂角树冠广裘，叶密荫浓，极少有病虫害，宜作行道树或庭荫树使用；秋叶金黄，果实奇特，又是优良的景观树种选择，可孤植于草坪中，丛植于小山坡，生长寿命和结实期可长达数百年。

河南郑州金水区姚桥乡来潼寨村发现一株 3 人合抱不过来的古树（图 6-48），高 20m，胸径 2m，树冠遮盖近 1 亩地。材质较坚硬，耐腐耐磨，纹理直，不易开裂，可作建材。荚果富含皂荚素等天然活性成分，泡沫丰富，对皮肤无刺激，可以用来洗涤丝绸及贵重金属，配制农药作杀虫剂。近年来，美国、加拿大、巴西、法国、意大利、澳大利亚及东欧国家纷纷建立"皂荚园"，广泛地用于城乡景观林、农田防护林、草场防护林、工业原料林、水土保持林。

图 6-48　河南姚桥乡古皂荚树
（来源：河南商报）

同属种：绒毛皂荚（*G. japonica* var. *vestita*），树高 15～20m，具粗壮、分枝的棘刺；1 年生枝黄褐色，散生黄白色皮孔。偶数羽状复叶，常数叶簇生于短枝上。花期 5～6 月，花两性、单性或杂性，排成总状花序生于短枝上，花序轴密被黄褐色柔毛；萼片和花瓣外面均密被金黄色绒毛，子房密被银白色绒毛。果熟期 10～11 月，荚果长条形，不规则扭曲，密被金黄色绒毛，成熟后不开裂。产地分布于湖南（南岳），在山地常绿落叶阔叶混交林的下界，生于山谷东南坡林缘及溪边较为空旷的地方。绒毛皂荚为极稀少的树种，树冠优美，密被金黄色绒毛荚果悬垂枝头，微风吹动金光闪闪，甚为美观，宜作为庭园观赏树种。

图 6-49　紫薇（百岁古盆景）

● **紫薇**（*Lagerstroemia indica*）

又名光皮树、痒痒树。千屈菜科，紫薇属。落叶灌木或小乔木，树高可达 7m。树冠不整齐，枝干多扭曲（图 6-49）。树皮淡褐色，薄片状剥落，树干特别光滑。小枝四棱，无毛。叶对生或近对生，椭圆形至倒卵状，具短柄。花瓣 6 枚，色粉或红，花期 6～9 月。产亚洲南部及澳大利亚北部，我国华东、华中、华南及西南均有分布，大部地区普遍栽培。喜光，稍耐阴；喜温暖气候，耐寒性不强；喜肥沃、湿润而排水良好的石灰性土壤，耐旱，怕涝。

栽培变种：①银薇（*f. falba*），花白色或微带淡堇色，叶色淡绿。②翠薇（*f. rubra*），花紫堇色，叶色暗绿。

紫薇花色艳丽，有白、紫、堇、红及不同深浅的变化，花朵繁茂，花期特长，有"紫茼开最久，烂漫十旬期，夏日逾秋序，新花继故枝"的赞诗和"百日红"、"满堂红"等美称："似痴如醉丽还佳，露压风欺分外斜。谁道花无红百日，紫薇长放半年花。"（宋·杨万里）树身如有微小触动，枝梢就颤动不已，确有"风轻徐弄影"的风趣，故被称为痒痒树。树姿优美，树干古朴，最适植于院侧、亭旁、山边，三五成丛，景观绝佳；作行道树栽植别具风格，饶有情趣。萌蘗性强，寿命长，不乏千年古树、老桩，也是制作盆景的上佳选择（图6-50、图6-51）。

图6-50 江苏常州艺林园古紫薇盆桩　　　图6-51 扬州瘦西湖百年紫薇

● **紫藤**（*Wisteria sinensis*）

又名藤萝。蝶形花科，紫藤属。落叶大藤木，干皮灰白色，有浅纵裂纹，小枝被柔毛。奇数羽状复叶互生；小叶7～13枚对生，卵形或长圆形，幼叶两面密被平伏柔毛，老叶近无毛。花期4～5月，3月现蕾，4月开花，总状花序每轴着花20～80朵，呈下垂状，花冠紫色或蓝堇色。果熟期9～10月，荚果具喙，长条形，木质，表面密被黄色柔毛，内含扁圆形种子1～3粒。产于辽宁、内蒙古、河北、河南、山西、江苏、浙江、安徽、湖南、湖北、广东、陕西、甘肃及四川。较耐寒，性喜光，略耐阴；主根深，侧根少，不耐移栽。

喜深厚肥沃的沙壤土，有一定耐干旱、瘠薄和水湿的能力。实生苗最初几年呈灌木状，长出缠绕枝后能自行缠绕。萌蘖性强，寿命极长，一般可达数百年（图 6-52、图 6-53）。

紫藤勾连盘曲、攀栏缠架，《花经》曰："紫藤缘木而上，条蔓纤结，与树连理，瞻彼屈曲蜿蜒之伏，有若蛟龙出没于波涛间。"初夏时先叶开花，紫花烂漫，李白诗云："紫藤挂云木，花蔓宜阳春，密叶隐歌鸟，香风流美人。"生动地刻画出了紫藤美丽的姿态和迷人的风采。盛暑时则浓叶满架，荚果累累，多用以攀缘门廊和拱形建筑，构成围屏；在工矿企业可用其攀缘漏空柱架，垂直绿化景观效果极佳。紫藤作为原产我国的著名观花绿荫藤本植物，是国内外普遍应用的最华美的藤木之一，暮春时节，吐艳之时，但见一串串硕大的花穗垂挂枝头，紫中带蓝，灿若云霞，秋后荚果空悬别有情趣，难怪古往今来的画家都爱将紫藤作为花鸟画的好题材。

苏州拙政园内有一株文徵明手植的明代紫藤，其茎蔓直径 20 多厘米，枝蔓夭娇盘曲，鹤形龙势，攀架缘墙，垂蔓墙外，花开烂漫，虽经五百年依然明艳照人；旁立光绪三十年（1904 年）江苏巡抚端方题写的"文衡山先生手植藤"青石碑（图 6-54）。名园、名木、名碑，被朱德元帅的老师李根源先生誉为"苏州三绝"之一，具极高的人文旅游价值。

同属种：①白花紫藤（*W. venusta*），成熟叶两面均有毛，小叶 9～13 枚；花白色，种荚有毛。②多花紫藤（*W. floribunda*），又名日本紫藤，小叶 13～19 枚。总状花序可达

图 6-52　古紫藤伞状栽培

图 6-53　古紫藤树桩盆景

图 6-54　苏州拙政园明代紫藤

50 cm，花冠紫或蓝紫色，芳香，与叶同放。原产日本，我国长江流域以南多见有栽培。③美丽紫藤（*W. formosa*），日本紫藤与中国紫藤的杂交种，浓香，先叶开花，小叶 7 ～ 13 枚。

（四）市树市花，情独钟

作为一种先进的文化形态，目前世界上许多城市都有属于自己的市花、市树，在我国660 多个城市中 160 多个城市有自己的市花，几十个城市有市树。

1. 市树、市花的意义

市树、市花是城市形象的重要标志，是城市优秀文化的浓缩，也是城市繁荣富强的象征。依我国的国风民俗，我国现有的市树、市花中，除传统十大名花梅花、牡丹、菊花、兰花、月季、杜鹃、茶花、荷花、桂花、水仙全部有主外，尚有玫瑰、丁香、紫薇、木芙蓉、叶子花、迎春、石榴、栀子花、缅桂、茉莉、木棉、红柳、紫荆、红花檵木、蜡梅、扶桑、刺桐、瑞香、玉兰、广玉兰、凤凰木、杨柳、琼花等数十余种花、果园林树种榜上有名，在园林绿地建植时形成特有的地域生态特色，如：以银杏为市树的有扬州、泰州、鄂州、丹东、成都等，以国槐为市树的有北京、辽阳、兰州、西安、太原、长治、济宁等，以杏树为市树的有抚顺，以秋子梨为市树的有鞍山。以梅花为市花的有武汉、南京、无锡、丹江口、鄂州、梅州、南投，以石榴花为市花的有新乡、黄石、荆门、合肥、南澳岛、连云港、枣庄、十堰、嘉兴、西安。

市树、市花不仅能代表一个城市独具特色的人文景观、文化底蕴、精神风貌，体现人与自然的和谐统一，而且对带动城市相关绿色产业的发展，优化城市生态环境，提高城市品位和知名度，增强城市综合竞争力，同样具有重要的现实意义和深远的历史意义。

1985 年 7 月 18 日，扬州市第一届人大常委会 16 次会议决定，琼花为扬州市市花，银杏、柳树为扬州市市树；2003 年 3 月 21 日，扬州市第五届人大常委会 1 次会议决定《茉莉花》为扬州市市歌；2005 年 1 月 5 日，扬州市第五届人大常委会 12 次会议增补芍药为扬州市市花。以杨柳为市树的历史文化名城扬州，不但因其"两岸花柳全依水，一路楼台直到山"的湖上园林风光，绿柳吻水，桃红亲颊，倾倒了无数中外游客；更有李白"故人西辞黄鹤楼，烟花三月下扬州"的千古名句，烟波浩渺，柳絮飞扬，持续了人间的不尽风流，定会使您陶醉其中，乐而忘返（图 6-55、图 6-56）。汉代"杨州"，"杨"字从木不从手；杨州属江南水乡，最宜植柳，故名"杨柳"。隋炀帝开挖运河，筑隋堤，广植柳，并赐柳姓扬，是为"扬柳"；"多情最是扬州柳"，所以扬州因柳而名，杨柳也成了扬州的市树：风光明媚，说不尽的碧玉风范；水天焕彩，道不完的含情清幽。长堤的柳，树体痴肥臃肿，斜倚水面倾倒碧波风光；长堤的柳，枝条纤巧如丝，风拂水抚更见情致飞扬。烟花三月信步长堤，呼吸着湖面吹来的清新空气，感受着柳絮如烟的漫天情怀，正如"长堤春柳"亭联所书"佳气溢芳甸，宿云澹野川"，清爽的空气充溢遍满芳草的旷野，宁静的云朵浮映绿野郊外的河流。人行其中，必然有"沾衣欲湿桃花雨，吹面不寒杨柳风"的愉悦之感。

绿帘如梦情趣悠

倩影入水画意浓

烟花三月下扬州

柳絮拂面春风柔

图 6-55　扬州市树——垂柳（轻枝曼舞秀窈窕）

玉蝶祥舞闹新春

贵籽满堂喜庆秋

琼花芍药双姝喜逢

垂柳琼花双亲喜舞

图 6-56　扬州市花——琼花（琼枝玉树祥蝶舞）

2．市树、市花的确定

市树、市花是经城市居民投票选举并经过市人大常委会审议通过而命名的，是受到大众广泛喜爱的，也是比较适应当地气候条件和地理环境的园林植物，其本身所具有的象征意义也上升为该地区文明的标志和城市文化的象征。因此，弘扬市树、市花的品格象征，推广市树、市花的景观应用，不仅满足了市民大众的精神文化需求，而且也赋予城市浓郁的特定文化气息，更犹如一张精彩绝伦的城市名片，打造出特有的生态韵味和环境魅力。

1982 年 4 月 19 日南京市第八届人大第二次会议通过了梅花为南京市花的决议，市区内外掀起植梅高潮，出现了"梅花路"（北京西路）、"梅海凝云"（浦口珍珠泉风景区）、"梅花岭"（古林公园）、"梅花品种园"（中山陵园）、"梅园"（花神庙）等赏梅胜地。南京地区种植、观赏梅花的记载始自南朝，《金陵志》载东郊灵谷寺在明朝就有个著名的"梅花坞"："梅花之盛无如灵谷坞中，金一坞之梅，参差错落不下千株。"南京梅花山自 1929 年成立总理植物园，种植梅花 60 余种，此后与苏州邓尉、无锡梅园成为江苏三大赏梅胜地，在国内外颇具盛名。每当早春时节，万株梅花竞相开放，层层叠叠，云蒸霞蔚，使数十万海内外踏青赏梅的游人沉醉其中，流连忘返。1958 年以后，南京中山陵园管理处在梅花山开辟了 100 多亩荒山，大量栽植了'猩猩红'、'骨里红'、'照水'、'宫粉'、'跳枝'、'千叶红'、'长枝'、'胭脂'、'玉碟'、'送春'等珍贵品种，其中"别角晚水"全国独此一株，尤为珍贵。1992 年以来东辟新园形成千亩园、万株梅，230 多品种盛花之时，繁花满山，香飘数里，配植的樱花、合欢、池杉等花果树木又弥补了季节变化而造成的空白，南京梅花山正以其得天独厚的自然和人文优势吸引越来越多的海内外游人，逐渐成为全国的梅文化中心，在南京完成国际登录的梅花品种也达到了 110 余个。此外，利用溧水县已有的傅家边千亩果梅园，改造形成了较大规模的赏梅景区，并成为近年来南京市梅花节的分会场（图 6-57）。

俏也不争春　　　　　　　　　　　　　　　傲雪香自来

图 6-57　省花、市花（梅）

梅山花海潮

梅园古佳宝（无锡梅园）

南京市花——梅花（满园春色如海潮）　　　世界文化遗产"明孝陵"之"梅花山"

上海市花——白玉兰

北京市花——月季

图6-57　省花、市花（一）

哈尔滨市花——丁香

江苏省花——茉莉

香港区花——洋紫荆

广州市花——木棉

图 6-57　省花、市花（二）

3. 世界的国树、国花

国树、国花是代表国家的群众性表征，一般选择本国特有且极有观赏价值的花木为宜，从这个意义上讲，评选国树、国花应该是件很严肃的事情；但同时国树、国花又是不上宪法的，与国旗、国歌、国徽、国都和国语等有本质差异。世界各国的国树、国花多由民间推选，以约定俗成为准，政府行政认可，现列属于木本植物的国花略览如下（图 6-58）。

亚洲：朝鲜——杜鹃花（金达莱），韩国——木槿，日本——樱花，老挝——鸡蛋花，缅甸——龙船花，泰国、巴基斯坦——素馨，马来西亚——扶桑，印度尼西亚、菲律宾——毛茉莉，印度——菩提树，尼泊尔——杜鹃花，伊朗——大马士革蔷薇，伊拉克——月季（红），叙利亚——月季，也门——咖啡，以色列——油橄榄。

欧洲：英国、罗马尼亚——狗蔷薇，保加利亚——玫瑰、突厥蔷薇，比利时——杜鹃花，意大利、卢森堡——月季，希腊——油橄榄，挪威——欧石楠，瑞典——欧洲白蜡，捷克、斯洛伐克——椴树。

非洲：利比亚——石榴，突尼斯——素馨，阿尔及利亚——夹竹桃，摩洛哥——月季，塞内加尔——猴面包树，利比里亚——胡椒，加纳——海枣，苏丹——扶桑，坦桑尼亚——

丁香、月季，加蓬——火焰树，赞比亚——叶子花，马达加斯加——凤凰木、旅人蕉。

　　南美洲：哥伦比亚——咖啡，厄瓜多尔——白兰花，秘鲁——金鸡纳树，阿根廷——刺桐，乌拉圭——商陆、山楂。

　　北美洲：加拿大——糖槭，美国——月季，危地马拉——爪哇木棉，牙买加——愈疮木，海地——刺葵，多米尼加——桃花心木。

　　大洋洲：澳大利亚——金合欢、桉树，新西兰——桫椤、四翅槐，斐济——扶桑。

朝鲜国花——迎红杜鹃（金达莱）

韩国国花——木槿（单瓣红心系列）

老挝国花——黄鸡蛋花

马来西亚国花——扶桑

图 6-58　国花（一）

阿根廷国花——刺桐

日本国花——樱花

图 6-58　国花（二）

4．中国的国树、国花

　　我国目前还没有从法律上定义自己的国树、国花。越是中国这样的大国，越不好评什么之最；连美国这样历史短暂的国家，评选国花也争论了 100 年之久，国会众议院直到1986 年 9 月 23 日才通过玫瑰花为美国国花，且对不同颜色的花作了不同的语义解释。评选国花是盛世之举，但是我国的国花确实不好选：一要原产地在中国；二要栽培历史悠久，适应性强，在大部分地区有影响；三要花品、花姿、花色能反映中华民族优秀传统和民族性格；四要用途广泛，自身价值高，社会、环境、经济效益明显。大多数人倾向于用牡丹作为我国国花，"国色朝酣酒，天香夜染衣"，因其雍容大度、华丽富贵，在唐代又被誉为"花王"。中国的封建帝王和普通百姓都喜欢牡丹花，它象征着富贵荣华，寄托对生活的祝愿；读书人、知识分子（即士子）并非不喜欢牡丹，只是士子作为国家的良心和民族的元气，不贪图迷恋荣华富贵而更看重磨砺意志、砥砺气节，因而更钟情梅花。翻阅中国历代咏花诗，咏牡丹的佳句较少，而咏其他花的则琳琅满目、不可胜数。中国历史动荡、社会复杂，历朝历代得意的人总是少数，大多数人未能施展抱负，因此对牡丹有一种隐隐约约的疏离，即心灵中共同的语言少，而对梅、兰、菊、荷等有亲近感，有情感的默契，有意志的知音，有节操的共鸣。清末，1903 年曾从外国俗，定牡丹为国花，1915年《辞海》载：我国向以牡丹为国花；1929 年国民政府确定梅花为国花，似乎论据乏力，后来也就没人再提了。1994 年我国举行盛大的国花评选，报牡丹为国花，兰、菊、荷、梅为"四季名花"，但全国人大常委会终因分歧太大未作出决议；事隔十多年，每逢两会总有代表和委员提出选国花，有关方面也多次动议评选，但至今未果。牡丹可以代表黄河流域的花卉，梅花可以代表长江流域的花卉；且牡丹是世俗爱物，梅花为雅士钟情。目前互联网上开展的国花评选中，牡丹和梅花各以 40% 支持率位居其榜首，陈俊愉院士说："从这个意义上讲，根据一南一北、一东一西的原则选择牡丹和梅花作为双国花应该是可取的（图 6-59）。"

河南洛阳'牡丹王'

湖北保康'紫斑帝'

洛阳牡丹国家种质资源圃

图 6-59　牡丹（国色天香傲群芳）

银杏于 2006 年被确定为江苏省树，也是 2008 年国树评选中得票最多的树种。作为扬州市的市树，在扬州城区古树名木资源中树龄最长，数量最多，地位显赫，景观了得。文昌中路与淮海路交叉处的中心绿岛中雄踞着一株树龄 1200 余年的唐代银杏，树高 15m，需 6 人合抱，主干虽曾遭雷击开裂为二，但在城市园林部门精心细致的管理养护下，树冠苍翠挺拔，傲首苍穹，著名诗人艾煊评价："它是扬州城市的载体，它是扬州文化的灵魂，它是一座有生命的扬州城的城标。"衬卫静座西侧的千年石塔，博怀迎宾，谦礼送客，成为旅游名城的特色街景，特别是深秋季节金冠灿烂，更引游人交口赞叹，江泽民同志欣然题词"春风十里新画幅，唐杏明楼好文章"。银杏也是江苏省泰州市和泰兴市（县）的市树，泰兴是闻名遐迩的"银杏之乡"，古银杏、银杏定植数以及银杏产量、品质均居全国之冠。1995 年 6 月，全国人大常委会副委员长田纪云欣然题词"银杏第一市"；1996 年春，国务院发展研究中心市场经济研究所在"中华之最"评选中授予其"中国银杏之乡"称号。

- **银杏**（*Ginkgo biloba*）

又名白果、公孙树。银杏科，银杏属。本属仅 1 种，我国特有新生代第四纪冰川期孑遗植物，人称"活化石"；最早出现于 3.45 亿年前的石炭纪，中生代侏罗纪曾广泛分布于北半球的欧、亚、美洲，白垩纪晚期开始衰退。落叶乔木，树高可达 40m，胸径可达 4m。幼树树皮近平滑，浅灰色，大树之皮灰褐色，不规则纵裂，有长枝与生长缓慢的矩状短枝。叶互生，在长枝上辐射状散生，在短枝上 3～5 枚成簇生状，有细长的叶柄；扇形，淡绿色，在宽阔的顶缘多少具缺刻或 2 裂，具多数叉状并列细脉。花期 4 月上中旬至 5 月，球花单生于短枝的叶腋，雌雄异株：雄球花成荑黄花序状；雌球花长梗端常分 2 杈（稀 3～5 杈），杈端生一具有盘状珠托的胚珠。种子核果状，椭圆形、长圆状倒卵形、卵圆形或近球形，具长梗，下垂；假种皮肉质，被白粉，9 月下旬至 10 月上旬成熟，淡黄色或橙黄色。种皮骨质，白色，常具 2（稀 3）纵棱；内种皮膜质，淡红褐色。分布于亚热带季风区，我国普遍栽培，日本亦产；浙江天目山，湖北大别山、神农架等地有野生、半野生状态的群落，水热条件比较优越：年平均温 15℃，极端最低温可达 -10.6℃，年降水量 1500～1800mm，土壤为黄壤或黄棕壤，pH 值 5～6；伴生植物主要有柳杉、金钱松、榧树、杉木、蓝果树、枫香、天目木姜子、香果树、交让木、毛竹等，在湖北和四川的深山谷地发现与水杉、珙桐等孑遗植物相伴而生。

银杏叶形古雅、姿态优美，生长较慢、寿命绵长，被列为中国四大长寿观赏树种（松、柏、槐、银杏）；独特的扇形叶深秋溢满金光，不但是优秀的行道树，也是著名的庭荫树、园景树；作行道树应用多选择雄株，自然式生长，以求高耸挺拔的树姿；现代栽培应用中有用高枝嫁接、规则式的树冠整形，3～5 杈不等，雄健壮美，入景入画（图 6-60）。适应性强，抗烟尘，抗火灾，抗有毒气体，是公路、田间林网、防风林带的理想栽培树种，也是目前公认的最具抗污染特性的优良树种。据报载：1945 年日本广岛、长崎遭原子弹爆炸后数年内寸草不生，而最先从废墟中神奇般复活的就是银杏。银杏生命力强，易于嫁接繁殖和整形修剪，树干虬曲，叶形奇特，是制作盆景的优质材料，清供案头、古特幽雅、野趣横生、怡情怡目。扬州盆景博物馆藏品"活峰破云"高约75cm，采用数百年树体上的"树乳"培育加工而成，极为罕见，1982年被邮电部出版的第一套《中国盆景》邮票收入。

金光大道

金甲地毯

活峰破云

古木参天

图 6-60　银杏景观

　　银杏种实具有天然保健作用，长期食用能够延缓衰老，益寿延年，在宋代被列为皇家贡品；日本人有每日食用白果的习惯，西方人圣诞节必备白果。宋代梅尧臣《答友人》描述："北人见鸭脚，南人见胡桃；识内不识外，疑若橡栗韬。鸭脚类绿李，其名因叶高。吾乡宣城郡，多此以为豪。种树三十年，结籽防凶猱。剥核手无肤，持置宫省曹。今喜生都下，荐酒压葡萄。初闻帝苑夸，又复王第褒。累累谁采掇，玉碗上金鳌。"叶片具有极优的保健和药用功能，精选三龄以上银杏叶等名贵中草药配制成健康枕，能改善人体呼吸，提高睡眠质量，长期使用可预防与治疗心血管疾病，是在中老年时期维持正常心脏输出量及神经系统功能的天然物质。材质细密、坚韧，可结合经济栽植广为应用。

　　主要栽培变种：①垂枝银杏（var. *pendula*），枝条下垂；②塔形银杏（var. *fastigiata*），枝向上伸，形成圆柱形或尖塔形树冠；③斑叶银杏（var. *variegata*），叶有黄斑；④黄叶银杏（var. *aurea*），叶黄色；⑤叶籽银杏（var. *epiphylla*），部分种实着生在叶片上，叶柄和种柄合生，种子小而形状多变。

- **垂柳（*Salix babylonica*）**

又名清明柳、线柳等。杨柳科，柳属。落叶乔木，树高可达 18m，胸径 1m。树冠倒广卵形；树皮粗糙，淡黄褐色，不规则开裂；小枝细长、下垂，叶互生，披针形或条状披针形，托叶披针形。花期 3～4 月，雌雄异株，柔荑花序；果熟期 4～5 月，种子细小，外被白絮。主要分布于长江流域及其以南各省区平原地区，华北、东北有栽培；亚洲、欧洲及美洲许多国家都有悠久的栽培历史。垂直分布在海拔 1300m 以下。性喜光，较耐寒；喜温暖湿润气候及潮湿深厚之酸性、中性土壤，较耐盐碱。特耐水湿，被水淹 160 天后的保存率仍达 80% 以上，是平原水边常见树种，低湿滩地的主要园林绿化树种，也是水土保持的重要护岸树种。根系发达，亦能生于土层深厚之高燥地区；生长迅速，萌芽力强，树干易老化，30 年后渐趋衰老。

垂柳姿态婆娑、清丽潇洒，唐代唐彦谦《垂柳》云："绊惹春风别有情，世间谁敢斗轻盈？楚王江畔无端种，饿损纤腰学不成。"不仅惟妙惟肖地写活了客观外物之柳，又含蓄蕴藉地寄托了诗人愤世嫉俗之情，是一首韵味很浓的咏物诗，体态轻盈、翩翩起舞、风姿秀出的垂柳，却栩栩如生，现于毫端。"绊惹"，撩逗的意思，垂柳像调皮的姑娘那样；在春光明媚、芳草如茵、江水泛碧的季节，垂柳绊惹着春风，时而鬓云欲度，时而起舞弄影，真是婀娜多姿、别具柔情。明代杨慎《升庵诗话》举了唐宋诗中用"惹"字的四例"皆绝妙"："杨花惹暮春"（王维），"古竹老梢惹碧云"（李贺），"暖香惹梦鸳鸯锦"（温庭筠），"六宫眉黛惹春愁"（孙光宪）。其实，唐彦谦的"绊惹"列入"绝妙"之中，当亦毫无愧色。"世间谁敢斗轻盈？"暗以体态轻盈的美人赵飞燕自喻，肯定了垂柳的美是无与伦比的；以垂柳自夸的口气写出其纤柔飘逸之美，更显出了恃美而骄的神情。

垂柳倒映满幅水波情影，多植于河、湖、池畔，常与碧桃、紫叶桃等配植，桃红柳绿，一派明媚春光；白居易有"一树春风千万枝，嫩于金春软于丝"的名句，形象地勾勒出垂柳的春意柔姿。垂柳发芽早，落叶晚，作园景树栽植多倚亭榭，傍山石，刚柔相济更显婀娜妩媚，别有风致（图 6-61）。在城市及人群密集区应用时多选择雄株，以免雌株春季大

绿绦如帘　　　　　　　　　　　　　秋韵静怡

图 6-61　垂柳风姿

量产生柳絮，导致部分人群呼吸道过敏。此外，垂柳对有毒气体抗性较强，并能吸收二氧化硫，故也适用于工厂区绿化和近郊人流量稀疏处作行道树栽植。垂柳因发芽较早，为避春寒低温威胁，栽植以秋季落叶后进行为宜；生命周期较短，易衰老，栽培中通常采用头状整枝的修剪手法予以更新、复壮。

- **牡丹**（*Paeonia suffruticosa*）

又名木芍药、洛阳花、谷雨花、鹿韭等。毛茛科，芍药属。落叶灌木，株高1～2m，老干可达3m；叶互生，二回三出羽状复叶。花期5月上旬至中旬，花单瓣至重瓣，花冠直径15～30cm，花色有红、粉、黄、白、绿、紫等。蓇葖果7～8月成熟，外果皮有毛，始为绿色，成熟时为蟹黄色，过熟时果角开裂；种子类圆形，黑褐色。单瓣花结果五角，每角结籽7～13枚；重瓣花一般结果1～5角，但种子仅有部分成实，或完全不实；千瓣花类不结果。原产我国西北，河南洛阳、山东菏泽、四川彭县盛产。性宜凉爽，畏炎热，喜燥忌湿。根入药称"丹皮"，可治高血压，除伏火，清热散瘀，去痈消肿等；花瓣可食用，味鲜美。

牡丹因以色丹者为上，虽结子而根上犹生苗，故得名。牡丹色彩华丽，芳香浓郁，历代被人们视为富贵吉祥，繁荣兴旺的象征，被盛赞为"意夸天下无双艳，独立人间第一香"，委实令人心醉神迷："庭院深深，异香一片来天上。傲香迟致，百卉皆推让。忆昔西都，姚魏声名旺。堪惆怅，醉翁何往，谁与花标榜？"唐玄宗时，李白赋《清平乐》3首极写纯白、红紫、浅红等三色牡丹的丰姿秀色，以牡丹之美赞誉杨贵妃之美貌（宋·乐史《杨妃外传》）："云想衣裳花想容，春风拂槛露华浓。"唐敬宗时，李正封咏牡丹诗云："国色朝酣酒，天香夜染衣。"因其雍容大度、丰姿绰约被誉为"花中之王"。有关奇闻轶事甚多，最为人所传诵的是：武则天在长安游后苑时，见百花俱开，独牡丹不放，一怒之下将牡丹贬至洛阳；可谪居洛阳的牡丹"不特芳姿艳质足压群芳而劲骨刚心尤高出万卉"，反倒因此名扬四海了。"何人不爱牡丹花，占断城中好物华。"牡丹栽培品种，从花型上根据花瓣层次的多少分为三类十二型：即单瓣类、重瓣类、重台类，单瓣型、荷花型、菊花型、蔷薇型、托桂型、金环型、皇冠型、绣球型、菊花台阁型、蔷薇台阁型、皇冠台阁型、绣球台阁型。在花色上以八大色著称，如白色的'夜光白'，蓝色的'蓝田玉'，红色的'火炼金丹'，墨紫色的'种生黑'，紫色的'首案红'，绿色的'豆绿'，粉色的'赵粉'，黄色的'姚黄'，还有花色奇特的'二乔'、'娇容三变'等（图6-62）。香型一般为白色具多香，紫色具烈香，黄粉具清香，"嗅其香便知其花"。

牡丹文化已成为中华文明中最灿烂的明珠之一，历代涉及牡丹的诗词、歌赋、

图6-62　牡丹（'姚黄'）

小说、戏曲以及绘画、雕塑等蔚为大观，以其独特的观赏价值和文化内涵成就了我国最早的牡丹专著《洛阳牡丹记》（宋·欧阳修），英国博物学家达尔文在《动植物在家养状况下的变异》也特别提到了中国的牡丹。明清两代以亳州和曹州牡丹驰名中外，如今大面积栽培的有山东菏泽、河南洛阳、北京、甘肃临夏、四川彭州、安徽铜陵等地，最大的观赏胜地在河南洛阳，最大的销售地在广东（包括港澳），上海、南京、杭州等地都有较大规模的牡丹园。洛阳人工栽培牡丹的历史始于隋，盛于唐，甲天下于宋；北京地区种植牡丹较普遍，新中国成立后又从菏泽、洛阳引进不少品种，号称"牡丹冠绝京华"；蜀中牡丹以彭州为盛，代表品种有'泼墨香'、'紫重楼'、'玉重楼'、'粉面桃花'、'鱼血牡丹'、'七蕊牡丹'（寒牡丹）、'彭州紫'、'刘师阁'等40余个。

● **梅花**（*Prunus mume*）

又名春梅、红梅。蔷薇科，李属。落叶小乔木，少有灌木，树高可达5～6m。树冠开展，树干褐紫色，有纵驳纹；小枝细长，枝端尖，绿色，无毛。叶宽卵形或卵形，叶柄短。花多在冬季或早春1～2月先叶开放，花梗短，1～2朵生于枝梢，单瓣或重瓣，白色、红色或淡红色，有芳香；萼筒钟状，有红、暗红及绿色等（图6-63、图6-64）。果熟期5～6月，核果近圆球形，黄色或带绿色。原产于我国，野生于西南山区，曾在海拔1300～2500m（四川汶川）、1900～2000m（丹巴）、1900m（会理）、300～1000m（湖北宜昌、广西兴安）以及2100m（西藏波密）沟谷发现野梅。喜温暖而稍湿润的气候，近年通过引种驯化至北京露地栽培获得初步成功；宜在阳光充足、通风凉爽处生长，忌在风口栽植。对土壤要求不严，在山地、冲积平原或微酸性土中均正常生长；耐瘠薄土壤，但以表土厚而疏松、稍带黏性的矿质壤土上生长健壮，花果繁茂。性耐旱畏涝，于土质过于黏重而排水不良的低地最易烂根致死。

梅花为我国传统名花之一，千古朴苍劲，枝倩影扶疏，花暗香浮动，意韵味无穷，自古至今深得所宠（图6-63）。南宋著名词人陆游的《卜算子·咏梅》流传至今："驿外断桥边，寂寞开无主。已是黄昏独自愁，更著风和雨。无意苦争春，一任群芳妒。零落

图6-63　红梅景观（傲雪、闹春）

成泥辗作尘，只有香如故。"毛泽东读陆游咏梅词，反其意而用之：

> 风雨送春归，飞雪迎春到。
> 已是悬崖百丈冰，犹有花枝俏。
> 俏也不争春，只把春来报。
> 待到山花烂漫时，她在丛中笑。

古人说的"梅花报春"就因为它是二十四番花信中的第一名，在严寒中开百花之先，独天下而春，因此又常被作为传春报喜的吉祥象征，最宜植于庭前、宅旁，孤植、丛植均美，群植"梅花绕屋"尤著；"岁寒三友"的构景，应以梅花为前景，松为背景，竹为客景，可收相得益彰之效。梅树寿命很长，如浙江天台山国清寺隋梅是国内三株最古老的梅树之一，也是国清寺最珍贵的镇寺宝物，经植物学家实地考察，鉴定确认为隋代真品，距今已1400多年，树高10m，冠幅7m，胸径45cm，部分主干已腐朽，半依斜靠院墙之上，苍虬多姿。20世纪60～70年代一度枝疏叶凋，生长衰弱，80年代后经寺院和尚精心护理，又老树新花，香气四溢，梅子成熟，结果累累。当代文豪郭沫若有诗："塔古钟声寂，山高月上迟，隋梅私自笑，寻梦复何痴。"邓拓亦有《题梅》诗盛赞："剪叹东风第一枝，半帘疏影坐题诗，不须脂粉添颜色，犹忆天台相见时。"

主要栽培变种：①直脚梅（var. typica），为典型变种，枝条直上或斜伸，花蝶形、萼多紫，有单瓣、复瓣、重瓣多种类型，白、红、紫及红白相间条纹等多种花色。②照水梅（var. pendula），枝下垂，形成独特的伞状树姿。花型、花色变异基本同上，花开时朵朵向下，别有一番趣味。③龙游梅（var. tortuosa），枝条自然扭曲如龙形。花碟型，复瓣，白色，现仅记载1个品种。④杏梅（var. bungo），枝叶俱似山杏与杏，抗寒性较强，当系梅与杏或山杏之天然杂交种。花期较晚，花托肿大，杏花型复瓣花，水红或玫瑰红色，几无香味。⑤樱李梅，仅一型即美人梅（Armeniacamume Beautymei），为红叶李（P. cerasifera fatropurpurea）和宫粉梅（P. mume 'Alphanda'）的远缘杂交种，落叶小乔木或灌木，由法国于1895年育成，1987年由美国加利福尼亚州引入。枝直上或斜伸，小枝细长紫红色；叶互生，似杏叶广卵形至卵形，叶被生有短柔毛。花期3月上旬至4月中旬，先叶或同叶开放。花蝶形，色浅紫，重瓣近20枚，瓣边起伏；萼筒宽钟状，萼片5枚，近圆形至扁圆，花梗呈长垂丝状（图6-65）。喜阳光充足、通风良好、开阔的环境，树荫下或其他光照不足处不宜种植。对轻盐碱也有一定的耐性，水涝和土壤排水不良容易造成生理落叶。抗寒能力强，能耐-30℃极端低温，在北京、太原、兰州、熊岳可露地越冬；抗旱、抗病虫能力强，栽培适应性广，我国大部地区均可栽种。美人梅亮红的叶色和紫红的枝条是其他梅花品种中少见的，既有梅花的花型美观、花朵较大、重瓣、花色娇艳等特点，又有紫叶李开花稠密、叶色紫红的优势，是花叶俱佳的新型观赏花木。适合种植于庭院、广场、孤植、丛植还是成片种植都很适宜，也可盆栽观赏或制作盆景。

美人梅与紫叶李性状的主要区分：①紫叶李嫩叶鲜红色，老叶呈紫红色（光线充

图 6-64　绿萼梅　　　　　　　　　　　　　　　　图 6-65　美人梅

足时）；美人梅嫩叶鲜红色，老叶呈绿色。②紫叶李的花为单瓣，花径较小，无香味，花叶同放；美人梅的花为重瓣，有清香，先花后叶。③紫叶李果实较小，暗红色，果肉薄，味酸涩；美人梅果实较大，鲜红色，果肉较厚，味甘甜，可食用。

● **山樱花（*Cerasus serrulata*）**

　　蔷薇科，樱属。落叶乔木，树高 10～15m。树皮暗褐色，光滑。叶卵形，背面苍白。花期 2 月，先叶开放。花白色或淡粉红色，3～5 朵成短总状花序，无香味；萼筒钟状（图 6-66）。喜光、耐旱，适应性强。根系较浅，忌积水，喜深厚肥沃而排水良好之土壤，对烟尘、有害气体及海潮风抵抗力均较弱。有一定耐寒能力，但栽培品种在北方仍需选小气候良好处种植。嫁接繁殖为主，以桃、李或樱桃为砧。主产我国长江流域，东北、华北以及朝鲜、日本均有分布，变种甚多。常见栽培变种：①重瓣白樱花（f. *albo-plena*），花白色，重瓣，传统栽培品种。②重瓣红樱花（f. *rosea*），花粉红色，重瓣。③红白樱花（f. *albo-rosea*），花重瓣，花蕾淡红色，开后变白色。④瑰丽樱花（f. *superba*），花甚大，重瓣，淡红色，有长梗。⑤垂枝樱花（f. *pentula*），枝开展而下垂，花粉红色，瓣多至 50 枚以上，花萼有时为 10 枚。

图 6-66　山樱花（福建，台湾）

樱花树姿洒脱开展，盛花期或玉宇琼花、堆云迭雪，或满树红粉、灿若云霞，为园景树选择应用中首屈一指的优美观花树种。我国观赏樱花的历史久远，早在秦汉时期，樱花栽培已应用于宫苑之中，唐朝时已普遍出现在私家庭院。唐代诗人白居易："亦知官舍非吾宅，且删山樱满院栽，上佐近来多五考，少应四度见花开"。诗中清楚地说明诗人从山野掘回野生的山樱花植于庭院观赏。"山樱抱石荫松枝，比并余花发最迟，赖有春风嫌寂寞，吹香渡水报人知"。北宋时期著名诗人王安石的这首《山樱》所写的便是赏樱。从多种文献材料中可知，我国古时已确有钟花樱、垂枝樱、山樱、重瓣白樱花等多种类型。现在一提樱花，人们大多想到的是日本，其实日本的樱花是从中国传过去的，这是已经得到专家证实的。

同属种：东京樱花（*C. yedoensis*），小枝幼时有毛。叶背脉及叶柄有柔毛。花期4月，叶前或与叶同放；花白色至淡粉红色，常为单瓣，微香（图6-67）。原产日本，我国广为栽培，尤为华北及长江流域各城市为多。喜光，耐寒，北京能露地越冬。春花满树灿烂甚为美观，但花期很短，仅能保持一周左右即很快谢尽。宜于山坡、庭院、建筑物前及园路旁栽植，周恩来总理当年留学东瀛时曾感赋："万绿中拥出一丛樱，淡红娇嫩，惹得人心醉。"本种尚有光萼、粉萼、重瓣等变种。

栽培变种：日本晚樱（var. *lannesiana*），干皮淡灰色，较粗糙，小枝较粗壮而开展。叶常为倒卵形，背面绿色，无毛，幼叶常带红褐色。花期4月中旬至5月上旬，持续期较长；花大而下垂，重瓣，粉红至近白色，或带黄绿色，芳香；萼钟状，无毛。栽培品种甚多，我国北部及长江流域各地常见园景树或行道树栽植，花开季节娇艳动人。

日本以樱花为国花，有30多种，300多品种，所有公园里满目都是樱花。春回大地时能把列岛唤醒，从南（冲绳）到北（北海道）开得轰轰烈烈，从2月到5月开得沸沸扬扬：早樱二月，冲绳的樱花从1月下旬至2月上旬率先开放，最佳观樱地为名护城遗址，那里有日本最早的樱花节会场；盛樱三月，京都的樱花花期从3月至4月下旬，圆山公园、哲学之道、岚山、醍醐寺等地都能观赏到最具古意的樱花美；雅樱四月，古都在4月迎来樱花的盛开期，奈良公园和吉野山是赏樱最著名的地点；晚樱五月，4月下旬至5月上旬是

图6-67　垂枝东京樱花，上野樱花

去北海道赏樱的良机，松前公园是最先观赏到晚樱靓姿的佳处。

我国武汉是世界三大樱花之都之一，其最著名的东湖樱花园占地150亩，虹桥、叠水、置石等掩映在烂漫樱花丛中，分外妩媚。此外，武汉大学、珞珈山也都是赏樱佳处。韩国首尔的汝矣岛，有一条长达5700m植1400株的樱花大道，每年4月的盛大樱花节，可一睹落英飘零的壮丽景色。美国华盛顿的樱花是日本政府赠送的，这些粉红色的使者经多年培育反而成了当地春天的特色，潮汐湖和华盛顿纪念碑是欣赏樱花的最佳去处。

- **红花羊蹄甲**（*Bauhinia blakeana*）

又名香港紫荆花、洋紫荆。苏木科，羊蹄甲属。常绿小乔木树高达10m。单叶互生，全缘，叶片阔心形，先端2裂深约全叶的1/3，似羊蹄状，故此得名。花期11月至翌年3月，总状花序，顶生或腋生，花萼管状，单侧开裂或佛焰苞状；花瓣5枚，鲜紫红色，间以白色脉状彩纹，其中4瓣分列两侧，而另一瓣则翘首昂头于上方，花形有些像兰花状且有近似兰花的清香，故又被称为"香港兰花树"。因是杂交种，花粉不育或种子不能发芽（图6-68）；不结果，以扦插、分株、压条等方式繁殖。首先发现于香港地区，现分布于云南、广西、广东、福建、海南等南部省区，台湾省也有栽培；印度、越南有分布。喜光，喜暖热湿润气候，不耐寒。喜酸性肥沃的土壤，成活容易，生长较快，寿命约40年。

栽培变种：白花紫荆，花为白色，十分名贵。

香港紫荆花树冠雅致，叶形奇特如羊蹄甲，花大如掌，略带芳香，是热带、亚热带观赏树种之佳品，宜作行道、庭荫、风景树，是广东省湛江市的市花；1967年被引入台湾，并在1984年成为嘉义市的市花及市树。香港紫荆花单朵花期4～5天，整株花期长达近半年，具有花期长、花朵大、花形美、花色鲜、花香浓五大特点。早在1965年已被香港定为市花，1997年特别行政区继续采纳香港紫荆花的元素作为区徽、区旗及硬币的设计图案。中央人民政府赠送的大型青铜雕塑《永远盛开的紫荆花》高6m、重70吨，坐落在香港会展中心新翼的海边，典雅大方，寓意深长，已成为香港的标志之一；香港会议展览中心二期面向维多利亚港的金紫荆广场，广场上有象征香港主权移交的金紫荆雕像（图6-69）。

图 6-68　洋紫荆

图 6-69　金紫荆雕塑

羊蹄甲属植物品种繁多，乔木、灌木、攀缘植物凡数百种，叶端均分裂为2，叶脉生于叶底。洋紫荆的叶、花都跟宫粉羊蹄甲极相似，但开花时便很易识别：深紫色的洋紫荆花期11月至翌年3月，粉红、白或黄色的宫粉羊蹄甲花期则在2～5月（图6-70）。洋紫荆首先在1880年左右于香港铜锣湾被法国传教会的一神父发现，并以插枝方式移植至薄扶林道一带的伯大尼修道院；1908年被植物及林务部总监邓恩（S. T. Dune）判定为新物种，并于《植物学杂志》（Journal of Botany）发表有关资料，原树模式标本现存于渔农自然护理署香港植物标本室，编号Hong Kong Herb No.1722。2004年，香港大学的卡洛·刘（Carol P. Y. Lau），劳伦斯·拉姆斯登（Lawrence Ramsden）及理查德·桑德斯（Richard M. K. Saunders）于美国植物学会的《美国植物学杂志》（American Journal of Botany）发表研究文章，从洋紫荆的花朵、种子形态、繁殖能力及基因序列等方面作对比分析，证实为白花羊蹄甲与宫粉羊蹄甲的杂交种，提出更正学名为 *Bauhinia purpurea × variegate* 'Blakeana'。

图6-70　宫粉羊蹄甲

● 玉兰（*Magnolia denudata*）

又名应春花、玉堂春、白玉兰。木兰科，木兰属。落叶乔木，树高高达25m，径粗可达200cm。树冠幼时狭卵形，成熟大树则呈宽卵形或松散广卵形。幼枝有毛，冬芽密被淡灰绿色长毛。单叶互生，倒卵形或倒卵状矩圆形，正面绿色，背面淡绿色、被灰白色柔毛；叶柄被柔毛，冬芽密生绒毛。花期3～4月，先叶开放；花大，单生于枝顶，直立钟状，有芳香，花瓣9枚，碧白色，有时基部带红晕（图6-71）；花梗粗短，密生黄褐色柔毛，花萼与花瓣相似。果熟期6～7月，聚合果圆柱形（图6-72），通常因部分心皮不育而弯曲，繁殖以嫁接为主。原生树为常绿落叶混交林中的中生树种，寿命可达千年以上，分布河南、山东、江苏、浙江、安徽、江西、福建、广东、广西、四川、云南、贵州、陕西等地。对二氧化硫、氯气和氟化氢等有害气体抗性较强，并有一定吸收能力。

玉兰树形高大，花朵洁白素丽，为名贵庭园的观赏树种。在古典园林中常植于前厅后院，作庭荫树用；亦有配植在路边、草坪角隅、亭台前后或窗外，作园景树栽

图 6-71　玉兰（花）

图 6-72　玉兰（果）

植。盛花时节，犹如雪涛云海，气势壮观。实生起源的大树常主干明显，树体壮实，雄奇伟岸，生长势壮，节长枝疏，然花量稍稀；嫁接种往往呈多干状或主干低分枝状特征，节短枝密，树体较小巧，但花团锦簇，远观洁白无瑕，妖娆万分。故不同起源之白玉兰园林应用中情趣各异，在小型或封闭式的园林中，孤植或小片丛植宜用嫁接种，以体现古雅之趣；而风景游览区则宜选用实生种，以表现粗犷淳朴的风格。

　　同属种：①二乔玉兰（*M. soulangeana*），又名朱砂玉兰，紫砂玉兰（图 6-73）。白玉兰和紫玉兰的杂交种，法国学者于 1820 ～ 1840 年培育而成。落叶小乔木或灌木，树高达 9m，较双亲更为耐寒耐旱。花期 2 ～ 3 月，早春叶前开放；花大呈钟状，有芳香；花瓣 6 枚，外微淡紫，内白色；萼片 3 枚常为瓣状，长度为花瓣之半或等长。果熟期 9 ～ 10 月，聚合果黑色，具白色皮孔，种子深褐色。②黄花木兰（*M. agnolia acuminata* var. *subcoruta*），常绿小乔木或灌木。叶长椭圆形，革质。花瓣、萼片均金黄色，花期不断，为木兰属中的佳品，原产美国东南部（图 6-74）。③我国浙江王飞罡先生，经 20 年研究、培育的新品种有：'红运玉兰'——色泽鲜红，在华南一年三次开花（2 ～ 3 月，5 ～ 6 月，9 ～ 10 月），馥郁清香，可作行道树和庭院栽植。'飞黄玉兰'——色泽金黄，早春开放。'红元宝玉兰'——

图 6-73　二乔玉兰

图 6-74　紫玉兰、黄玉兰

花朵若元宝之态，在夏季少花时节盛开。景宁玉兰——菊花形花朵，花瓣 17～35 枚。'丹馨玉兰'——花紫红色，有浓香，植株矮壮，为盆栽佳品。

● 木棉（*Bombax malabaricum*）

又名英雄树、攀枝花。木棉科，木棉属。落叶大乔木，树高可达 25m，树皮灰色，枝近轮生，平展，枝干均具有明显的短粗瘤刺。掌状复叶互生，小叶 5～7 枚，长椭圆形，全缘。花期 3～4 月，先叶开放，聚生近枝端，形大，色红。蒴果椭圆形，木质，外被绒毛，成熟时 5 裂，内壁有白色长绵毛（图 6-75）。原产南亚、东南亚直至澳大利亚东北部，我国云南、贵州、广东、广西，以及福建的南部，海南、台湾有分布。喜高温高湿的气候环境，生长适温 20～30℃；耐寒力较低，冬季温度低于 5℃枝条易受冷害。喜阳光充足环境，不耐荫蔽。耐旱，稍耐湿，忌积水，以深厚、肥沃、排水良好的砂质土壤为宜。深根性，抗污染、抗风力强。速生，萌芽力强，树形幼时不甚规整，管理中可用修枝整形手段促使树冠丰满，也可 3～5 株丛植以提高观赏效果。

图 6-75　木棉花

木棉树形高大，雄壮魁梧，花硕如杯，色红如血，是优良的行道树、庭荫树和风景树："十丈珊瑚是木棉，花开红比朝霞鲜。天南树树皆烽火，不及攀枝花可怜。参天古干争盘拿，花时无叶何纷葩。白缀枝枝蝴蝶茧，红烧朵朵芙蓉砂。"（明·屈大均《南海神祠古木棉花歌》）春花盛开季节，远观好似一团团在枝头尽情燃烧，欢快跳跃的火苗极有气势，历来被人们视为英雄的象征："粤江二月三月来，千树万树朱华开。有如尧时十日出沧海，又似魏宫万炬环高台。复之如铃仰如爵，赤瓣熊熊星有角。浓须大面好英雄，壮气高冠何落落。"（清·陈恭尹《木棉花歌》）广州早在 1930 年就曾定木棉花为市花，1982 年被再次选定为市花。台湾的高雄市、台中县，还有四川攀枝花市，都以木棉花为市花。广州市政府网站的站徽也用木棉花，著名的南方航空公司和华南理工大学也都以木棉花作为标识，以其鲜艳似火的色彩比喻奋发向上的英雄精神，因此木棉树又被称誉为"英雄树"，木棉花也就成了"英雄花"。唯因其落花和飞絮的问题，不是闹市区行道树的理想树种，可以选择车流量不大的路段或较宽阔的安全岛上有代表性地种植。

● **紫丁香**（*Syringa oblata*）

木樨科，丁香属。落叶灌木或小乔木，树高达5m。树皮暗灰或灰褐色，有沟裂；枝粗壮无毛，灰色。单叶互生，叶薄革质或厚纸质，圆卵至肾形，色墨绿。花期4～5月，圆锥花序长，花冠漏斗状、暗紫色、"细小如丁，香而瓣柔"（明，高濂），花萼钟状（图6-76）。

栽培变种：①白丁香（var. *alba*），叶较小，叶背微有短柔毛，花白色，香气浓。②紫萼丁香（var. *giraldii*），叶先端狭尖，叶背及边缘有短柔毛；花序较大，花瓣、花萼、花轴均为紫色。③佛手丁香（var. *plena*），花白色，重瓣。

图6-76　紫丁香，白丁香

丁香属树种适应性强，我国从北向南15个省区有自然分布，但以川藏、秦岭的种类最多。喜光，稍耐阴，喜湿润、肥沃、排水良好的土壤，忌在低湿处种植，耐寒、耐旱性强。枝叶茂密，花美味香，为庭园中应用最广泛的开花树种之一。以丁香为市树（花）的冰城哈尔滨，据统计从国际已知的30余种丁香属植物中引种栽培了近20余种，约250余万株，丁香园、丁香林、丁香山随处可见，好一座美丽的园林之城；初春季节花海荡漾，有半个世纪之久的丁香林荫大道，更是吸引众多的国内外游客和专家学者慕名前往观光、考察。

同属种：①暴马丁香（*S. reticulata*），大灌木或小乔木，树高达8m。花期6月，圆锥花序，花冠白色，筒短，略比萼长；花丝细长，为花冠裂片2倍。东北、内蒙古、河北、河南、山西、陕西、甘肃均产，朝鲜、日本、俄罗斯亦有分布。喜光，喜湿润土壤，常生于沟边、谷地。花可提取芳香油，也是蜜源植物。②垂丝丁香（*S. komarowii* var. *reflexa*），灌木，树高达4m。圆锥花序，狭圆筒状下垂，有时倒挂如藤萝，花外红内白，为丁香中最美的一种。产湖北高山上，性喜湿润之空气。③红丁香（*S. villosa*），灌木，树高达3m。花期5月，花序顶生，密集，有柔毛，基部有2对小叶，紫红色或白色，芳香。原产辽宁、河北、山西、陕西、甘肃，多生河边和山坡砾石地。④蓝丁香（*S. meyeri*），小灌木，枝叶密生，小枝幼时稍呈四菱形，具短柔毛。花期5月，一年可开花2次。产河南、河北。本种植株矮小、花色鲜艳，宜盆栽观赏。⑤欧洲丁香（*S. vulgaris*），又名洋丁香，直立灌木或小乔木，树高达7m。花期4～5月，有纯白、淡蓝、菫紫色，单瓣或重瓣，芳香。⑥波斯丁香（*S. persica*），灌木，树高达2m。枝直立或拱形，无毛。叶椭圆形，常呈2～4羽状裂。花期5月，圆锥花序疏散，花冠淡紫色，筒细长。变种裂叶丁香（var. *laciniata*），叶3～9深裂，我国甘肃、四川西部、西藏为产地，伊朗、阿富汗均有分布。

● **茉莉花**（*Jasminum sambac*）

木樨科，素馨（茉莉）属。常绿小灌木或藤本状灌木，株高 0.5～2m。枝条细长略呈藤本状，小枝有棱角。单叶对生，薄纸质，宽卵形或椭圆形，叶柄短而向上弯曲，有短柔毛。花期 6～10 月，以 7～8 月最盛；聚伞花序顶生或腋生，有花 3～9 朵，花冠白色极芳香。原产于热带、亚热带的印度、巴基斯坦一带，中心产区在波斯湾附近，现主要分布在伊朗、埃及、土耳其、摩洛哥、阿尔及利亚、突尼斯以及西班牙、法国、意大利等地中海沿岸国家，有"大花"、"小花"之分；我国广东、福建及长江流域多有栽培，小花茉莉的香气深受喜爱。性喜温暖湿润，大多数品种畏寒，不耐霜冻，冬季气温低于 3℃时枝叶易遭受冻害，如持续时间长就会死亡。不耐湿涝和干旱，在通风良好、半阴环境生长最好，适宜含有大量腐殖质的微酸性砂质土壤。

我国虽不是茉莉花的故乡，但却有 2200 余年的栽培历史：早在西汉初年，陆贾《南越行记》记载"南越之境，五谷无味，百花不香，此二花特芳香者（素馨、茉莉），源自胡国移至，不随水土而变，与夫橘北为枳异矣。"《全唐诗》中仅两首提及茉莉花。一是李群玉的《发性寺六祖戒坛》："天香开茉莉，梵树落菩提。"二是赵鸾鸾的《檀口》："衔杯微动樱桃口，咳吐轻飘茉莉香。"在茉莉花初到中国的数百年里，地处海隅不为社会主要阶层所识，至以文治天下的宋代才兴盛起来，《全宋诗》中有 61 首，《全宋词》中有 24 篇涉及茉莉花，如："骨细肌丰一样香，沉香亭北象牙床。移根若问清都植，应忆当年樟雨乡。"（宋·陈宓《素馨茉莉》）"刻玉雕琼冰雪种，清姿无不受铅华。西风偷得余香去，分于秋城无限花。"（宋·赵福元《茉莉》）茉莉花素洁清芬，浓郁久远，花语表示忠贞、清纯、质朴、迷人，许多国家将其作为爱情之花，青年男女之间互送以表达坚贞爱情："天赋仙姿，玉骨冰肌。向炎威，独逞芳菲。轻盈雅淡，初出香闺。是水宫仙，月宫子，汉宫妃。清夸苦卜，韵胜酴醾。笑江梅，雪里开迟。香风轻度，翠叶柔枝。与王郎摘，美人戴，总相宜。"（宋·姚述尧《行香子·茉莉花》）茉莉花香味迷人，可作为装饰品佩戴在身上，在婚礼等庄重场合也经常被用作新娘手捧花："麝脑龙涎韵不作，熏风移种自南州。谁家浴罢临妆女，爱把闲花插满头。"（宋·杨巽斋《茉莉》）

栽培类型：①单瓣茉莉。植株较矮小，株高 70～90cm，茎枝较细呈藤蔓形，故有藤本茉莉之称。叶片椭圆形，叶质较薄，叶端稍尖。聚散花序着花 3～12 朵，多的可达 30 多朵。花蕾略尖长，较小而轻；花冠单层，花瓣 7～11 枚，表面微皱，顶端稍尖，所以又称尖头茉莉。花蕾开放时间早，伏花一般在傍晚 6～7 时开放；产量高、品质好的地方良种有福建长乐种、福州种、金华种、台湾种，其中台湾茉莉花较清爽、鲜灵、纯净。单瓣茉莉花不耐寒，抗病虫能力弱，耐旱性较强，不耐涝，适于山脚、丘陵坡地种植；产花量不及双瓣茉莉，但窨制的茉莉花茶香气浓郁，滋味鲜爽。②双瓣茉莉。直立丛生，株高 1～1.5m，茎枝较粗硬，幼茎绿色，健壮枝条有棱和短茸毛。叶阔卵形，质较厚且富有光泽，色浓绿。聚散花序着生花蕾 3～17 朵，多的可达 30 朵以上。花蕾卵圆形，顶部较平或稍尖，也称平头茉莉。花朵比单瓣茉莉肥硕，含水量也略低。花冠裂片（即花瓣）较多，13～18 枚，基部呈覆瓦状联合排列成两层，内层 4～8 枚，外层 7～10 枚（图 6-77）。花洁白油润、蜡质明显，花香较浓烈，吐香较迟而慢。花蕾开放时间较单瓣迟 2h 左右，伏花一般在晚上 8～9 时开放，自然吐香可延缓十几小时。用双瓣茉莉花窨制的花茶香气醇厚浓烈，但不及单瓣茉莉花茶鲜灵、清纯。双瓣茉莉枝干坚韧，抗逆性较强，较耐寒，耐湿，易于栽培，单位面积产量高，是目前我国各地的主要种植类型。③多瓣茉莉。枝条有较明显的疣状凸起。叶片浓绿，花蕾紧结，较圆而短小，顶部略呈凹口。花

图 6-77　重瓣茉莉花

冠裂片（花瓣）小而厚，且特别多，一般 16～21 枚，基部成覆瓦状联合排列成 3～4 层，开放时层次分明。多瓣茉莉的伏花多在晚间 7～8 时开放，多是先开 1～2 层，其余次日才开完。也有不开放而凋萎的。多瓣茉莉花开放时间拖得很长，香气较淡，产量较低，作为窨制花茶的鲜花不甚理想。但其耐旱性强，在山坡旱地生长健壮，如通过与优良的单瓣或双瓣茉莉品种进行杂交选育（或嫁接），很可能获得抗性强、质量好、产量高的茉莉花新品种。

　　茉莉花虽无艳态惊群，但香味浓厚，具玫瑰之甜郁、梅花之馨香、兰花之幽远、玉兰之清雅，为常见庭园及盆栽观赏芳香花卉。清代江奎曾放言："他年我若修花史，列作人间第一香。"冬寒地区多用盆栽点缀室容，清雅宜人，一卉能熏一室香。茉莉花还是制造香精的原料，提取的茉莉油身价相当于黄金的价格；地处江南的苏州、南京、杭州、金华等地长期以来都将茉莉作为熏茶香料进行生产，可熏制茶叶或蒸取汁液代替蔷薇露；以茉莉花为市花的福州市自古以来盛产茉莉花茶，也是小花茉莉浸膏和小花茉莉净油的主要出产地。希腊首都雅典称为茉莉花城，美国南卡罗来纳州将茉莉定为州花，2006 年 11 月中国江苏省将茉莉定为省花；菲律宾、印度尼西亚、巴基斯坦、

图 6-78　毛茉莉

巴拉圭、突尼斯和泰国等把茉莉和同宗姐妹毛茉莉（图 6-78）、大花茉莉等列为国花。菲律宾人把茉莉花作为忠于祖国、忠于爱情的象征，并推举为国花；贵宾来临时常将茉莉花环挂在客人项间以示欢迎和尊敬。

● 琼花（*Viburnum macrocephalum* f. *keteleeri*）

　　又名聚八仙、蝴蝶花等。忍冬科，荚蒾属。绣球荚蒾的栽培变种，半常绿灌木。枝广展，树冠呈球形。叶对生，卵形或椭圆形，背面疏生星状毛。花期 4～5 月，聚伞花序周

围是白色大型的不孕花，中部是可孕花。果熟期 9～11 月，核果椭圆形，先红后黑，种子有隔年发芽习性。原产于我国江苏、浙江、湖北等地，为暖温带半阴性树种。较耐寒，成年苗可耐 -20℃ 短期低温，华北以南可露地越冬；近几年引种北京，在小气候良好的条件下也能生长，但冬季全部落叶。喜光稍耐阴，大树由于树冠浓密，影响下部光照，往往产生大量枯枝，造成内堂光秃。性强健，对土壤要求不严，常生于山地林间的微酸性土壤，也能适应平原地区排水良好的中性至弱碱性土壤。稍耐旱，较耐湿，秋旱需充分灌水。长势旺盛，萌芽力、萌蘖力均强。原种：绣球荚蒾（*V. macrocephalum*），落叶或半常绿灌木，冬芽无鳞片。花期 5～6 月，大型聚伞花序呈球状，几乎全由不孕花组成；花冠白色，辐射状。山东以南各省有分布。

琼花的美在于奇特的花形，洁白的花色，迷人的清香，可作为优异的观花树种；其果实成熟后色彩红艳，可作为诱鸟树种。花芽分化一般在上年夏末秋初（6 月下旬至 7 月上旬）完成，江南地区的正常花期在 4 月上旬至 5 月上旬，不孕花较两性花先开 7 天左右，凋零亦较两性花稍早。花朵开放与气温密切相关，栽在背风向阳处的植株要较北面阴背处的先开花；若遇秋季气温回升或暖冬年份可二度、三度开花，只是花序质量要差得多，不仅花朵和花序的直径小，不孕花的数量也少，甚至没有。自然授粉坐果率可达 60%～70%，但在荫蔽或生长衰弱情况下坐果率偏低，其观果价值也随之减弱。1～3 年生小苗移栽定植后的树形最为优美开张，着花繁盛；冠径 2m 以上大苗移栽后树势恢复慢，枝叶稀疏，着花较少。裸根移栽成活率低，这与古代琼花移栽难以成活的记载不谋而合；园林绿化移植需带土球，以 2 月底大量落叶时移栽成活率最高。

扬州琼花台

昆山"玉峰琼花"

图 6-79　古琼花

"维扬一枝花，四海无同类。"琼花洁白如玉，清秀淡雅，烟花三月一片姹紫嫣红中，琼花以点缀扬州的生态之美为荣。世人赞琼花，爱憎分明，有灵有情，源自"花死隋宫灭"的传说，源自化身迎战怪兽的传说：危机关头琼花化身仙子舍命而战，化作漫天花雨，唤回绚丽春色。天地之大，琼花独爱扬州一方，古往今来，琼花单恋扬州一段；一花一草是自然之美，一树一木呈人文之魅，而琼花则是扬城这座充满人文生态之城中的一抹亮彩。琼花作为一种特定的珍异花木，始见于北宋王禹偁《后土庙琼花诗·序》："扬州后土庙有花一株，洁白可爱，且其树大而花繁，不知实何木也。俗谓之琼花"（图 6-79）。韩琦《望江南》曰："维扬好，灵宇有琼花。千点真珠擎素蕊，一环明月破香葩。芳艳信难加。如雪貌，绰约最堪怜。疑是八仙乘皓月，羽衣摇曳上云车。来到列仙家。"生动形象地描述了琼花的细部构造特写，仙姿玉貌：花如玉盘，由八朵五瓣大花围成一周，环绕着中间一团珍珠似的白色花蕊，恰似八位仙子围桌品茗，引人入胜，故美其名曰"聚八仙"；又因其树可高达数丈，洁白的玉花缀满枝冠，好似隆冬瑞雪覆盖，璀璨晶莹，香味清馨，令人神往。微风吹拂，宛若蝴蝶戏珠，轻姿摇曳，故而受世人格外喜爱。江苏昆山亭林公园拥有"玉峰琼花"石碑的古琼花（图 6-79），被誉为"昆山三宝（昆石、琼花、并蒂莲）"之一，连理交枝，玉花繁盛，堪称今世"琼花之最"；在布局上也匠心独运、绝妙无双地与广玉兰种在一起，依了古人"玉环飞燕原相敌"的诗句：将飞燕迎春式的玉兰花比作我国四大美人之一的赵飞燕，而将八朵一环、环环相连的琼花比作另一位美人杨玉环。琼花于2007 年被评定为昆山市花。

- **现代月季花（*Rosa cultivars*）**

又名大花月季。蔷薇科，蔷薇属。常绿或半常绿灌木，为 1867 年在中国"月季花"的基础上融入"玫瑰"、"蔷薇"等基因杂交育成，迄今为止所培育出的品种已达一万多个，是世界最主要的切花和盆花之一，素有"花中皇后"的美称。花期 4 月下旬至 10 月，有连续开花的特性，以春季开花最多；常数朵簇生，花冠多为重瓣，深红、粉红至近白色，微香；萼片常羽裂，花梗多细长。果熟期 10 ~ 11 月，肉质蔷薇果，成熟后呈红黄色，顶部裂开，种子栗褐色。喜温，较耐寒，一般品种冬季气温低于 5℃即进入休眠，可耐 -15℃低温。喜光，但过于强烈的阳光照射又对花蕾发育不利，花瓣易焦枯。对土壤要求不高，但以富含有机质、排水良好而微酸性（pH6 ~ 6.5）土壤最好。现代月季花色艳丽，花期长久，宜作花坛、花境及基础栽植用，在草坪、园路、庭院、角隅、假山等处配植也很合适，又可作盆栽及切花用（图 6-80、图 6-81）。

月季花开层层叠叠，月季花美典雅清纯，月季花香流逸着淑媛的风范。月季的美正在于那依然故我的规则之中的零乱与妩媚，而不在于完美和雅致；月季的美是经岁月的，似

图 6-80 藤月季

图 6-81 "红帽子"月季

乎有日、月光辉的穿梭升降，充满了恒久的意味，这种恒久于斑斓中透出一种经历风雨的淡定，旁若无人地径自开放。月季是我国劳动人民栽培最普遍的"大众花卉"，在日常生活中，好花长开，好事常来，好人长在，是人们美好盼望之所在，宋代文学家苏轼《月季》赞曰："花落花开不间断，春来春去不相关。牡丹最贵为春晚，芍药虽繁只夏初。惟有此花开不厌，一年长占四时春。"在我国的市花评选中也以月季的拥众最多，曾在1986年与菊花一起被选定为北京市市花，不完全统计还有天津、大连、锦州、辽阳、长治、石家庄、邯郸、邢台、沧州、廊坊、济宁、青岛、威海、潍坊、胶南、郑州、商丘、漯河、淮阳（县）、驻马店、焦作、平顶山、三门峡、新乡、信阳、随州、宜昌、恩施、娄底、邵阳、衡阳、南昌、鹰潭、吉安、新余、芜湖、安庆、蚌埠、阜阳、淮南、淮北、商丘、淮安、泰州、宿迁、常州、西安、西昌、德阳等50多个城市以月季为市花。

月季是各种礼仪场合最常用的切花材料，人们多把它作为爱的信物，爱的代名词，也常被用来象征和平、青春、友谊和吉祥。在花语中：红月季表示热恋；粉红月季表示初恋；蓝紫色月季表示珍爱；橙黄色月季表示富有青春气息，可爱；双色月季表示热爱；三色月季表示深爱；白月季寓意敬爱，在日本是父亲节的主要用花；绿白色月季表示纯真或赤子之心；黄月季表示道歉（但在法国人看来是妒忌或不忠诚）。现代月季以其丰富的品种让四季繁花似锦，其花形优雅高贵，色彩绚丽迷人，赢得人们的赞誉和喜爱，据《花卉鉴赏词典》记载：为保证中国月季能安全地从英国运送到法国，当时正在交战的英、法两国竟达成暂时停战协定，由英国海军护送到法国拿破仑妻子约瑟芬手中，经和欧洲蔷薇杂交、选育出"杂交茶香月季"新体系。第二次世界大战期间，法国青年园艺家弗兰西斯经过上千次的杂交试验培育出了国际园艺界赞赏的新品种'黄金国家'，为保护这批新秀以"3—35—40"代号的邮包投寄到美国，又经过美国园艺家培耶之手培育出了千姿百态的系列珍品；1945年4月29日，从这批月季新秀中选出一个金黄色品种定名为'和平'以纪念德国法西斯被彻底消灭（图6-82）。1973年，美国友人欣斯德尔夫人和女儿带着欣斯德尔先生生前对中国人民的深情，手捧'和平'送给毛泽东主席和周恩来总理；经历了200年的发展变化后，月季这个当年远离家乡的友好使者又回到了自己的故乡——中国。

图 6-82　'和平'

七、 花果互映，相得益彰

花、果园林树木的景观建植绝非是"按图索骥"那种简单的思维方式所能奏效的，它必须根据树木材料的具体情况以及环境场景的处理措施，围绕整体设计的艺术宗旨去综合考虑、灵活运用，在遵循其生态类型、景观功能等基本规律的原则条件下最终由栽培用途来体现，才能获得较为满意的实际效果：不但要从功能和景观上考虑色相、季相、形体、姿态等多方面的要求，还要按照多种植物不同的生长发育规律及其相互作用与影响，注重常绿树种与落叶树种、速生树种与慢生树种的搭配，规划观花、观果和其他类树种的合理配置，注意各树体间的平面距离、立体结构（乔木、灌木与地被）及其轮廓线变化等，通过合理种植设计将花、果园林树木的寓意和韵律予以表达，以呈现更加丰富多彩的园林树木景观，体现形神结合的绿色文化：早春，玉兰洁白，桃樱纷繁；入夏，榴花火红，紫薇百日；金秋，银杏金灿，枸杞似火；隆冬，天竺果红，山茶吐艳。

（一）季相节律，韵趣增

"樱桃初熟散榆钱，又是扬州三月天。昨夜草堂红药破，独防风雨不成眠"（清·黄慎）季相节律在增强景观效应的审美情趣中具有突出的视觉艺术功能。花、果园林植物姹紫嫣红、争奇斗娇，最能让人联想到大自然的勃勃生机；花、果园林植物自身形体、色彩的季相变化韵律，是园林韵律构成元素中最具活力的生命象征。运用节奏与韵律、统一与变化、对比与谐调等美学原则，采用有障有敞、有透有漏、有疏有密、有张有弛等造景手法，创造富有季相节律并具有丰富园林空间的人工生态植物群落，给人以自然美和人工美的和谐享受，是花、果园林植物生态景观效应的真谛。

中国古典园林中的植物造景历来十分重视季相特征，如苏州拙政园："海棠春坞"是着意春花烂漫的春景，"梧竹幽居"则营造了"爽借清风明借月"的夏景，"听雨轩"表达了"蕉叶半黄荷叶碧，两家秋雨一家声"的秋色秋景；十八曼陀罗馆的馆南小院有名种山茶十八株以及累玉满梢的枇杷园、清香四溢的蜡梅花台，却又是欣赏冬景的佳处。中国园林艺术中常用的季相景名，春景有：杏坞春深、长堤春柳、绿杨柳、春笋廊等；夏景有：听蝉谷、消夏湾、梧竹幽居、曲院风荷；秋景有：金岗秋满、扫叶山房、闻木樨香轩、秋爽斋、写秋轩等；冬景有：风寒居、三友轩、南山积雪、踏雪寻梅。清代陈扶摇《花镜》序中写到："春时：梅呈人艳，柳破金芽，海棠红媚，兰瑞芳夸，梨梢月浸，桃浪风斜，树头蜂报花须，香径蝶迷林下。一庭新色，遍地繁华。夏日：榴花烘天，葵心倾日，荷盖摇风，杨花舞雪，乔木郁葱，群葩敛实。篁清三径之凉，槐荫两阶之灿。紫燕点波，锦鳞跃浪。秋令：金风播爽，云中桂子，月下梧桐，篱边丛菊，沼上芙蓉，霞升枫柏，雪泛荻芦。晚花尚留冻蝶，短砌犹噪寒蝉。冬至：于众芳摇落之时，而我圃不谢之花，尚有枇杷累玉，蜡瓣舒香。茶苞含五色之葩，月季呈四时之丽。檐前碧草，窗外松筠，怡情适志。"园林植物的季相景色，被描绘得如诗如画、楚楚动人。

"故人西辞黄鹤楼，烟花三月下扬州。孤帆远影碧空尽，惟见长江天际流。"自从有了李白这首脍炙人口的千古绝唱，扬州就不知牵动着多少人的梦魂，天南地北的游客纷至沓来、络绎不绝：扬州的春花则是这梦里最香浓的情境，美得让人心醉，见后难以释怀！尤其是瘦西湖的春花确实不同一般的艳丽，使古城扬州更有了一种特殊的魅力，牵引了无数游人的目光，激发了诗一般的情思：千米长堤上的绿柳新枝，或婀娜、婆娑，或翩翩起舞、亭亭玉立，或扶风飘动、面湖欲梳，特别是那低垂的丝绦犹如美人的长发飞瀑般泻向湖面，那漫天的柳絮恰似春日的烟花摇曳着拂过容颜。就在这绿柳的遮掩中，那一株株与柳相间的桃花正迎着春风含苞竞放，万千花朵，没有一丝的羞涩，一丝的矜持，更没有一丝的造作，就那么自然而大方地绽开着灿烂的笑容。这尤为独特的"两堤花柳全依水"景观，也是构成瘦西湖春色画卷的最基本元素，显现瘦西湖春色景致的特有诗情和韵味（图7-1）。至于那长堤尽头"桃花坞"的片林密园，则又是另一番景观：满树盛开的桃花，就像满天被朝晖夕照染透了的红霞，似云如烟，不时地还有些粉蝶、蜜蜂游戏其间，又给平添了几份活脱脱的情趣（图7-2）。烟花者，桃花也。如果我们把瘦西湖的春色美景比作一首悠扬的古琴协奏曲的话，那么这一堤的桃花，一堤的春柳，就是特色鲜明的基调和主旋律：柳的千姿百态与桃的千娇百媚，相映成趣、相得益彰，红偎绿怀中透着十分的妖娆、十分的情意，透着一种既浓郁又清醇的依依韵味。

图 7-1　长堤春柳

图 7-2　桃花坞

（二）色彩对比，共谐调

2000多年前的《淮南子》一书有"五色乱目，五音哗耳"之说，现代研究资料证明人的眼睛喜欢少量色相的结合；一般园内绿地色彩，用三个基本色相再加以深浅的变化已经足够。如果三种色相都用蓝色、紫色、绿色之类的冷色，再调整好重点色、调节色和主导色的面积和深浅，一定会感到朴素、洁静、淡雅宜人；如在大片冷色中稍稍用一下加强对比效果的暖色，营造"万绿丛中一点红"的色彩效果，则又能领悟到活跃、躁动、清新出众。花、果园林树木的自然景观与人文景观都有丰富的色彩变化，了解色彩规律，妙用色彩手段，就能创造丰富多彩的园林景观；特别要强调的是，群体色彩美更能使景观开阔并显气势恢弘，富有感官震撼力，尤适于风景区和大面积园林坡地的景观规划。

1．园林树木的色彩与配置

色彩是物质的属性之一，园林色彩构图的来源归纳起来有三大类，即自然山水和天空的色彩，园林建筑和道路、广场、假山石等的色彩，以及园林植物的色彩。园林绿地设计中主要靠植物的绿色来统一全局，花果园林树木丰富的色彩元素只有合理搭配才会产生既和谐又有变化的色彩之美；如入冬后的天竺叶与果实都转为红色，可和雪色形成鲜明的对比；巧妙应用"万绿丛中一点红，动人春色不宜多"的美学原理，可取得事半功倍的景观效果（图7-3）。北宋欧阳修："浅深红白宜相间，先后仍须次第栽，我欲四时携酒去，莫教一日不花开。"苏东坡的《冬景》："荷尽已无擎雨盖，菊残犹有傲霜枝。一年好景君须记，正是橙黄橘绿时。"杭州西湖苏、白二堤的桃红柳绿就是色彩搭配的极佳典范，扬州瘦西湖的长堤春晓亦以同样的手法倾倒无数中外游客；红与白相间，黄与绿对映，都是色彩对比的妙用。其他如杏花繁灼、梨花淡雅、樱花明媚、海棠艳丽等，不胜枚举；苏州光福梅林的香雪海景观闻名大江南北。而运用近似色彩的搭配，景观效果则活泼轻松，如暖色调的贴梗海棠（大红）、碧桃（大红）、重瓣榆叶梅（粉红）、杏（红色）搭配热烈而显喜庆，冷色调的紫藤（紫色）、紫丁香（紫色）、紫薇（紫色）组合协调而富情趣。

锦带花

天竺果

图7-3　色彩美

2．色彩空间的属性与构图

1）温度感

温度感或称冷暖感，通常称之为色性，在色彩的各种感觉中占据最重要的地位。"春风用意匀颜色，销得携觞与赋诗。秾丽最宜新著雨，娇饶全在欲开时。莫愁粉黛临窗懒，梁广丹青点笔迟。朝醉暮吟看不足，羡他蝴蝶宿深枝。"（宋·郑谷《海棠》）从物理角度出发，色彩感觉有冷暖色调区分：在光谱中近于红端区的颜色为暖色系，如红、橙色等；近于蓝端区的颜色为冷色系，如蓝、紫色等。但是，色性的产生主要还在于人的心理因素，由色彩感受而产生一定的联想，由联想到的有关事物而产生温度感：如由红色联想到寒冬的太阳，暖意融融；由蓝绿色联想到寂静的夜月，寒意朔朔等。在园林艺术表现中，秋冬之交多用暖色花卉来分解严寒，而仲夏之季多用冷色植物去驱避炎暑。

2）距离感

色彩的距离感则源于空气透视的关系，光度较高，纯度较高，色性较暖的色相在距离上给人以向前、趋近的感觉，反之则具有后退、远离的效果。六种标准色的距离感由近而远的顺序排列是：黄、橙、红、绿、青、紫。在园林艺术表现中，当实际的园林空间深度感染力不足时，常选用玉兰等白花树种作背景树，以达到加强景深的效果。

3）面积感

运动感强烈，亮度高，呈散射运动方向的色彩，在人的主观感觉上有扩大面积的错觉；运动感弱，亮度低，呈收缩运动方向的色彩，相对而言有缩小面积的错觉。橙色系的色相，主观感觉面积较大；青色系的色相，主观感觉面积中等；灰色系的色相，主观感觉面积较小。白色系色相等明色调，主观感觉面积较大；黑色系色相的暗色调，主观感觉面积较小。亮度强的色相主观感觉面积较大，亮度弱的色相主观感觉面积较小，故物体受光面积感觉较大，背光面积则感觉较小。色相饱和度大的主观感觉面积大，色相饱和度小的主观感觉面积小；互为补色的两个饱和色相配在一起，合成的主观面积感更扩大。表现在园林空间构成上，明色调树种的主观感觉面积比较大，故在面积较小的园林中增加明色调树种的色相成分，容易取得扩张面积的空间感觉（图7-4）。

杜鹃花

梅花

图7-4　色彩空间

（三）生态建植，习相补

植物在长期的物种进化过程中，形成了一系列与之生长发育的环境生态条件相适应的形态特征和生理特性，衍生出千姿百态的种质资源，分布有迥然有异的生态类型。能否遵循适地适树的基本原则，正确选择和应用花、果园林树木资源，是影响树种功能效应发挥、景观效果体现的最根本的先决条件，直接关系到园林树木建植规划的成功与失败。

1. 生态习性选择是园林树木建植的首要遵循原则

首先，要根据当地的气候环境条件选择适于栽培的花、果树种，特别是在经济和技术条件比较薄弱的发展新区尤显重要。我国大部温带地区推荐使用的优良落叶树种，乔木类有银杏、枫香、马褂木、南酸枣、槐树等，灌木类有锦带、樱花、红叶李、紫荆、红叶小檗等；优良常绿树种，乔木类有肉桂、深山含笑、女贞等，灌木类有杜鹃、黄杨、石楠等（图7-5）。

鸡爪槭（前）、金钟花（中）与碧桃（后）

垂柳（上）、碧桃（左）与棣棠（下）

金银木（上）与牡丹（下）

矮紫薇（前）与木芙蓉（后）

图7-5　生态建植，习相补（一）

四季桂（上）与毛鹃（下）　　　　　　紫薇（左）与白蜡（右）

图 7-5　生态建植，习相补（二）

其次，要根据当地的土壤环境条件选择适于建植栽培的树种。土层厚度和树体根系发育则关系到树体的抗风能力强弱，柳树、悬铃木等浅根性树种易被大风吹倒，在台风频发的沿海城市作景观建植时应严加注意。土壤湿度对园林树木树种的建植至关重要，池杉和水杉二者大相径庭的耐湿性能常会迷惑住功力不深的新手；而柑橘、杨梅等大多常绿园林树种对空气湿度有一定要求，也必须加以妥善关照。杜鹃花、红花檵木、金叶女贞、瑞香等树种适于 pH5.5～6.5 含铁铝成分较多的酸性土壤，优良的南方常绿树种香樟在北扩以后出现的树冠黄化现象主要为土壤偏碱缺铁所致；而银杏、槐树、黄栌、柽柳、连翘、洒金桃叶珊瑚、海桐等喜碱性土壤树种，适于 pH7.5～8.5 含钙质较多的土壤；如果是含氯化钠、硫酸钠等可溶性盐类或是含碳酸钠等不溶性盐类的盐土，则应选择耐盐碱能力较强的黄栌、白蜡、胡杨、柽柳、石榴、无花果等树种。适应性较强的槭树、紫薇、绣线菊等在各类土壤中均能良好生长。

第三，要根据树种对太阳光照的需求强度，合理安排建植使用场所。如生长在我国南部低纬、多雨地区的热带、亚热带树种，对光照强度的要求就低于原产北部高纬度地区的落叶树种。原生于森林边缘或空旷地带的树种，绝大多数为喜光性树种，如：落叶松、池杉等落叶针叶树，银杏、榆树、榉树、栾树、无患子、槭树、喜树、紫叶桃、美人梅、悬铃木、桃、枣、刺槐等落叶阔叶树，雪松、刺柏等常绿针叶树以及椰子、香蕉等热带、亚热带树种。而杨梅、柑橘、枇杷、水青冈、南天竺、珊瑚树、海桐等常绿阔叶树，罗汉松、罗汉柏等常绿针叶树，以及天目琼花、猕猴桃等落叶阔叶树，均为生长速度较慢的耐阴树种。适宜于高层建筑背阴面等光照条件严重缺乏的庇荫处栽植，可以其独特的生理优势来丰富林地的层次空间，提高环境生态效益。

第四，风可以改变大气温度、湿度和空气中的二氧化碳浓度等，从而间接影响树体生长发育。微风可以促进空气的交换，增强蒸腾作用，改善光照条件和光合作用，消除辐射霜冻，降低地面高温，增强风媒花树种的授粉结实。季风会造成树体的偏干、偏冠，大风

（风速超过 10m/s）对树体具破坏作用；沿海一带，每年夏季（6 ～ 10 月）常受台风侵袭，对树体危害很大，往往造成折枝、倒树等严重损失，在园林树木建植时尤需注意。大风还可使空气相对湿度降低到 25% 以下，引起土壤干旱；黏土由于较易板结，干旱易发生龟裂造成树体断根现象；我国西北、华北和东北地区春季常发生旱风，致使新梢枯萎，花果脱落，呈现生理干旱现象，影响树体器官发育及早期生长。冬季大风会降低土壤表面温度，增加土层冰冻深度，使树体根部受冻加剧；沙土区有营养的表土会被吹走，严重时因移沙现象造成明显风蚀，影响树木根系正常的生理活动。主根发达、木质坚韧的树种抗风能力较强，常见树种有：马尾松、赤松、银杏、广玉兰、大叶女贞、冬青、青冈栎、杨梅、相思树、木麻黄、棕榈等。

第五，特殊地形构造下的局部小气候条件对花、果园林树木建植有重要意义。在大地形所处的纬度、海拔高度、地势、气温、日照条件不适于某树种栽植时，往往由于特殊环境造成的某一局部良好小气候，却可使该树种生长正常，表现良好。①山水。江河湖泊的水面热容量较大，可降低冬季北方寒流入侵的强度，保护树体免受冻害。如以江苏的自然温度条件本不适于柑橘的经济栽培，但太湖东畔的苏州东山、西山两镇，因受湖面水体温度调节的庇护，成为我国重要的柑橘北缘栽植基地；推广开来，上海市的崇明岛、镇江市的扬中岛，也都借助长江水域的温度调节功能，成功开发了柑橘的栽培应用。浙江的衢州，在地理纬度上并不是椪柑的适宜栽培区，但由于天目山体的屏障阻隔了北方南下的冷空气侵袭，却也成为我国重要的椪柑分布区。②地势。地势虽不是树木生长必需的生存条件，但能显著地影响小气候，与树体生长发育关系密切，在树种建植以及制定栽培管理制度时要根据具体情况统筹安排。海拔高度对气候有很大影响，一般来说温度随海拔升高而降低，而雨量分布在一定范围内是随海拔升高而增加。由于园林树种对温、光、水等生存因素的不同要求，因此各有不同高度的"生态最适带"，山地植物景观规划应按垂直分布规律来安排树种，以适应园林树木的自然分布习性。③坡度。坡度越大，土壤冲刷越严重，含水量越少；同一坡面的土壤含水量，上坡比下坡小；据观测，当 3° 坡面的表土含水量为 75.22% 时，5° 坡面的为 52.38%，20° 坡面的为 34.78% 时，板栗、核桃、香榧和杨梅等耐旱和深根性树种可以栽在 15° ～ 30° 的山坡上。在同一地理条件下，南、东南、西南坡向的日照充足，而西、西北和东北坡向的日照较少；温度日变化表现为阳坡要高于阴坡 2.5℃。由于生态因子的差别，不同坡向的树木生长表现不同：南坡的物候早于北坡，但受霜冻、日烧、旱害较严重；北坡的温度低，影响枝条生长及木质化成熟度，树体越冬力降低。在北方地区于东北坡栽植的园林树木，易遭寒流带来的平流辐射霜害；而华南地区在东北坡建植的园林树木，由于水分条件充足，则表现良好。

2. 乡土树种在园林树木建植中的重要生态价值

在丰富的花果园林树木资源中，乡土树种最能适应当地的自然生长条件，不仅能达到适地适树的要求，而且还代表了一定的植被文化和地域风情。如果说市树、市花是有限的城市文化的典型代表，那么地域性很强的乡土花、果树种可以为园林树木建植提供广阔的文化资源，如：椰树就是体现南国风光的典型代表，而在北方的槐树则勇敢代言它的无畏精神。在广州、珠海、深圳、惠州等南方城市，其得天独厚的自然条件给予了颇具特色的花、果佳木，为多样化的植物景观配植提供了有利条件。城市文化的特征之一是地域性，而乡土花、果树种就是最能够反映地域特征的文化要素之一；我们从一个城市的植物景观配植上，不仅能看出它的性格特征和身份象征，同样能看出它的时代文化精神或地域文化特色。

随着环境资源被不断开发利用，经济的高度增长，工业社会的快速发展以及局部地区后工业社会的逐渐到来，利用园林树木建植对受损环境与被破坏环境进行生态与景观恢复越来越显示其重要性。生态处理手法是值得大力推广运用的，但以为人为的绿色空间设计、挖池堆山植林就具有生态效益，未免是将复杂的生态系统简单化了。从表象上看，城市树木景观大都体现了绿色的主题，但绿色的不一定就是生态的，花费大量的人力物力才能形成和保持的景观效果并不完全是生态意义上的"绿色"。自然界有其演变和更新的规律，站在生态的角度上看，自然群落比人工群落具有更强的生命力；发挥自然生态系统的能动性，充分利用乡土植物种类，尊重场地的自然再生植被，为自然再生过程提供条件或是充分利用基址上的原有植被，这才是花、果园林树木景观建植中的绿色生态设计。

戈壁滩的荒漠一望无边与天际相会，黄沙般的寂寞中，稀疏的骆驼刺与风细语，吐露昨夜的星光索影。生命的感受在红柳的枝头绽放，一簇簇红云错落戈壁；根植入大地的深处，吸收着戈壁盐碱中的层层苦涩，化解戈壁土壤中仇视生命的元素；红柳无声地繁衍在戈壁的荒滩上，紫色枝条渐渐敲醒沉静中的戈壁，酝酿着一片片绿洲将在戈壁升起，海市蜃楼中的湖水、村庄可以从天边移来。红柳没有伟岸的身躯，没有婀娜的风韵，也没有甘甜的果实，却有着最执着的根蒂和戈壁紧紧相依，把缕缕灿烂照耀在苍凉的戈壁深处，增添绿色的希望；红柳绿中含着淡紫的身姿会带给你戈壁荒漠中不曾有的飘逸，不禁回眸凝视寻找荒凉中久违的温柔，把戈壁沙漠般的心灵变幻一片丰厚的土地。

（四）艺术表达，审美情

"渡口发梅花，山中动泉脉。芜城春草生，君作扬州客。半逻莺满树，新年人独远。落花逐流水，共到茱萸湾"（宋·刘长卿）植物造景在我国传统园林技艺中是十分讲究的，自隋唐起，山水美学的发展和诗、词、歌、赋的盛行对树木造景产生很大影响，其中许多园林创作就是文人、大师直接参与的，其景观效应很早就已深深地打上了审美情趣的烙印。大凡花、果园林树木，除却其生态环境和经济效能之外，均有增添园林景观的作用：姿形奇特、冠层分明的松柏，悬崖破壁，昂首蓝天；枝繁叶茂，盘根错节的杜鹃，穿石钻缝，花若云锦；攀岩附石的紫藤，青萝缠绕，一派生机。无锡鼋头渚风景区，20 世纪 30 年代樱花美景就十分有名，现在每逢清明前后，长春桥畔烂漫的樱花，远观似彩云织锦，近赏如玉石珠玑，教人如醉如痴；花枝水影，波泛幽香，令人心旷神怡。武汉大学校园内的樱花大道，每逢樱花盛开时节就对外供市民游览欣赏，成为武汉新时期的著名观花佳景。

1. 比例尺度法则

比例出自数学，表示数量不同而比值相等的关系。比例具有满足理智和眼睛要求的特征，往往是最简单明确、合乎逻辑的比例关系最容易产生美感，过于复杂而看不出头绪的比例关系则难以引导大众游客的思维。

1）用地空间比例

园林绿地的空间分配是造园艺术中首当其冲的比例问题，《园冶》"相地"一章中明确提出："约十亩之基，须开池者三，余七分之地，为垒土得四。"这已经成为我国园林审美艺术和造园技艺中的金科玉律，在小园林空间设计时特别要引起重视的是，建筑室内空间与室外庭院空间之比至少为 1∶10，否则会给人空间局促的感觉，让人心情大跌。

园林植物种植设计中的空间比例分配则更为复杂，要根据当地的光照、温度、雨量等气候资料来决定园林植物的种类选择及乔、灌、草的比例：如在北方，常绿树与落叶树的数量比一般为 1∶3，乔木与灌木比为 7∶3；而到了海南一带，常绿树与落叶树的数量比例为 3∶1 ～ 5∶1 以上，乔木与灌木的比例则为 1∶1 左右。园林树木的高度（H）在视觉艺术中有规律可循：$H<30cm$，有图案感，但无空间隔离感，多用于花坛花纹、草坪模纹边缘处理；$H≈60cm$，稍有边界划分和隔离感，多用于台边、建筑边缘的处理；$H=90 ～ 120cm$，具有较强烈的边界隔离感，多用于安静休息区的隔离处理；$H>160cm$ 即超过一般人的视点时，则使人产生空间隔断或封闭感，多用于障景、隔景或特殊活动封闭空间的绿墙处理。

2）景物尺度关系

比例在园林造景应用中又名为尺度。尺度是景物和人之间发生关系的产物，一般只反映景物及各组成部分之间的相对数比关系，不涉及具体的尺寸。凡是与人体活动有关的物品或环境空间都有尺度问题，尺度和它的表现形式合为一体而成为人类习惯和爱好的尺度观念。英国美学家夏夫兹博里说："凡是美的都是和谐的和比例合度的。"所谓合度，应理解为："增之一分则太长，减之一分则太短；施朱则太赤，傅粉则太白。"简言之，就是"恰到好处"。世界公认的最佳数比关系是古希腊毕达哥拉斯学派创立的"黄金分割"理论：即无论从数字、线段或面积上相互比较的两个因素，其比值近似 1∶0.618，以我们最熟悉的人类肢体结构比例分析，也极其精确地客观反映了这一自然法则。然而在人的审美活动中，比例更多的见之于人的心理感应，这是人类长期社会实践的产物，有时又并不仅仅局限于黄金比例关系（图 7-6）。

尺度既可以调节景物的相互关系，又可以造成人的错觉，从而产生特殊的艺术效果。设地面宽度为 D，树木高度为 H，当 $D∶H<1$ 时为夹景效果，空间通过感快速而强劲；$D∶H=1$ 时为稳定效果，空间感平和而缓松；$D∶H>1$ 时则具有开阔效果，空间感开敞而散漫。树木高度与场地宽度的尺度比例关系，一般用 1∶3 ～ 1∶6 为好。在园林植物养护维护中，要根据树体的生长动态不断予以调整、修剪，才能保持规划设计中所制定的恰当比例尺度：如苏州留园北山顶上的可亭，旁植生长缓慢的银杏树，当时（约 200 年前）亭小而显山高，亭与山的尺度比例取得了预期的效果；但是现在银杏成了参天大树，就显得亭小而山矮，是另一番比例感觉了。

棕榈（上）与阔叶十大功劳（下）

红花檵木（前）与夹竹桃（后）

垂柳（上）与金钟花（下）

垂柳（上）与火棘（下）

图 7-6　比例尺度

2．植物多样性追求

　　植物是园林绿地中的生命要素，担负维系生态景观功能的重要使命。我国是世界上植物种属最多的国家，据调查共有 27150 种，隶属于 353 科、3184 属，其中 190 属为我国所独有；针叶树占世界总科数的 1/3，被子植物占世界总科数的 1/2 以上。此外，还有许多十分珍贵的植物稀有种和古老的植物孑遗种，从而被西方学者誉为"园林之母"。植物在生态系统中的功能作用以及它在时间和空间中的地位，反映了植物与植物之间，植物与环境之间的关系；园林植物的选择与应用，实际上取决于生态位的配置，直接关系到园林生态系统景观审美价值的高低和综合功能的发挥。

　　花果园林树木的合理选择和正确应用，在遵循其生态类型、景观功能等基本规律的原则条件下，最终由栽培用途来体现。不同植物种类的形态特征和生长习性，决定了它在园林应用中的各自地位；但同一植物种类在不同环境条件和栽培意图下，又可有多种功能的选择和艺术的应用；此外，植株花、果器官这些个性化的体态特征，也对其合理的功能选择与艺术应用有重要影响。古人对花果树木的厚爱并不亚于山水，以寻求植物的自然规律进行人工配植，再现天然之趣：开荒欲引长流，摘景全留杂树。《园冶》有："梧荫匝地，槐荫当庭，插柳沿堤，栽梅绕屋，移竹当窗，分梨为院，芍药宜栏，蔷薇未架。"在植物造景中，突出植物特色，如梅花岭、松柏坡、海棠坞、木樨轩、玉兰堂等（图7-7）。

合欢（前）与国槐（后）

日本晚樱（左）与木绣球（右）

合欢（左）、天目琼花（中）与凌霄（右）

叶子花与炮仗花

紫薇品种

碧桃品种

图7-7　多样性追求

3．花果园林树木的景观艺术表现

花、果园林树木与草本植物相比较有其自身的景观艺术特点，主要表现在：形体高大，姿态各异，富有很强的表现力，所表现的美是一种自然的、充满活力的立体美；运用方式灵活，可以组织空间，突出季相变化，塑造多种景观效果；对环境的改善和保护作用明显，观赏与实用兼备；寿命长，功效发挥稳定、持久；适应能力强，养护管理粗放，省力节物（图7-8）。

碧桃（上）与棣棠（下）

云南黄馨（前）与牡丹（后）

黄花无忧树（前）与羊蹄甲（后）

云南黄馨（前）与碧桃（后）

黄刺玫（左）与牡丹（右）

碧桃（左）与红花檵木（右）

图7-8　植物景观表现

1）组织造景

园林建植中常选用一些体量大、姿态优美、花艳果硕的树木，以孤植或丛植的方式形成主景，配植在庭园、道路、草地、花坛、水边及路旁，以充分展示其独特的个体美。对一些个体观赏特性不十分突出的树木，则采取大量群植的方式营造风景林展示其宏大的群落气势。在一般情况下，树木的作用就是为主体景物服务，如运用树木形成背景、夹景、框景、漏景等，来衬托主景，使园林的形态、色彩更醒目突出，以获得最佳的观赏效果。

2）调节空间

利用花、果树木体态和色彩，配置疏密、多寡各异的组合形式，既可创造开敞与闭锁、幽深与宽阔、覆盖与通透等空间格局，形成曲径通幽、柳暗花明、豁然开朗的纵深空间景域，还能增强园林空间的层次和整体感，造就绿冠模纹、疏林草坪、垂悬攀缘的横展空间景域。

3）突显季节

花、果园林树木生长的外貌特征与自然气候息息相关，如果说园林树木形体的高矮、大小变化在空间上产生韵律与节奏感的话，那么树木的物候和季相变化则能在时间上形成韵律与节奏感。通过树木生长外貌的季相变化，可以直接感受到季节的演替与时间的渐进，尤其是那些在一年中外观变化显著的花、果树种，更能强调出季节的特色，显出自然的生气。

暮春三月本来就是柳絮飞舞的时节，那随风飘浮的柳絮本应该是洁白的，可在晚霞的点染下竟成了红色，那一片片漫天飞舞的飞絮，在湛蓝色天空的映衬下出乎意料地展现出一幅落英缤纷、飞花满天的图画。造物主就是这样神奇地将极其平常的柳絮也变成了瘦西湖春花中难得一见的美景！据说，就因为这景象还留下了一段佳话：清乾隆年间，也是春花盛开的时节，一位附庸风雅的富商搞了个雅集，把当地的一些名流召集来喝酒、做诗。作为主人总该起个头吧，谁知他脱口而出的竟是"柳絮飞来片片红"，搞得顿时哄堂大笑，这时，号称"布衣进士"的金农则站起来道：诸公莫笑，这可是元人的名句呀，说罢便随口吟出："廿四桥边廿四风，凭栏犹忆旧江东。夕阳返照桃花坞，柳絮飞来片片红。"说是元人的诗句，显然是这位金"八怪"的杜撰，可就这么一来，竟如点石成金般地将一句似乎文理不通的俗话变成了足以传世的佳句。由此看来，大自然中真是处处有奇景，只要你善于观察又能不为常理所拘，再加上几分才情和想象力，就随时会发现随处都能置身在诗情画意之中，醉得浓浓地在心中结成化不开的诗情："一堤春柳半堤桃，红偎绿抱分外娇。风拂碧水堪称瘦，敢笑西湖不妖娆。"

附录　树种名录检索表

一、裸子植物

银杏科
　　银杏属　　银杏 *Ginkgo biloba*

苏铁科
　　苏铁属　　苏铁 *Cycas revoluta*

松科
　　冷杉属　　冷杉 *Abies fabri*
　　松属　　　黑松 *Pinus thunbergii*
　　　　　　　白皮松 *P. bungeana*
　　雪松属　　雪松 *Cedrus deodara*
　　云杉属　　云杉 *Picea acperata*
　　　　　　　白杆 *P. meyeri*

杉科
　　落羽杉属　池杉 *Taxodium ascendens*

柏科
　　福建柏属　福建柏 *Fokienia hodginsii*

罗汉松科
　　罗汉松属　罗汉松 *Podocarpus macrophyllus*
　　　　　　　竹柏 *P. nagi*

红豆杉科
　　红豆杉属　东北红豆杉 *Taxus cuspidata*
　　　　　　　曼地亚红豆杉 *T. madia*
　　　　　　　西藏红豆杉 *T. wallichiana*
　　　　　　　云南红豆杉 *T. yunnanensis*
　　　　　　　中国红豆杉 *T. chinensis*　南方红豆杉 *var. mairei*
　　榧树属　　榧树 *Torreya grandis*

二、被子植物

（一）双子叶树种

柽柳科

柽柳属 　柽柳 *Tamarix chinensis*

大戟科

山麻杆属 　山麻杆 *Alchornea davidi*

乌桕属 　乌桕 *Sapium sebiferum*

海漆属 　海漆 *Excoecaria agallocha*

蝶形花科

刺槐属 　金叶刺槐 'Aurea'

刺槐 *Robinia pseudoacacia*

毛刺槐 *R.hispida*

红豆树属 　红豆树 *Ormosia hosiei*

海南红豆 *O. pinnata*，

槐属 　槐树 *Sophora japonica*

香花槐属 　香花槐 *Cladrastis wilsonii*

油麻藤属 　常春油麻藤 *Mucuna sempervirens*

紫穗槐属 　紫穗槐 *Amorpha fruticosa*

紫藤属 　紫藤 *Wisteria sinensis*

多花紫藤 *W. floribunda*

冬青科

冬青属 　冬青 *Ilex chinensis*

枸骨 *I. cornuta*

杜鹃花科

杜鹃花属 　杜鹃花 *Rhododendron simsii*

云锦杜鹃 *R. fortunei*

越橘属 　越橘 *Vaccinium vitis-idaea*

番木瓜科

番木瓜属 　番木瓜 *Carica papaya*

含羞草科

海红豆属 　海红豆 *Adenanthera pavonia*

合欢属 　合欢 *Albizia julibrissin*

金合欢属 　金合欢 *Acacia farnesiana*

澳洲金合欢 *A. decurrens*

台湾相思树 *A. richii*

银合欢属　银合欢 *Leucaena leucocephala*

朱缨花属　美蕊花 *Calliandra haematocephala*

红树科

红树属　红树 *Rhizophora apiculata*

秋茄树属　秋茄树 *Kandelia candel*

木榄属　木榄 *Bruguiera gymnorrhiza*

胡桃科

核桃属　核桃 *Juglans regia*

山核桃属　薄壳山核桃 *Carya illinoensis*

枫杨属　枫杨 *Pterocarya stenoptera*

胡颓子科

胡颓子属　胡颓子 *Elaeagnus pungens*

蒺藜科

白刺属　白刺 *Nitraria sibirica*

夹竹桃科

夹竹桃属　夹竹桃 *Nerium indicum*

黄花夹竹桃属　黄花夹竹桃 *Thevetia peruviana*

黄蝉属　黄蝉 *Allemanda neriifolia*

软枝黄蝉 *A. cathartica*

鸡蛋花属　红鸡蛋花 *Plumeria rubra*

络石属　络石 *Trachelospermum jasminoides*

蔓长春花属　蔓长春花 *Vinca major*　花叶蔓长春花 var. *variegata*

金缕梅科

檵木属　红花檵木 *Loropetalum chinense* var. *rubrum*

金缕梅属　金缕梅 *Hamamelis mollis*

金丝桃科

金丝桃属　金丝桃 *Hypericum chinense*

多花金丝桃 *H. polyphyllum*

金丝梅 *H. patulum*

锦葵科

木槿属　木芙蓉 *Hibiscus mutabilis*

木槿 *H. syriacus*

扶桑 *H. rosa-sinensis*

苦木科

臭椿属　臭椿 *Ailanthus altissima*　红叶臭椿 var. *variegata*

蜡梅科

    蜡梅属   蜡梅 *Chimonanthus praecox*

                亮叶蜡梅 *Ch. nitens*

蓝果树科

    珙桐属   珙桐 *Davidia involucrata*

    喜树属   喜树 *Camptotheca acuminata*

楝科

    楝属   楝 *Melia azedarach*

马鞭草科

    假连翘属   假连翘 *Duranta repens*

毛茛科

    芍药属   牡丹 *Paeonia suffruticosa*

    铁线莲属   铁线莲 *Clematis florida*

                大花铁线莲 *C. patens*

                东方铁线莲 *C. orientalis*

                红花铁线莲 *C. tenensis*

                黄花铁线莲 *C. intricata*

猕猴桃科

    猕猴桃属   猕猴桃 *Actinidia chinensis*

                毛花猕猴桃 *A. eriantha*

木兰科

    鹅掌楸属   鹅掌楸 *Liriodendron chinense*

                北美鹅掌楸 *L. tulipifera*

                杂交鹅掌楸 *L. chinense × L. tulipifera*

    含笑属   含笑 *Michelia figo*

                乐昌含笑 *M. chapensis*

                深山含笑 *M. maudiae*

    木兰属   玉兰 *Magnolia denudata*

                紫玉兰（辛夷）*M. liliflora*

                二乔玉兰 *M. soulangeana*

                黄花木兰 *M. acuminata* var. *subcoruta*

                广玉兰 *M. grandiflora*

                厚朴 *Magnolia officinalis*   凹叶厚朴 ssp. *biloba*

    木莲属   木莲 *Manglietia fordiana*

                红花木莲 *M. insignis*

木棉科

　　木棉属　　木棉 *Bombax malabaricum*

木樨科

　　白蜡树属　白蜡 *Fraxinus chinensis*

　　　　　　　大叶白蜡 *F.rhynchophylla*

　　　　　　　对节白蜡 *F.hupehensis*

　　　　　　　美国白蜡 *F. americana*

　　丁香属　　紫丁香 *Syringa oblate*

　　　　　　　暴马丁香 *S. reticulata*

　　　　　　　波斯丁香 *S. persica*

　　　　　　　垂丝丁香 *S. komarowii* var. *reflexa*

　　　　　　　红丁香 *S. villosa*

　　　　　　　蓝丁香 *S. meyeri*

　　　　　　　欧洲丁香 *S. vulgaris*

　　连翘属　　连翘 *Forsythia suspensa*

　　　　　　　金钟花 *F. viridissima*

　　流苏树属　流苏树 *Chionanthus retusus*

　　木樨属　　桂花 *Osmanthus fragrans*

　　女贞属　　女贞 *Ligustrum lucidum*

　　素馨（茉莉）属　茉莉花 *Jasminum sambac*

　　　　　　　　　云南黄馨 *J. yunnanense*

　　　　　　　　　迎春花 *J. nudiflorum*

　　　　　　　　　迎夏 *J. floridum*

葡萄科

　　葡萄属　　葡萄 *Vitis vinifera*

槭树科

　　槭树属　　鸡爪槭 *Acer palmatum*

　　　　　　　青榨槭 *A. davidii*

漆树科

　　黄栌属　　黄栌 *Cotinus coggygria*

　　　　　　　美洲黄栌 *C. obovatus*

　　杧果属　　杧果 *Mangifera indica*

千屈菜科

　　紫薇属　　紫薇 *Lagerstroemia indica*

茜草科

　　六月雪属　六月雪 *Serissa joponica*

栀子花属　栀子花 *Gardenia jasminoides*　大花栀子 f. *grandiflora*

蔷薇科

棣棠花属　棣棠 *Kerria japonica*

花楸属　花楸 *Sorbus pohuashanensis*

水榆花楸 *S. alnifolia*

白果花楸 *S. discolor*

火棘属　火棘 *Pyracantha fortuneana*

梨属　豆梨 *Pyrus calleryana*

杜梨 *P. betulaefolia*

白梨 *P. bretschneideri*

沙梨 *P. pyrifolia*

秋子梨 *P. ussuriensis*

桃属　桃 *Amygdalus persica*

榆叶梅 *A. triloba*

杏属　杏 *Armeniaca vulgaris*

梅 *A. mume*

李属　李 *Prunus domestica* spp

郁李 *P. japonica*

麦李 *P. glandulosa*

紫叶李 *P. cerasifera* f. *atropurpurea*

紫叶矮樱 *P. cerasifera* f. *atropurpurea* × *Cerasus. cistena* ‘Pissardii’

樱属　樱桃 *Cerasus. pseudocerasus*

山樱花 *C. serrulata*，

樱李梅（美人梅，Armeniacamume Beautymei）

东京樱花 *C. yedoensis*

木瓜属　木瓜 *Chaenomeles sinensis*

木瓜海棠（毛叶木瓜）*Ch. cathayensis*

贴梗海棠（皱皮木瓜）*Ch. speciosa*

枇杷属　枇杷 *Eriobtrya japonica*

苹果属　苹果 *Malus pumila*

花红 *M. asiatica*

海棠 *M. spectabilis*

垂丝海棠 *M. halliana*

西府海棠 *M. micromalus*

蔷薇属　蔷薇 *Rosa multiflora*

光叶蔷薇 *R. wichuraiana*

玫瑰 *R. rugosa*

月季 *R. chinensis*

现代月季花 *R. cultivars*

木香 *R. banksiae*

大花白木香 *R. fortuneana*

黄刺玫 *R. xanthina*

刺梨 *R. roxburghii*

山楂属 　山楂 *Crataegus pinnatifida*

石楠属 　石楠 *Photinia serrulata*

绣线菊属 　麻叶绣线菊 *Spiraea cantoniensis*

日本绣线菊 *S. japonica*

珍珠绣线菊 *S. thunbergii*

笑靥花 *S. prunifolia*

珍珠梅属 　珍珠梅 *Sorbaria kirilowii*

东北珍珠梅 *S. sorbifolia*

茄科

枸杞属 　枸杞 *Lycium chinensis*

宁夏枸杞 *L. barbarum*

忍冬科

荚蒾属 　荚蒾 *Viburnum dilatatum*

天目琼花 *V. sargentii*

绣球荚蒾 *V. macrocephalum* 　琼花 f. *keteleeri*

日本绣球 *V. plicatum*

地中海荚蒾 *V. tinus*

皱叶荚蒾 *V. rhytidophyllum*

珊瑚树 *V. awabuki*

日本珊瑚树 *V. awabuki*

锦带花属 　锦带花 *Weigela florida*

海仙花 *W. coraeensis*

六道木属 　糯米条 *Abelia chinensis*

忍冬属 　金银花 *Lonicera japonica*

红金银花 var. *chinensis* 　白金银花 var. *halliana*

黄脉金银花 var. *aureo-reticulata* 　紫脉金银花 var. *repens*

金银忍冬（金银木）*L. maackii*

结香属 　结香 *Edgeworthia chrgsantha*

瑞香属 　瑞香 *Daphne odora*

桑科

菠萝蜜属　菠萝蜜 *Artocarpus heterophyllus*

榕属　　　无花果 *Ficus carica*

桑属　　　桑 *Morus alba*

山茶科

山茶属　　山茶 *Camellia japonica*

　　　　　南山茶 *C. semiserrata*

　　　　　金花茶 *C. nitidissima*

　　　　　油茶 *C. oleifera*

　　　　　茶梅 *C. sasanqua*

山毛榉科

栗属　　　板栗 *Castanea mollissima*

山茱萸科

灯台树属　灯台树 *Bothrocaryum controversa*

山茱萸属　山茱萸 *Cornus officinalis*

四照花属　香港四照花 *Dendrobenthemia hongkongensis*

　　　　　日本四照花 *D. japonica* var. *chinensis*

石榴科

石榴属　　石榴 *Punica granatum*

柿树科

柿树属　　老鸦柿 *Diospyros rhombifolia*

　　　　　柿 *Diospyros kaki*

苏木科

凤凰木属　凤凰木 *Delonix regia*

羊蹄甲属　红花羊蹄甲 *Bauhinia blakeana*

桃金娘科

白千层属　白千层 *Melaleuca leucadendron*

红千层属　红千层 *Callistemon rigidus*

　　　　　串钱柳 *C. viminalis*

菲油果属　菲油果 *Feijoa sellowiana*

蒲桃属　　蒲桃 *Syzygium jambos*

卫矛科

卫矛属　　卫矛 *Euonymus alatus*

　　　　　胶东卫矛 *E. kiautschovicus*

　　　　　扶芳藤 *E. fortunei*

　　　　　丝棉木 *E. bungeanus*

无患子科

　　栾树属　　栾树 *Koelreuteria paniculata*

　　　　　　　复羽叶栾树 *K. bipinnata*　　黄山栾树 var. *integrifolia*

　　　　　　　台湾栾树 *K. elegans*

　　无患子属　无患子 *Sapindus mukorossi*

梧桐科

　　梧桐属　　梧桐 *Firmiana simplex*

　　银叶树属　银叶树 *Heritiera littoralis*

五味子科

　　五味子属　五味子 *Schisandra chinensis*

　　南五味子属　南五味子 *Kadsura longipedunculata*

西番莲科

　　西番莲属　西番莲 *Passionfora edulis*

小檗科

　　南天竹属　南天竹 *Nandina domestica*

　　十大功劳属　阔叶十大功劳 *Mahonia bealei*

玄参科

　　泡桐属　　泡桐 *Paulownia fortunei*

　　　　　　　川泡桐 *P. faresii*

　　　　　　　兰考泡桐 *P. elonata*

　　　　　　　毛泡桐 *P. tomentosa*

　　　　　　　楸叶泡桐 *P. catalpifolia*

杨柳科

　　柳属　　　垂柳 *Salix babylonica*

杨梅科

　　杨梅属　　杨梅 *Myrica rubra*

野茉莉科

　　秤锤树属　秤锤树 *Sinojackia xylocarpa*

榆科

　　榆属　　　榆 *Ulmus pumila*

云实科

　　云实属　　云实 *Caesalpinia decapetala*

　　皂角属　　皂角 *Gleditsia sinensis*

　　　　　　　绒毛皂荚 *G. japonica* var. *vestita*

　　紫荆属　　紫荆 *Cercis chinensis*

　　　　　　　紫叶加拿大紫荆 *C. canadensis* 'Forest pansy'

巨紫荆 *C. gigiantea*

芸香科

柑橘属　枸橼 *Citrus medica*　佛手 var. *sarcodactylis*

柠檬 *C. limon*

柚 *C. grandis*

金柑属　金橘 *Fortunella margarita*

金弹 *F. crassifolia*

枳属　枳 *Poncirus trifoliate*

紫金牛科

紫金牛属　朱砂根 *Ardisia crenata*

桐花树属　桐花树 *Aegiceras corniculatum*

紫茉莉科

叶子花属　光叶子花 *Bougainvillea glabra*

叶子花 *B. spectabilis*

紫葳科

蓝花楹属　蓝花楹 *Jacaranda acutifolia*

凌霄属　凌霄 *Campsis grandiflora*

美国凌霄 *C. radicans*

硬骨凌霄属　硬骨凌霄 *Tecomaria capensis*

梓树属　梓树 *Catalpa ovata*

黄金树 *C. speciosa*

楸树 *C. bungei*

（二）单子叶树种

棕榈科

假槟榔属　假槟榔 *Archontophoenix alexandrae*

槟榔属　槟榔 *Areca cathecu*

三药槟榔 *A.triandra*

桄榔属　砂糖椰子 *Arenga pinnata*

香棕 *A. engleri*

鱼尾葵属　鱼尾葵 *Caryota ochlandra*

短穗鱼尾葵 *C. mitis*

椰子属　椰子 *Cocos nucifera*

油棕属　油棕 *Elaeis guineensis*

复椰子属　复椰子 *lodoicea maldivica*

水椰属　水椰 *Nypa fruticans*

海枣属　海枣 *Phoenix dactylifera*

银海枣 *P. sylvestris*

长叶刺葵 *P. canariensis*

软叶刺葵 *P. roebelenii*

棕榈属　　棕榈 *Trachycarpus fortunei*

丝葵属　　丝葵 *Washingtonia filifera*

主要参考文献

[1] 陈有民. 园林树木学 [M]. 北京：中国林业出版社，1990.

[2]《汉拉英中国木本植物名录》编委会. 汉拉英中国木本植物名录 [M]. 北京：中国林业出版社，2003.

[3] 何小弟. 彩色树种选择与应用集锦 [M]. 北京：中国农业出版社，2005.

[4] 俞孔坚. "风水说"的生态哲学思想及理想景观模式 [M]// 景观：文化、生态与感知. 北京：科学出版社，2008.

[5] 何小弟，仇必鳌. 园林艺术教育 [M]. 北京：人民出版社，2008.

[6] Wolfgang Stuppy, Rob Kesseler. Fruit: Edible, Inedible, Incredible [M]. Berkshire: Papadakis Publisher, 2008.